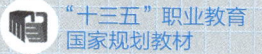 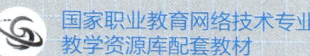 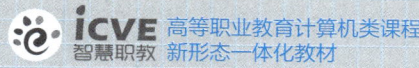

局域网组建与维护

（第3版）

▶ 主　编　吴献文
▶ 副主编　陈承欢　谢树新
　　　　　梁洁婷　陶　陶

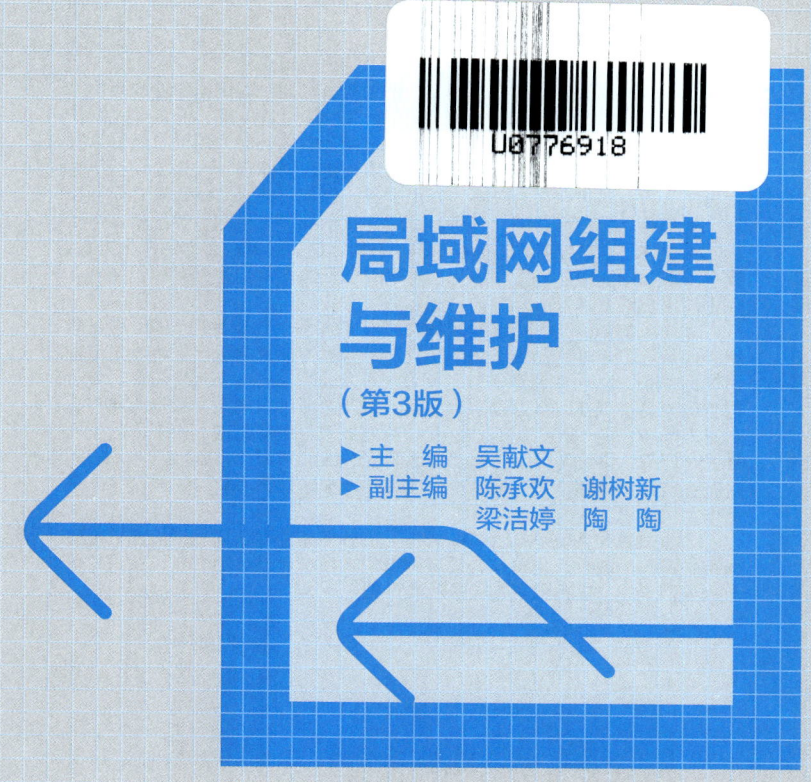

高等教育出版社·北京

内容提要

本书为"十三五"职业教育国家规划教材，同时为国家职业教育网络技术专业教学资源库配套教材。全书分为基础篇、进阶篇、管理篇、维护篇共4篇，以家庭、办公、实训室等局域网为载体，融"用网、组网、管网、护网"于一体，遵循"项目驱动、理论实践一体化"模式，设计了教学导航、项目描述、项目分解、知识准备、任务实施、实施评价、任务拓展、知识链接、项目总结、思考与练习等教学环节，全面、详细地讲述了局域网组建、配置与维护的基本知识与技能，并采用灵活多样的评价方式，实现"教、学、做、评"一体化。本书教学资源丰富，建设有课程网站，可方便用户网上学习。

本书配有60个微课视频、课程标准、教学设计、授课用PPT、电子教案、课后练习等丰富的数字化学习资源。与本书配套的数字课程"局域网组建与维护"已在"智慧职教"网站（www.icve.com.cn）上线，学习者可以登录网站进行在线学习及资源下载，授课教师可以调用本课程构建符合自身教学特色的SPOC课程，详见"智慧职教"服务指南。本书同时配有MOOC课程，学习者可以访问"智慧职教MOOC学院"（mooc.icve.com.cn）进行在线开放课程学习。教师也可发邮件至编辑邮箱1548103297@qq.com获取相关资源。

本书既可作为高职高专网络或电子商务等相关专业局域网组建、配置与维护课程的教材，也可作为局域网组建方面毕业设计的教材，还可作为对局域网组建与维护感兴趣人员的参考书。

图书在版编目（CIP）数据

局域网组建与维护 / 吴献文主编. ——3版. ——北京：高等教育出版社，2018.3（2021.11重印）
ISBN 978-7-04-049128-9

Ⅰ. ①局… Ⅱ. ①吴… Ⅲ. ①局域网-高等职业教育-教材 Ⅳ. ①TP393.1

中国版本图书馆CIP数据核字（2017）第313229号

策划编辑	吴鸣飞	责任编辑	马万里	封面设计	赵阳	版式设计 于婕
责任校对	殷然	责任印制	赵义民			

出版发行	高等教育出版社	网 址	http://www.hep.edu.cn	
社 址	北京市西城区德外大街4号		http://www.hep.com.cn	
邮政编码	100120	网上订购	http://www.hepmall.com.cn	
印 刷	北京盛通印刷股份有限公司		http://www.hepmall.com	
开 本	787mm×1092mm 1/16		http://www.hepmall.cn	
印 张	18.75	版 次	2009年4月第1版	
字 数	460千字		2018年3月第3版	
购书热线	010-58581118	印 次	2021年11月第6次印刷	
咨询电话	400-810-0598	定 价	49.50元	

本书如有缺页、倒页、脱页等质量问题，请到所购图书销售部门联系调换
版权所有 侵权必究
物 料 号 49128-A0

"智慧职教"服务指南

"智慧职教"是由高等教育出版社建设和运营的职业教育数字教学资源共建共享平台和在线课程教学服务平台，包括职业教育数字化学习中心平台（www.icve.com.cn）、职教云平台（zjy2.icve.com.cn）和云课堂智慧职教 App。用户在以下任一平台注册账号，均可登录并使用各个平台。

● 职业教育数字化学习中心平台（www.icve.com.cn）：为学习者提供本教材配套课程及资源的浏览服务。

登录中心平台，在首页搜索框中搜索"局域网组建与维护"，找到对应作者主持的课程，加入课程参加学习，即可浏览课程资源。

● 职教云（zjy2.icve.com.cn）：帮助任课教师对本教材配套课程进行引用、修改，再发布为个性化课程（SPOC）。

1. 登录职教云，在首页单击"申请教材配套课程服务"按钮，在弹出的申请页面填写相关真实信息，申请开通教材配套课程的调用权限。
2. 开通权限后，单击"新增课程"按钮，根据提示设置要构建的个性化课程的基本信息。
3. 进入个性化课程编辑页面，在"课程设计"中"导入"教材配套课程，并根据教学需要进行修改，再发布为个性化课程。

● 云课堂智慧职教 App：帮助任课教师和学生基于新构建的个性化课程开展线上线下混合式、智能化教与学。

1. 在安卓或苹果应用市场，搜索"云课堂智慧职教"App，下载安装。
2. 登录 App，任课教师指导学生加入个性化课程，并利用 App 提供的各类功能，开展课前、课中、课后的教学互动，构建智慧课堂。

"智慧职教"使用帮助及常见问题解答请访问 help.icve.com.cn。

编写委员会

顾　问：张乃通院士
主　任：张基宏　梁永生
委　员：
　　　　深圳信息职业技术学院：张平安　秦　文　张建辉
　　　　江苏经贸职业技术学院：李　畅　吴洪贵
　　　　湖南铁道职业技术学院：姚和芳　陈承欢
　　　　黄冈职业技术学院：陈年友　罗幼平
　　　　湖南工业职业技术学院：胡汉辉　李　健　谭爱平
　　　　深圳职业技术学院：马晓明　梁广民　王隆杰
　　　　重庆电子工程职业学院：龚小勇　武春岭　鲁先志
　　　　广东轻工职业技术学院：李　洛　古凌岚　石　硕
　　　　广东科学技术职业学院：余爱民　陈　剑
　　　　长春职业技术学院：姜惠民　迟恩宇
　　　　山东商业职业技术学院：徐　红　曲文尧
　　　　北京工业职业技术学院：朱元忠　方　园
　　　　芜湖职业技术学院：钱　峰　许　斗
　　　　思科系统（中国）网络技术有限公司：韩　江
秘书长：杨欣斌　洪国芬

总　　序

　　国家职业教育专业教学资源库建设项目是教育部、财政部为深化高职院校教育教学改革，加强专业与课程建设，推动优质教学资源共建共享，提高人才培养质量而启动的国家级建设项目。2011年，网络技术专业被教育部、财政部确定为国家职业教育专业教学资源库立项建设专业，由深圳信息职业技术学院主持建设网络技术专业教学资源库。

　　2012年年初，网络技术专业教学资源库建设项目正式启动建设。按照教育部提出的建设要求，建设项目组聘请了哈尔滨工业大学张乃通院士担任资源库建设总顾问，确定了深圳信息职业技术学院、江苏经贸职业技术学院、湖南铁道职业技术学院、黄冈职业技术学院、湖南工业职业技术学院、深圳职业技术学院、重庆电子工程职业学院、广东轻工职业技术学院、广东科学技术职业学院、长春职业技术学院、山东商业职业技术学院、北京工业职业技术学院和芜湖职业技术学院等30余所院校以及思科系统（中国）网络技术有限公司、英特尔（中国）有限公司、杭州H3C通信技术有限公司等28家企事业单位作为联合建设单位，形成了一支学校、企业、行业紧密结合的建设团队。建设团队以"合作共建、协同发展"理念为指导，整合全国院校和相关国内外顶尖企业的优秀教学资源、工程项目资源和人力资源，以用户需求为中心，构建资源库架构，融学校教学、企业发展和个人成长需求为一体，倾心打造面向用户的应用学习型网络技术专业教学资源库，圆满完成了资源库建设任务。

　　本套教材是国家职业教育网络技术专业教学资源库建设项目的重要成果之一，也是资源库课程开发成果和资源整合应用实践的重要载体。教材体例新颖，具有以下鲜明特色。

　　第一，以网络工程生命周期为主线，构建网络技术专业教学资源库的课程体系与教材体系。项目组按行业和应用两个类别对企业职业岗位进行调研并分析归纳出网络技术专业职业岗位的典型工作任务，开发了"网络工程规划与设计""网络设备安装与调试"等12门课程的教学资源及配套教材。

　　第二，在突出网络技术专业核心技能——网络设备配置与管理重要性的基础上，强化网络工程项目的设计与管理能力的培养。在教材编写体例上增加了项目设计和工程文档编写等方面的内容，使得对学生专业核心能力的培养更加全面和有效。

　　第三，传统的教材固化了教学内容，不断更新的网络技术专业教学资源库提供了丰富鲜活的教学内容。本套教材创造性地使相对固定的职业核心技能的培养与鲜活的教学内容"琴瑟和鸣"，实现了教学内容"固定"与"变化"的有机统一，极大地丰富了课堂教学内容和教学模式，使得课堂的教学活动更加生动有趣，极大地提高了教学效果和教学质量。同时也对广大高职网络技术专业教师的教学技能水平提出了更高的要求。

　　第四，有效地整合了教材内容与海量的网络技术专业教学资源，着力打造立体化、自主学习式的新形态一体化教材。教材创新采用辅学资源标注，通过图标形象地提示读者本教学内容所配备的资源类型、内容和用途，从而将教材内容和教学资源有机整合，浑然一体。通过对"知识点"提供与之对应的微课视频二维码，让读者以纸质教材为核心，通过互联网尤其是移动互联网，将多媒体的教学资源与纸质教材有机融合，实现"线上线下互动，新旧媒体融合"，称为"互联网+"时代教材功能升级和形式创新的成果。

第五，受传统教材篇幅以及课堂教学学时限制，学生在校期间职业核心能力的培养一直是短板，本套教材借助资源库的优势在这方面也有所突破。在教师有针对性地引导下，学生可以通过自主学习企业真实的工作场景、往届学生的顶岗实习案例以及企业一线工作人员的工作视频等资源，潜移默化地培养自主学习能力和对工作环境的自适应能力等诸多的职业核心能力。

第六，本套教材装帧精美，采用双色印刷，并以新颖的版式设计突出直观的视觉效果，搭建知识、技能、素质三者之间的架构，给人耳目一新的感觉。

本套教材是在第二版基础上，几经修改，既具积累之深厚，又具改革之创新，是全国 30 余所院校和 28 家企事业单位的 300 余名教师、工程师的心血与智慧的结晶，也是网络技术专业教学资源库三年建设成果的集中体现。我们相信，随着网络技术专业教学资源库的应用与推广，本套教材将会成为网络技术专业学生、教师和相关企业员工立体化学习平台中的重要支撑。

国家职业教育网络技术专业教学资源库项目组
2017 年 5 月

第 3 版前言

目前,计算机网络是政府部门、企业完成通信和资源共享的重要工具之一,也给人们的工作和生活提供了极大的便利,如电子商务、电子政务、信息搜索、学习、娱乐等。随着信息化程度的不断提高,局域网已成为人们生活、学习、工作的一部分,如家庭、宿舍、实训室、办公室、图书馆、咖啡厅、宾馆、机场、城市轨道交通站等场所均已被网络所覆盖。因此,掌握基本的局域网知识,学会组建、接入、安全使用局域网成为信息化时代的必备技能。大家都希望能快捷、安全地使用网络;能熟练、美观、实用地组建网络;能全面、方便地管理网络;能定位准、解决故障,迅速地维护网络。本书以项目和任务的方式介绍了组建和维护局域网所需的基础知识、操作步骤、操作技巧等,以图形方式形象地阐明了操作效果,以"注意""说明"等方式提醒学习者注意易错和易混淆内容,便于学习者在用网、建网、管网、护网方面有所提高。

一、本书结构

本书为职业教育国家规划教材,基于 Windows Server 2008 操作系统介绍局域网的组建、管理与维护的操作技能,按职业形成过程及方便与中职课程对接,以不同类型局域网的使用、组建、管理、维护为载体重构课程内容,以"组建"为核心,将用网、组网、管网、护网融为一体,共分为 4 篇,即基础篇、进阶篇、管理篇、维护篇。整体结构如表 1 所示。

表 1 整体结构

序 号	篇 名	项目数量	任务数量	子任务数量	建议课时	建议考核权重
1	基础篇	3	10	29	26	20%
2	进阶篇	3	7	23	20	35%
3	管理篇	3	6	20	28	25%
4	维护篇	1	1	4	12	20%

本书绪言以职业岗位技能、态度需求为目标进行课程定位,具体描述本课程的定位和岗位需求、课程项目及任务等内容,回答了"学什么、怎么学、为什么要学"等疑惑,帮助学习者树立学习目标。

书中各篇遵循学习者的认知规律,按规模从小到大、功能由弱到强、认识从具体到抽象、组建由简单到复杂的顺序组织不同类型局域网的使用、组建、管理与维护方面的内容。每个项目都围绕教学实施设置"教学导航""项目描述"等环节,方便理论实践一体化教学的实施,既重视理论学习,又强调动手实践、提升技能。

二、本书特色

编者总结多年"局域网组建技术"课程教学的经验,以"组网"为核心,以"网络管理员"岗位技能为导向,以"网络管理员"职业标准和技能训练为目标选取任务和项目,形成"用网—组网—管网—护网"的知识链路,采用引入、课堂实践、课后拓展的方式,由浅入深、层次递进地围绕实际项目逐步展开。

1. 以"任务卡"为引导,以"实践"为主体,以"时效性、先进性"为准则,依据理论与实践一体化模式选择和编排本书内容;任务卡、任务、图表一一对应,内容表述清晰、直观。

围绕企业工作的实际需要,以"网络管理员"职业所需的知识、技能为目标,以"适用和够用"为度,以"任务卡"模拟真实的工作环境和工作进程,帮助学习者在学习项目前宏观了解"操作任务和工作情境"等基本信息;"任务卡"与"任务"一一对应,让学习者在学习项目前就能明白自己要学什么,怎么学,以利于提高学习效率、激发学习兴趣;图表形式使内容表述更加清晰、直观。

选择教学内容时充分考虑其"时效性"和"先进性",完全摒弃过时的内容,仅仅提及过时的设备和技术,作为新技术和设备的引子,不做详细阐述,以保证教学内容适应相关岗位的要求,避免出现学完了就没用的尴尬场景。

本书同时注意时间安排,使课前与课后相呼应,使课内与课外相结合,设置适当的练习内容和评价方式,以助学习者巩固和预习,培养个体的学习能力和自我管理能力。

2. 突出操作过程,注重素质养成、知识积累,以形成性考核为主体,评价方式多样化。

全书以操作为主体,完全按照任务的完成过程来组织内容和评价方式。每个项目都包含"实施评价"和"拓展评价"环节,评价主体包括学习者自身、教师、小组长和小组成员等,以正确、及时衡量学习者的学习过程和学习效果。

每个项目都设置了"技能考核点"和"考核成绩 A 等标准",以便于教师考核和学习者有针对性地学习。

3. 教材"立体化",资源"数字化、多样化"。

本书以操作为主体,但并不是摒弃原理、概念,而是采用"知识准备"的方式作为补充,比较灵活。而且,本书除了介绍相应的知识和技能外,还融入了大量的职业素质的培养,在知识的学习过程中积累就业所需的经验和能力。

本书是高等职业教育网络技术专业教学资源库建设的配套教材,开发了丰富的数字化教学资源,具体如表 2 所示。

表 2　数字化教学资源

序号	资源名称	表现形式与主要内容
1	课程简介	Word 电子文档,包含与本课程相关职业岗位的需求调研与分析材料、课程目标、课程项目与任务设计、任务实施评价说明等

续表

序号	资源名称	表现形式与主要内容
2	课程标准	Word 电子文档,包含与本课程相关职业岗位的需求分析、课程目标、课程定位、单元设计、考核方案设计、操作任务设计、教学流程设计等,可供教师备课时使用,也可供学习者在学习课程前对课程进行整体了解
3	教学设计	Word 电子文档,包含考核方案、教学方法、教学组织设计等,可供教师教学参考
4	任务卡	Word 电子文档,任务卡与任务一一对应,可供学习者在学习项目前了解任务的整体情况,有的放矢地做好前期知识、技能及任务完成所需设备和条件的准备
5	任务实施流程	Word 电子文档,说明任务完成所需准备的工具、材料、资料等,阐述任务的实施流程,学习者可根据该流程逐步完成任务
6	电子教案	Word 电子文档,包含教学课时、重点、难点、教学目标、教学方法、参考资源等,可供教师教学参考
7	PPT	PPT 文档,基于 PowerPoint 2003 版和 PowerPoint 2007 版,可供教师根据个性化要求修改后使用,也可供学习者自己学习参考
8	思考与练习	Word 电子文档,可供学习者自我检测知识技能的掌握情况,也可供教师用于考核学习者的学习效果
9	考核成绩 A 等标准	Word 电子文档,可供学习者对学习内容有针对性地学习,提高学习者的学习兴趣,同时寻找与 A 等标准之间的差距,激发学习欲望

4. 教学内容"模块化",任务实施"流程化","教、学、做、评"一体化。

本书编写时采用"模块化"思想,对知识、技能进行模块化整理,集中训练,分为体验、组建、管理、维护等模块;任务实施按照工作流程来完成,既保证与实际岗位接轨,又有助于训练学习者的工作态度和工作作风;边讲边练、讲练结合,讲完某一项技能或某个知识点,学习者马上实践,练完即评;出现问题再查阅有关原理和知识点,然后再练,重新评价,形成"讲—练—发现问题—再讲—再练—解决问题"的循环,有利于学习者自主学习能力的培养,增强学习者学习的成就感,提高学习兴趣。

三、教学建议

1. 本书按模块化组织,教师可根据教学目标或实际需求对相关项目、任务进行适当增减和组合,进行个性化设计,以满足不同环境、不同对象、不同需求的不同要求。

2. 项目实践视具体情况安排在课内或课外完成,课程结束后,可以增加一个课程设计(28~40 课时)。

3. 课堂教学建议在"理论与实践一体化"教学场地完成,实现"讲练"结合,边学边做。如果条件不允许,可将理论与实践分开实现,讲一次,实践一次。每一次授课要保证 30%~50% 的课堂同步实践时间。

4. 建议每 2~3 人或 4~6 人为一组,每组选出一个组长,负责材料领取和任务分解、设计成果上交等工作,培养团队协作精神。

本书配有 60 个微课视频、课程标准、教学设计、授课用 PPT、电子教案、课后练习等丰富的数字化学习资源。与本书配套的数字课程"局域网组建与维护"已在"智慧职教"网站（www.icve.com.cn）上线，学习者可以登录网站进行在线学习及资源下载，授课教师可以调用本课程构建符合自身教学特色的 SPOC 课程，详见"智慧职教"服务指南。本书同时配有 MOOC 课程，学习者可以访问"智慧职教 MOOC 学院"（mooc.icve.com.cn），搜索"局域网组建与维护"，点击"加入课程"，即可进行在线开放课程的学习。教师也可发邮件至编辑邮箱 1548103297@qq.com 索取相关资源。

四、致谢

本书由湖南铁道职业技术学院吴献文主编，湖南铁道职业技术学院陈承欢、谢树新、梁洁婷及安徽工业大学陶陶任副主编。其中，吴献文编写项目 1 至项目 3，陶陶编写项目 4 至项目 6，陈承欢编写项目 7 和项目 8，谢书新编写项目 9，梁洁婷编写项目 10。湖南铁道职业技术学院刘红梅、薛志良、侯伟、言海燕、陈雅、周进、颜谦和、刘志成、唐丽玲，湖南工业职业技术学院谭爱平，湖南汽车工业学校石英姿，参与部分项目的编写、校对、整理及素材资料的收集和选取等工作。

在本书的编写过程中，得到了高等教育出版社的编辑，南方公司陈三东，湖南世纪众望信息技术有限公司彭国锐、网络教研室全体成员的大力支持和帮助，在此一并表示感谢。

由于计算机网络技术的飞速发展、信息化建设的日新月异及作者的水平有限，书中难免有疏漏之处，恳请读者批评指正。作者 E-mail：wxw_422lxh@126.com。

编　者
2017 年 6 月

目　　录

绪 ··· 1

第 1 篇　基　础　篇

项目 1　体验网络 ·· 6
  任务 1　体验家庭或宿舍网络 ·· 12
    任务 1-1　观察网络结构 ·· 12
    任务 1-2　了解网络基本组成 ·· 12
    任务 1-3　体验网络功能 ·· 14
  任务 2　体验实训室网络 ·· 15
    任务 2-1　观察网络结构 ·· 15
    任务 2-2　了解网络基本组成 ·· 15
    任务 2-3　体验网络功能 ·· 15
  任务 3　体验校园网络 ·· 15
    任务 3-1　观察网络结构 ·· 15
    任务 3-2　了解网络基本组成 ·· 16
    任务 3-3　体验网络功能 ·· 19
    任务 3-4　绘制拓扑结构图 ·· 21
  项目总结 ··· 26
  思考与练习 ··· 27

项目 2　单台计算机接入网络 ·· 29
  任务 1　硬件准备及安装 ·· 41
    任务 1-1　安装网络适配器 ·· 41
    任务 1-2　制作网线 ·· 41
    任务 1-3　制作信息模块 ·· 43
  任务 2　计算机基本设置 ·· 46
    任务 2-1　硬盘分区 ·· 46
    任务 2-2　安装操作系统 ·· 49
    任务 2-3　安装驱动程序 ·· 54
    任务 2-4　安装和配置 TCP/IP 协议 ··· 55
  任务 3　接入 Internet ·· 58
  项目总结 ··· 63
  思考与练习 ··· 63

项目 3　组建对等网络 ... 65

任务 1　检查和配置单台计算机 ... 71
　　任务 1-1　查看计算机的配置情况 ... 71
　　任务 1-2　查看网络服务安装情况 ... 71

任务 2　组建最简单的对等网络 ... 72
　　任务 2-1　连接两台计算机 ... 72
　　任务 2-2　配置网络 ... 74
　　任务 2-3　共享文件和文件夹 ... 78

任务 3　组建较复杂的对等网络 ... 78
　　任务 3-1　共享资料 ... 79
　　任务 3-2　连接设备 ... 79
　　任务 3-3　共享打印机 ... 79

任务 4　组建无线对等网 ... 83
　　任务 4-1　选择无线网卡 ... 83
　　任务 4-2　安装无线网卡驱动程序 ... 84
　　任务 4-3　配置无线网络属性 ... 85
　　任务 4-4　测试对等网连接 ... 86

项目总结 ... 89
思考与练习 ... 90

第 2 篇　进　阶　篇

项目 4　组建家庭网络 ... 92

任务 1　组建家庭网络需求分析与结构设计 ... 96
　　任务 1-1　用户调查分析 ... 96
　　任务 1-2　需求分析 ... 97
　　任务 1-3　网络结构设计 ... 98

任务 2　连接与配置家庭网络 ... 99
　　任务 2-1　设置文件夹共享 ... 100
　　任务 2-2　管理共享文件夹 ... 103
　　任务 2-3　访问共享文件夹 ... 106

任务 3　设置 Internet 共享 ... 107
　　任务 3-1　认识 Internet 连接共享 ... 107
　　任务 3-2　配置 Internet 连接共享 ... 107

项目总结 ... 111
思考与练习 ... 112

项目 5　组建办公网络 ... 113

任务 1　办公局域网需求分析与结构设计 ... 116
　　任务 1-1　用户调查分析 ... 116

　　　　任务 1-2　需求分析 ··· 117
　　　　任务 1-3　网络结构设计 ·· 119
　　任务 2　连接与配置办公局域网 ··· 120
　　　　任务 2-1　IP 地址规划 ·· 120
　　　　任务 2-2　选购网络设备 ·· 121
　　　　任务 2-3　组建与配置网络 ·· 123
　　　　任务 2-4　实时交流软件的安装与配置 ·· 125
　　　　任务 2-5　测试网络 ·· 131
　　项目总结 ·· 135
　　思考与练习 ·· 135

项目 6　组建实训室局域网 ··· 137
　　任务 1　组建实训室局域网需求分析与结构设计 ·· 140
　　　　任务 1-1　用户调查分析 ·· 140
　　　　任务 1-2　需求分析 ·· 141
　　　　任务 1-3　网络结构设计 ·· 142
　　任务 2　连接与配置实训室局域网 ··· 143
　　　　任务 2-1　选购并安装网络硬件设备及相应的软件 ·· 143
　　　　任务 2-2　设置 Internet 连接共享 ··· 144
　　　　任务 2-3　配置 DHCP 服务器 ··· 149
　　　　任务 2-4　快速恢复多机系统 ·· 161
　　项目总结 ·· 164
　　思考与练习 ·· 165

第 3 篇　管　理　篇

项目 7　管理网络服务器 ·· 168
　　任务 1　配置 Web 服务器 ··· 175
　　　　任务 1-1　架设 Web 服务器 ·· 175
　　　　任务 1-2　配置和管理 Web 服务器 ·· 177
　　任务 2　配置 FTP 服务器 ··· 185
　　　　任务 2-1　准备安装 FTP 服务器 ··· 185
　　　　任务 2-2　架设 FTP 服务器 ··· 186
　　　　任务 2-3　配置和管理 FTP 服务器 ··· 188
　　　　任务 2-4　使用 Serv-U 创建和配置 FTP 服务器 ·· 193
　　任务 3　配置 DNS 服务器 ··· 200
　　　　任务 3-1　准备安装 DNS 服务器 ·· 200
　　　　任务 3-2　安装 DNS 服务器 ·· 200
　　　　任务 3-3　配置和管理 DNS 服务器 ·· 202
　　　　任务 3-4　设置客户端 DNS ··· 212

　　　　任务 3-5　检测 DNS 设置 212
　　思考与练习 217
项目 8　管理办公网络 219
　　任务　办公网络的安全隔离与通信 221
　　　　任务 1-1　划分 VLAN 221
　　　　任务 1-2　配置 VLAN 间的路由 225
　　思考与练习 229
项目 9　管理邮件 231
　　任务 1　使用 PGP 加解密电子邮件 235
　　　　任务 1-1　安装 PGP 加密软件 235
　　　　任务 1-2　创建和保存密钥对 237
　　　　任务 1-3　使用 PGP 加密和解密电子邮件 240
　　任务 2　电子邮件安全设置 240
　　　　任务 2-1　查看 Outlook Express 的默认设置 240
　　　　任务 2-2　阻止垃圾邮件 242
　　　　任务 2-3　邮件加密 242
　　　　任务 2-4　备份邮件和邮件账号 244
　　思考与练习 248

第 4 篇　维　护　篇

项目 10　基本网络安全维护 250
　　任务　基本网络安全防护 252
　　　　任务 1-1　备份与还原系统 252
　　　　任务 1-2　数据备份与恢复 258
　　　　任务 1-3　共享文件夹访问权限设置 259
　　　　任务 1-4　配置和应用防毒软件 263
　　思考与练习 282

参考文献 283

绪

为了培养适应社会发展所需要的技能型专门人才，需要充分了解企业对人才的需求，每门课程的开设都应与企业人才培养需求一致，但往往一门课程不足以支撑一个职业岗位，因此应通过市场调研对职业岗位需求进行详细、深入分析，将网络行业岗位需求的知识、能力进行分解，了解市场所需人才对该课程应具有的知识、技能，课程定位是否准确，适应面是否广，内容是否过时，等等。

每当开设一门新课程或训练一种新技能的时候，首先应了解该课程在网络专业课程体系中的地位与作用，对学习后续课程有哪些帮助，与行业的哪些岗位存在对应关系，以进一步明确学习目标，从而有助于提高学生的学习兴趣。

本篇主要进行职业岗位需求分析、课程设置和课程定位分析，对技能训练体系进行说明。其地位和作用如下图所示。

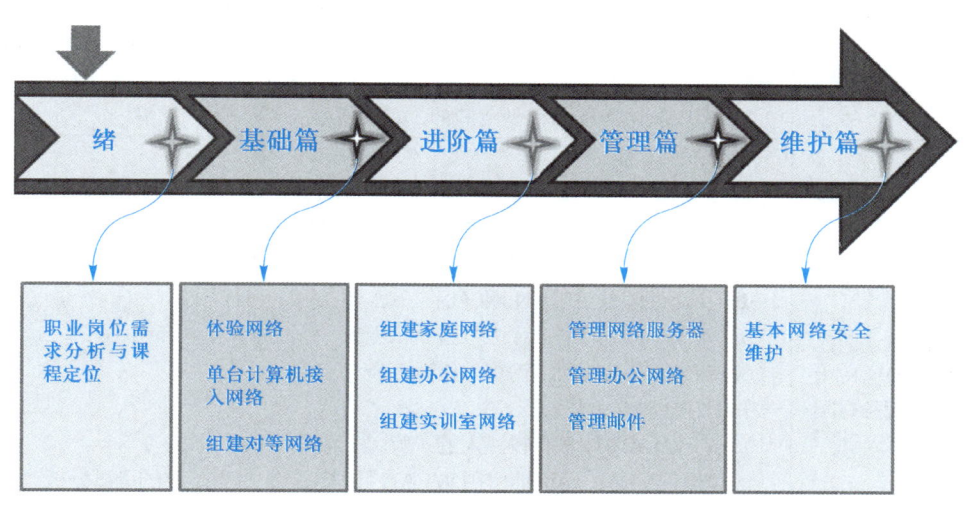

1. 职业岗位需求分析

（1）岗位分析

通过查询 51job（前程无忧）、智联招聘、528 招聘网、job168 等专业人才招聘网站的招聘信息并加以分析，以及与广州、江苏、浙江、湖南、北京等地与网络相关的大中型国有、外资、民营企业等用人单位进行研讨后，对一些有代表性的信息进行了分析和整理，如表 1 所示。

表 1　职 位 信 息

岗位名称	用人单位	职位要求与描述信息
网络工程师	青岛开泰启康网络科技有限公司	1. 从事计算机装机，从事软硬件、打印机、传真机的维修维护工作，从事网络工程建设以及网络维修和维护工作 2. 能够重装操作系统，对局域网以及计算机外围设备有一定了解，并具有一定的维护能力 3. 对网络通信原理有比较深入的了解，如 TCP/IP 协议的实现原理等 4. 对常见网络接入技术有一定的了解，比如 DDN 接入、帧中继接入、ISDN 接入、XDSL 接入技术等 5. 对常见网络设备的工作原理有一定了解，比如路由器、交换机、集线器的工作原理，最好亲自调试过这些设备，尤其是高端设备的调试 6. 对常见系统的安全有一定的了解，如 Windows 系统、UNIX 系统等的安全情况 7. 熟悉常见的应用服务器，如 DNS 服务器、Web 服务器、邮件服务器等 8. 工作认真负责，有责任心，为人诚实、可靠，动手、学习、表达能力强，为人心细，具有良好的团队协作和沟通能力
系统集成工程师	武汉威仕达软件工程有限公司	1. 大专以上计算机相关专业学历，年龄在 25～35 岁之间 2. 一年以上工作经验 3. 熟悉如交换机、路由器等网络设备，有一年以上的系统集成经验 4. 熟悉常用数据库和平台软件的安装、配置、管理和维护 5. 熟悉防火墙、TCP/IP 协议及网络的维护和管理 6. 有较丰富的项目现场实施经验及较强的协调能力，有对安全高端 IT 产品技术支持经验 7. 有团队协作能力和创新精神，有责任心
WLAN网络维护工程师	河北博岳通信技术服务有限公司	职务描述： 1. 负责 WLAN 通信系统的日常维护、测试、故障排除及抢修工作 2. 负责对 WLAN 系统的客户进行设备维护、数据配置 3. 负责对 WLAN 系统的相关测试报告进行整理等相关文档工作 4. 负责处理与 WLAN 网络相关的工作 5. 对 WLAN 网络资源进行整理和更新 6. 参与 WLAN 网络的相关建设工作 知识/技能/能力要求： 1. 对 WLAN 技术有较深入的了解 2. 熟悉 WLAN 网络结构和 WLAN 测试工具，具有一定的测试分析、优化经验，具有工程优化经验者优先 3. 熟悉主流的网络技术产品并能独立调测网络设备 4. 熟练操作常用的无线测试仪器和工具 5. 具备 CCNA/CCNP/H3CNE/H3CSE 或者具有同等资格认证者优先考虑

（2）岗位的态度、技能、知识需求

通过对 6 000 余家公司的有关网络相关职业岗位进行调研，主要的岗位包括网络管理员、计算机网络安全维护工程师、实习技术员、业务经理/销售经理、网站管理员、协议研究工程师、数据库管理员、数据库工程师、WLAN 网络维护工程师等。其中，以网络工程师、网络管理员为主，结合各岗位的职业描述和岗位需求，分析并归纳需要的知识、技能、基本素质和工作态度，如表 2 所示。

表 2　岗位的技能、知识需求

技 能 需 求	知 识 需 求
1. 有较强的分析和解决问题的能力，对新兴的网络应用和网络发展趋势具有较高的敏锐性 2. 有对新技术、新设备的自学能力，有较强的动手操作能力，并能积极、主动学习 3. 善于客户服务及沟通，有较强的分析问题、解决问题的能力 4. 能适应快节奏的工作，能够独立解决日常办公软件问题 5. 语言表达清楚、明确，思维反应迅速，逻辑能力强 6. 能根据用户需求独立选择、购买和配置网络设备；能根据用户需求组建局域网，保障局域网正常运行；能有效利用硬件和软件工具快速定位局域网中存在的故障并排除 7. 学会设计拓扑结构并使用 Visio 软件绘制拓扑结构图 8. 熟悉主流网络设备并能进行日常操作维护	1. 熟悉网络通信原理、TCP/IP 协议簇、网络操作系统 2. 能使用各种报文捕获工具进行报文捕获与分析 3. 对 Windows、UNIX、Sybase、Oracle 等操作系统和数据库技术有一定了解，或熟悉通信网络基础知识、网络通信协议 4. 具有一定的计算机网络基础技术，熟悉各种计算机操作系统，熟悉各种常用网络设备，能帮助公司解决上网时遇到的问题 5. 对计算机网络、TCP/IP 协议基础理论、主流操作系统的网络设置具有较好的了解和认识 6. 熟悉计算机操作及维修、局域网防病毒及维护、上网设置

2. 课程定位

根据国家软件水平考试网络管理员和网络工程师标准、网络管理员国家职业标准、计算机网络技术人员职业标准等进行综合分析，本课程主要适用于计算机基本操作、操作系统的安装与应用、网络设计与安装、网络维护、网络故障检测与维修等技能训练及相关职业素养养成。

局域网组建课程已成为高职院校计算机教学中的重要课程，是计算机网络技术专业的一门必修核心课程。本课程主要介绍家庭、宿舍、实训室等常见局域网组建及维护的知识和技能。

本课程的前续课程是"计算机网络基础"、"电工电子"、"计算机组装与维护"。通过前续课程的学习，学习者基本掌握了计算机网络的基础知识和必备的技能，如什么是网络、IP 地址的组成和作用、模拟电路、数字电路、计算机部件及相关安全操作规程与规范。其后续课程是"网络设备的安装与配置"，"网络规划与实现"，"网络安全"等设备使用、网络规划设计、网络安全措施方面的管理与规划课程。本课程起着承前启后的作用，形成了一条知识链，学习者学习完后能完成局域网络的使用、组建、配置、维护和设计等任务。

3. 课程项目与任务设计

本课程以培养学生的实际应用能力为目标，并以此为主线为学生设计知识、能力、素质结构。本书内容遵循从简单到复杂、从低级到高级、从单一到综合、循序渐进的认识规律，从整体上设计其内容，相对独立地形成一个有梯度、有层次、有阶段性的技能训练体系。

整个技能训练体系分为基础、进阶、管理与维护4篇，有效连接中职与高职课程。每篇设置了 1~3 个项目，所有技能训练与知识理论学习都围绕这些项目展开，在每个项目下设计了具体的任务和子任务，所有项目连接起来就形成了局域网的使用、组建、管理与维护的完整应用体系。其中，每个项目又是一个独立的实体，可以培养某一方面的能力，学习者可根据各自的实际情况及需要进行不同项目的组合，以达到不同的训练目标。项目采用大家耳熟能详的、真实的生活案例，具体、形象、客观，让学习者不仅能够熟悉局域网的相关理论与操作，还能真正了解知识应用的环境和需掌握的技能，彻底解决"学什么、怎么学、学到什么程度、学了有什么用、用了有什么效果"的疑惑，以激活学习者的学习、创造能力，提高学习兴趣。

4. 任务实施评价说明

自我评价、小组评价与教师评价的等级分为 A、B、C、D、E 这5等。其中，知识与技能掌握90%及以上，学习积极上进，自觉性强，遵守操作规范，有时间观念，产品美观并完全符合要求的为 A 等；知识与技能掌握了 80%~90%，学习积极上进，自觉性强，遵守操作规范，有时间观念，产品外观虽有瑕疵，但没有质量问题的为 B 等；知识与技能掌握 70%~80%，学习积极上进，在教师的督促下能自觉完成，遵守操作规范，有时间观念，产品外观虽有瑕疵但没有质量问题的为 C 等；知识与技能基本掌握 60%~70%，学习主动性不高，需要教师反复督促才能完成，操作过程与规范有不符的地方，但没有造成严重后果的为 D 等；知识与技能掌握不足 60%，学习不认真，不遵守纪律和操作规范，作品存在关键性问题或缺陷的为 E 等。

该评价说明适用于每个项目中的[实施评价]环节。

5. 教学资源说明

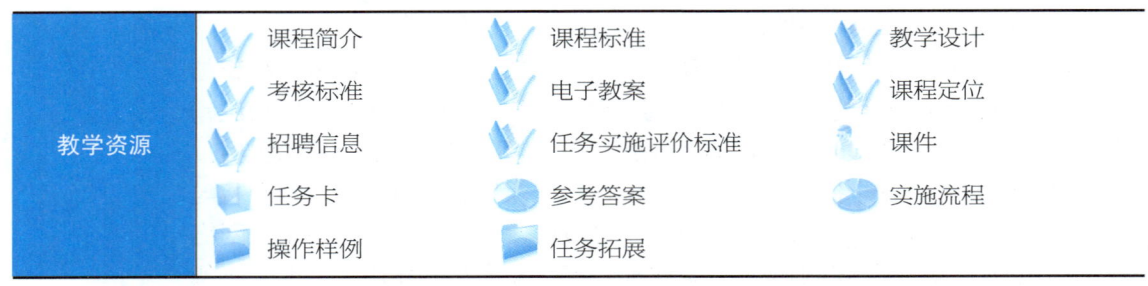

第1篇 基础篇

通过对"网络管理员"、"网络工程师"职业所需知识、态度、技能的调研，对国家软件水平考试（网络管理员与网络工程师）的考试大纲、考试真题的分析，以及对国家网络管理员职业标准的阅读与理解，编者认为，基本功要非常扎实才有利于新技术的接受、新技能的培养。因此，本书在基础篇介绍了单台计算机中的硬件安装、分区、操作系统、网线制作等基础工作，并要求达到熟练操作的程度。

基础篇的主要目标是通过参观、体验等方式使学习者明确局域网基本框架，给学习者建立实实在在的物理感官印象，为后续内容做铺垫；明确要完成的工作任务、达到的目标及考核内容与方式，端正学习态度，严格遵守操作规程；在任务实施中通过限制时间、限制材料等方式训练学习者的准确性、责任心、成本意识、安全意识。

基础篇的主要任务及在本书组织中的位置如下图所示。

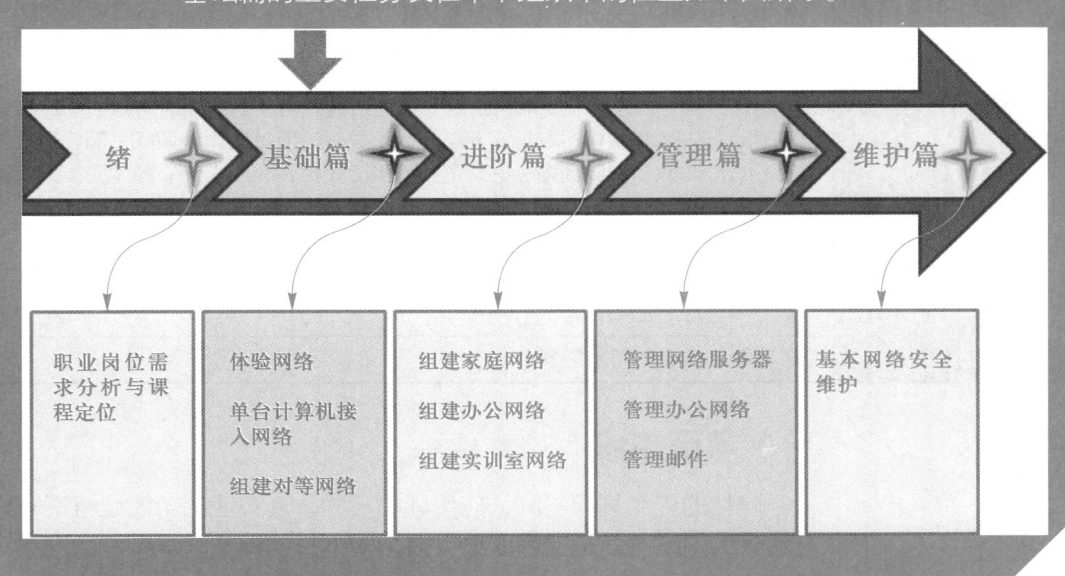

项目 1　体验网络

网络是现代社会中传递信息、人际交流非常重要的载体，有些网络已经成为人们生活、工作的一部分。很多单位、家庭都组建了或大或小的网络，大多数都由专业人士来组建。有些人只了解自己使用的计算机，从来没有认真研究过网络的结构，也没有去深入地探究网络，因此，出现很小的问题都只能等待维修人员上门服务。要了解、学习和掌握网络，首先需要对网络有良好的感性认识，仔细观察网络，然后使用网络，体验网络功能，最后深层次地认识网络，从而熟悉网络的结构和设备，能处理简单的网络问题。

 教学导航

知识目标	● 了解局域网的特点和基本组成，了解拓扑结构的概念、种类及其各自的优缺点 ● 认识局域网能完成的主要功能 ● 识记服务器提供的服务 ● 掌握主要设备的规格、特点
技能目标	● 熟练掌握利用 Visio 软件绘制拓扑结构图，以及 Visio 软件的界面及操作知识 ● 训练"具体——抽象"之间的转换能力 ● 熟练使用网络，充分利用网络资源，促进信息化建设 ● 熟练应用网络完成交流与沟通
教学方法	项目教学法、分组讨论法、角色扮演法、理论实践一体化
考核评价方法	● 绘制拓扑结构图 ● 书写总结报告 ● 使用网络 1~3 项功能，如开启 IE 浏览器访问网络资源、共享已设置好的信息资源、共享打印机等硬件资源 ● 考核成绩 A 等标准要求：绘制的拓扑结构图与架构网络时的原始拓扑结构图完全相同，标识清晰明确；参观完网络后，把参观的所见所想整理成书面总结报告，每人一份，要求报告步骤清晰、书写工整、情节完整，有个人的心得体会；参观和使用网络过程中，态度认真，勤奋好学
操作流程	观察网络结构→绘制拓扑结构图→书写实验报告→体验网络功能
准备工作	● 学校或公司通畅的网络，文件设置为共享，至少安装一台打印机并允许共享打印 ● 绘图软件，如 Visio、CAD
课时建议	6 课时（含课堂任务拓展）

 项目描述

网络的应用规模不同，应用环境不同，其实现的功能也就不一样。学习者接触到的网络主要是家庭网络、宿舍网络、实训室网络和校园网络，各网络的功能存在很大区别。

要学会网络的组建，就要首先了解网络，熟悉网络的结构及其功能，因此首先应去参观各个网络，通过观察了解网络所使用的设备和基本组成，然后体验网络，熟悉网络能完成的任务及其容易出现的问题。

 项目分解

任务 1 的任务卡如表 1-1 所示。

表 1-1　任务 1 任务卡

任务编号	001-1	任务名称	体验家庭或宿舍网络	计划工时	90 min
工作情境描述					
李先生一家三口，现有一台购买了几年的台式机，通过 ADSL 电信的线缆与 Internet 连接。他家的网络设备主要有一个 Modem、一个无线路由器，网卡是与主板集成的；另有一台笔记本电脑					
操作任务描述					
① 观察、使用家庭网络 ② 了解家庭网络的整体情况，包括物理布局等，知道网络的基本组成、网络能完成的任务、网络具备的特点和功能 ③ 认识并逐渐熟悉网络设备及其作用					
操作任务分析					
本次任务主要是"看网"、"用网"，并思考以下问题： ① 仔细观察整个网络，并从宏观上去思考，了解整个网络结构，将分布在各个房间的物理上分散的设备在头脑中形成一个整体认识 ② 通过对整个网络的观察和思考，分析家庭网的基本组成 ③ 认识网络中使用的主要设备 ④ 使用百度或其他搜索工具了解网络中主要设备的基本性能，并思考为什么使用该设备，可不可以使用其他设备替换					

任务 2 的任务卡如表 1-2 所示。

表 1-2　任务 2 任务卡

任务编号	001-2	任务名称	体验实训室网络	计划工时	45 min
工作情境描述					
小李所在班级的大多数课程都采用"理论实践一体化"的教学模式，基本都在实训室上课，经常需要接收布置的作业，完成后通过共享或其他工具提交作业					
操作任务描述					
① 观察、使用实训室网络 ② 了解网络的整体情况，知道实训室网络的基本组成、能完成哪些任务、与家庭网络的区别与联系 ③ 认识并逐渐熟悉网络设备及其作用					
操作任务分析					
本次任务主要是"看网"、"用网"，并思考以下问题： ① 仔细观察整个网络，并从宏观上去思考，了解整个网络结构，比较实训室网络与家庭网络的区别 ② 通过对整个网络的观察和思考，分析实训室网络的基本组成 ③ 认识网络中使用的主要设备 ④ 使用静态和动态两种方式分别设置实训室网络地址，完成文件的上传和下载等，了解网络中主要设备的基本性能，并思考为什么使用该设备，可不可以使用其他设备替换					

任务 3 的任务卡如表 1-3 所示。

表 1-3 任务 3 任务卡

任务编号	001-3	任务名称	参观校园网络	计划工时	90 min
工作情境描述					
某校园网网络中心设在教学楼 5 楼，整个学校分为两个校区，该网络覆盖两个校区的办公楼、实验楼、多媒体中心、图书馆、后勤公司等主要大楼。分为用户层、接入层、核心层，核心层采用思科交换设备冗余连接，中心交换机与防火墙连接，然后连接 Internet。 该学校内部完全实现电子化办公（实训室填表、工资查询、填写课程成绩、任务布置），能共享打印，文件可存储到服务器或从服务器上下载；可实现发送电子邮件、访问网页、点播视频等；可通过考评系统测评教学情况					
操作任务描述					
① 观察、使用校园网络 ② 了解网络的整体情况，知道网络的基本组成、网络能完成的任务、与家庭网络和实训室网络的区别与联系 ③ 认识并逐渐熟悉网络设备及其作用 ④ 了解校园网络能提供哪些网络服务 ⑤ 绘制拓扑结构图（网络覆盖面大，看到的只是某个局部的网络情况，不能使人产生整体印象，怎样才能看到网络的整体布局呢）					
操作任务分析					
本次任务主要是"看网"、"用网"、"画网"，并思考以下问题： ① 仔细观察整个网络，并从宏观上去思考和了解整个网络结构 ② 通过对整个网络的观察和思考，分析校园网络的基本组成 ③ 认识网络中使用的主要设备 ④ 认识并分析拓扑结构是什么，起什么作用，怎么表现，使用什么工具绘制 ⑤ 认识、下载、安装和使用 Microsoft Visio 2007 软件绘制拓扑结构图 ⑥ 卸载 Microsoft Visio 2007 软件					

 知识准备

【知识 1】 局域网的基本组成

从总体上来说，局域网由硬件和软件两部分组成。硬件部分主要包括计算机、外围设备、网络互联设备、传输介质；软件部分主要包括网络操作系统、通信协议、应用软件。局域网的基本组成如图 1-1 所示。

【知识 2】 拓扑结构

1. 局域网常用拓扑结构的类型

（1）总线型拓扑结构

总线型拓扑结构如图 1-2 所示，一般采用同轴电缆或光纤作为传输介质，所有的站点都通过相应的硬件接口直接连接到总线上，任何一个站点发送的信号都可以沿着传输介质传播，而且能被总线上其他的所有站点接收。

微课
认识拓扑结构

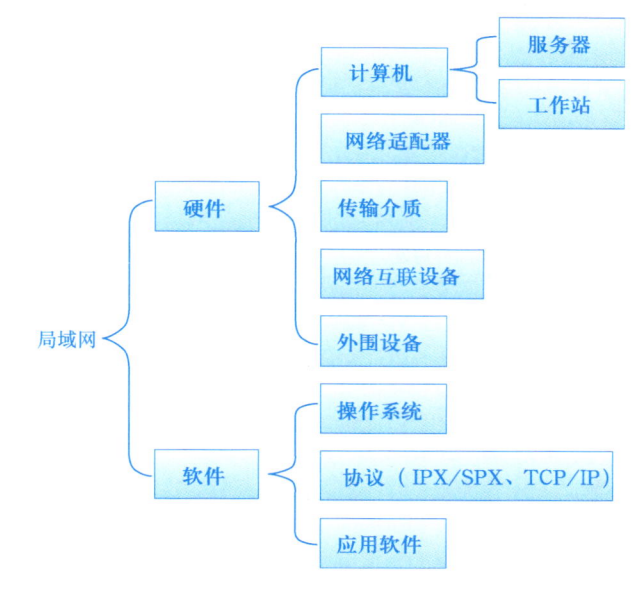

图 1-1　局域网的基本组成

图 1-2　总线型拓扑结构

> 注意：终接器的作用是避免线路上的信号反射而产生干扰。

总线型拓扑结构的通信方式一般采用广播的形式，通过 CSMA/CD（带冲突检测的载波侦听多路访问）介质访问控制方法来减少和避免冲突的发生。CSMA/CD 方式通过遵循"先听后发，边听边发，冲突停发，随机重发"的原理控制数据包的发送，工作流程如图 1-3 所示。

（2）环形拓扑结构

环形拓扑结构如图 1-4 所示，是由连接成封闭回路的网络结点组成，每一个结点与它左右相邻的结点连接。

> 注意：
> - 在环形网络中，信息流只能是单方向的，每个收到信息包的结点都向它的下游结点转发该信息包。
> - 只有获取了令牌的结点才可以发送信息。
> - 目标站是从环上复制信息包。

（3）星形拓扑结构

星形拓扑结构如图 1-5 所示，是由通过点到点的链路接到中心结点的各站点组成的，传输介质通常采用双绞线。

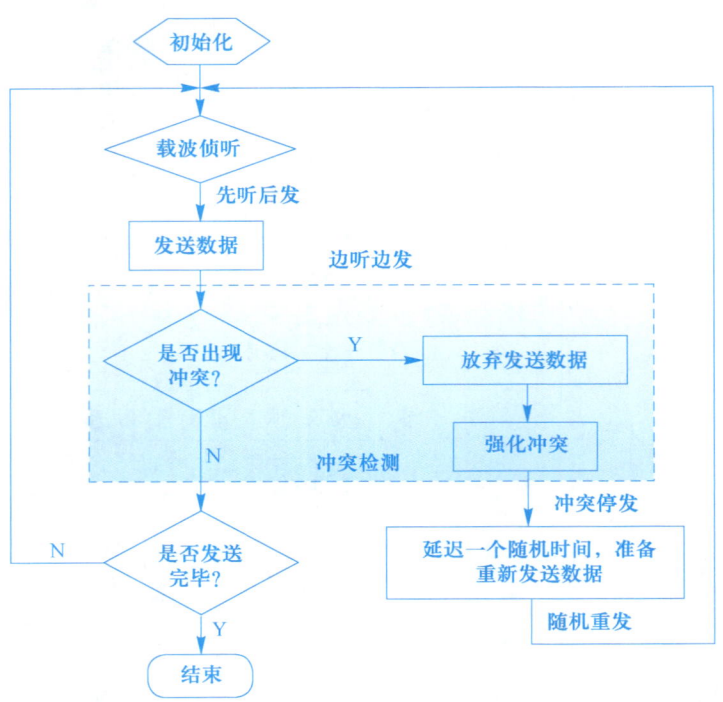

图 1-3 CSMA/CD 工作流程

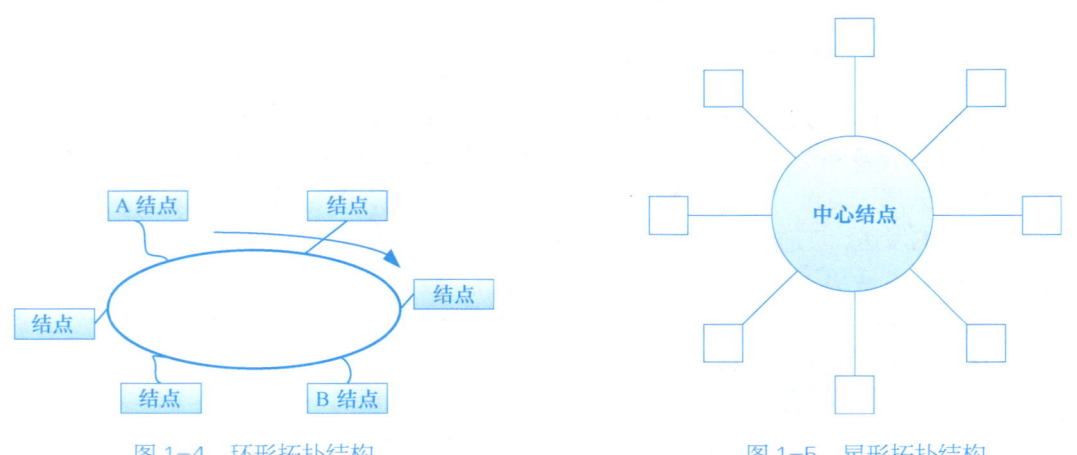

图 1-4 环形拓扑结构　　　　　　　　图 1-5 星形拓扑结构

（4）混合型拓扑结构

混合型拓扑结构是由星形拓扑结构和总线型拓扑结构结合在一起形成的网络结构，如图 1-6 所示。这种结构解决了星形网络在传输距离上的局限，也解决了总线型网络在连接用户数量上的限制，更能满足较大网络的拓展。

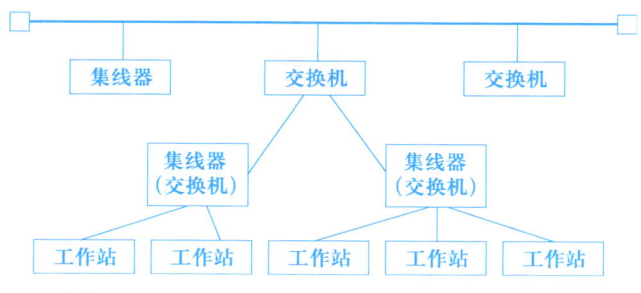

图 1-6　混合型拓扑结构

2. 常用拓扑结构的比较

表 1-4 列出了局域网常用拓扑结构间的比较。

表 1-4　常用拓扑结构的优缺点

拓扑结构	优　点	缺　点
总线型拓扑结构	电缆长度短，易于布线和维护；一个结点出现故障不会影响其他结点的连接，可任意拆走故障结点；结构简单，结点扩展、移动方便；从硬件的角度看，传输介质是无源元件，十分可靠	这种结构不能集中控制，故障检测需要在各个结点上进行，不易进行故障控制；总线的传输距离有限，通信范围受到限制
环形拓扑结构	电缆长度短；只有获取令牌的结点才能发送数据，不会出现信道争用问题	结点的故障会引起全网故障；负载较轻时，利用率低；故障检测困难
星形拓扑结构	利用中心结点可集中控制整个网络；结构简单，容易检测和隔离故障，便于维护；任何一个连接只涉及中心结点和另一个结点，控制介质访问的方法和协议十分简单，传输时延短，误码率低	每个站点直接与中心结点相连，需要大量的电缆和接口；属于集中控制网络，一旦中心结点崩溃，整个网络都会瘫痪；各结点的分布处理能力较低
混合型拓扑结构	结合了多种拓扑结构的优点，适合于大型网络的构建	

任务实施

任务实施流程如表 1-5 所示。

表 1-5　任务实施流程

工　具　准　备		
工具/材料名称	数量与单位	说　明
网络	1 个/组	连接并配置好，能使用
Visio 软件	1 个/人	绘制拓扑结构图
材　料　准　备		
材料名称（型号与规格）	数量与单位	
能直接使用的网线	（1~2）m/人	
计算机	1 台/人	
互联设备	1 个/网/组	

续表

参 考 资 料
① 充分利用互联网上的海量资源 ② 设备说明书 ③ 网络结构连接图 ④ 各服务的使用说明书 ⑤ 网络物理布局图

实 施 流 程
① 阅读【知识准备】中的知识介绍，如果不够，则通过查找资料学习相关知识 ② 规划需完成的任务 ③ 准备实验工具与材料 ④ 根据【任务实施】中的任务先后顺序与步骤完成具体的安装或配置，在完成每个小任务后测试任务的完成情况，保证任务 100% 完成 ⑤ 待所有任务完成后，测试整体任务，最终提交拓扑结构图或者设备性能比较表格

任务 1　体验家庭或宿舍网络

家庭或宿舍网络是家庭成员或室友娱乐、生活和工作的信息平台，是最熟悉和使用最多的，因此，首先体验家庭或宿舍网络。

任务 1-1　观察网络结构

首先查看计算机的网线连接情况，查看其指示灯是闪烁还是其他状态；然后查看该网线与什么设备相连，以及设备的外观与指示灯情况。

任务 1-2　了解网络基本组成

1. 网络连接情况

通过观察发现，家庭或宿舍网络的计算机通过网线首先连接到无线路由器，无线路由器有 4 个有线网口和 1 个 WAN 口，通过 WAN 口连接到 Modem，Modem 上的 Ethernet 口与墙壁上的电信口连接。

2. 认识网络中的主要设备

（1）Modem

Modem 的中文全称为调制解调器，即 Modulator（调制器）与 Demodulator（解调器）的简称，是一种在计算机通信过程中进行信号转换的硬件设备，它能完成计算机识别的数字信号和可沿普通电话线传送的模拟信号之间的转换，也就是大家平常所说的"猫"。

① Modem 的分类。一般来说，根据 Modem 的形态和安装方式，大致可以分为 4 种类型，如表 1-6 所示。

表 1-6 Modem 分类表

名称	安装位置	优点	缺点
外置式 Modem	机箱外，通过串行通信口与主机连接	方便灵巧，易于安装，可直观地通过闪烁的指示灯监视设备的工作情况	需要额外的电源与电缆
内置式 Modem	机箱内，安装时需拆开机箱，并对终端与 COM 口进行设置	不需要额外的电源与电缆，价格便宜	安装烦琐，需要占用主板上的扩展槽
PCMCIA 插卡式	主要用于笔记本电脑	体积小，与移动电话配合可方便地实现移动办公	不适用于台式机
机架式 Modem	把一组 Modem 集中于一个箱体或外壳中	功能强大，主要用于 Internet/Intranet、电信局、校园网、金融机构等网络的中心机房	由统一电源进行供电

② 常见产品有 TP-LINK、D-LINK、B-LINK 腾达等（参考太平洋电脑与中关村在线网站产品），常用的产品如表 1-7 所示。

表 1-7 目前热门的 Modem 品牌列表

设备名称	设备类型	接口类型	传输速率	适应范围	协议	功能
B-LINK BL-UM03B	外置型	USB/RJ-11	56 Kbit/s	Windows 98/2000/XP/Vista/Win 7/Linux	V.17、V.29、Group 3、Class 1	支持电话线拨号上网功能，方便在无宽带环境下拨号上网；实现台式机、笔记本电脑两用
VBEL VB-C6101M	外置型（光纤 Modem）	ST/RS232/485/422	0～115.2 Kbit/s	可广泛用于各种工业、过程和交通控制等场合	为串口光纤 Modem	解决了电磁干扰、地环干扰和雷电破坏的难题，提高了数据通信的可靠性、安全性

（2）无线路由器

无线路由器（如图 1-7 所示）也是路由器，只是其信号采用无线覆盖方式，可以将网络信号通过天线转发给一定范围内的无线网络设备。

市场上流行的无线路由器一般都支持专线 xDSL/cable、动态 xDSL、PPTP 接入方式，它还具有其他一些网络管理的功能，如 DHCP 服务、NAT 防火墙、MAC 地址过滤等功能。

从 ZOL 中关村在线网站上可以看到，目前比较热门的无线路由器有 TP-LINK、D-LINK、NETGEAR、腾达等品牌；该类产品通常分为 3G、SOHO、便携式、企业级等类别，最高传输速率从 150 Mbit/s～1 300 Mbit/s 不等，所遵循的标准包括 IEEE 802.11ac、IEEE 802.11n、IEEE 802.11g、IEEE 802.11b 等。下面将一些常用的无线路由器进行比较和分析，如表 1-8 所示。

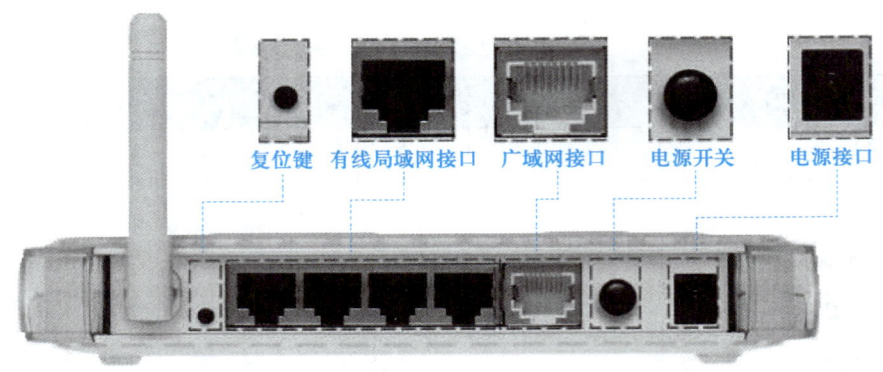

图 1-7 无线路由器接口机按钮示意图

表 1-8 无线路由器示例表

产品型号	产品类型	网络标准		最高传输速率	天线	功　能
		无线标准	有线标准		3 根外置全向天线	支持 VPN、无线 MAC 地址过滤、64/128/152 位 WEP 加密；内置防火墙；能进行本地和远程 Web 管理
TP-LINK TL-WR2041N		IEEE 802.11n、IEEE 802.11g、IEEE 802.11b	IEEE 802.3 IEEE 802.3u	450 Mbit/s		
D-LINK DIR-605	SOHO 无线路由器			300 Mbit/s	2 根外置天线	支持 VPN、64/128 位 WEP 加密；内置防火墙
TP-LINK TL-WVR450G	企业级无线路由器	IEEE 802.11b、IEEE 802.11g、IEEE 802.11n		450 Mbit/s	外置全向天线	支持 VPN、无线安全 WEP、WPA、WPA2、WPA-PSK、WPA2-PSK；内置防火墙；全中文 Web 网管，远程管理
NETGEAR MBR1200	3G 无线路由器	IEEE 802.11n		21 Mbit/s	内置天线	支持 3G 功能、VPN、QoS、WPS 一键加密、支持 WDS 无线桥接、远程 Web 管理；内置防火墙；无线安全 WEP 64/128、WPA、WPA-PSK WPA2、WPA2-PSK
腾达 G6	便携式无线路由器	IEEE 802.11n IEEE 802.11g、IEEE 802.11b	IEEE 802.3 IEEE 802.3u	150 Mbit/s	内置天线	支持 VPN、纠错无线 MAC 地址过滤、64/128 位 WEP 加密、WPA-PSK/WPA2-PSK、WPA-PSK

任务 1-3　体验网络功能

在家庭网络或宿舍网络中，起主导作用的是集线器、交换机、Modem 等，根据家庭情况或宿舍情况连接网络，使用搜索引擎搜索所使用设备的类型、基本功能及参数等，感受网络速度、设备的工作等情况。

任务 2　体验实训室网络

学校的实训室机房与办公室、宾馆、餐厅等场所存在很大的区别，其中一方面是需要面对的人员众多，有计算机专业的学生，也有非计算机专业的学生；有的课程需要 Windows 操作系统，有的课程需要 Linux 或者其他系统；计算机专业有网络专业，也有软件专业，还有多媒体专业等。因此，应用需求与环境要求千差万别，不可能配置成一样的网络环境，配置既要保证机房的通用性，又要满足不同的专业需求。

任务 2-1　观察网络结构

实训室是学生学习操作和训练技能的场所，需要用到多种操作系统、多款应用软件，还有可能是多个班级共用一个实训室。为了发挥学生的主观能动性，体现教学的灵活性，配置相应的多媒体电子教室系统，实现机房网络教学。同时，教师可在任意时间段内监控及实时指导学生，实现文件信息资料的传送（教师文档或练习下发、学生作业或测试上传、同学之间共享资料）等，满足教学需求。

任务 2-2　了解网络基本组成

实训室局域网一般由一台教师机、一台服务器、若干交换机组成。服务器用于存储所有可用资源，交换机连接所有学生用计算机，教师机上安装相应软件（如极域电子教室）控制所有学生机（包括电子点名、学生演示、屏幕广播、作业分发、文件上传、学生分组讨论、讲练同步等）。

任务 2-3　体验网络功能

首先在教师机上共享服务器上的资源，将服务器上的练习放到教师机上；然后打开极域电子教室软件，通过该工具将练习题分发给所有学生，然后利用窗口方式让学生看到老师在教师机上的操作，并能根据老师的操作完成一个个动作；最终将完成的作业整理并上传给教师，实现作业或资料备份，以备检查。

任务 3　体验校园网络

任务 3-1　观察网络结构

某学院校园网以设在教学楼的校园网网络中心为核心，覆盖东校区办公楼、东校区教学楼、东校区实验楼、主校区办公楼、主校区实验楼、主校区教学楼、多媒体中心、图书馆、后勤公司等主要大楼。校内的办公都通过校园网实现。

任务 3-2 了解网络基本组成

1. 了解网络整体结构

校园网采用 Cisco 3550 交换机作为中心交换机,在其他楼层配置二级交换机,楼与楼之间采用 Start 产品作为三级交换机,办公室采用 TP-LINK 连接各工作站。

中心交换机与防火墙相连,各服务器都连到防火墙上,防火墙同时与路由器相连,通过路由器连接 Internet。在校园网内看到了中心交换机、二级交换机、三级交换机、工作站,那么局域网到底由哪些部分组成,请参见【知识2】。

2. 认识网络中的主要设备

校园网中大量应用的互联设备是交换机,除了该设备外,还有网络适配器、集线器、路由器等。由于价格和性能等因素的影响,集线器在现实应用中的使用越来越少,而路由器一般在广域网中使用,交换机是局域网中应用最广泛的设备,因此,本书将详细介绍交换机设备,而对集线器、路由器只做简单介绍。

步骤 1:认识交换机。

受价格和性能等因素的影响,交换机的应用越来越广泛。对于本书中的交换机,如果未特别说明,则认为是工作在 OSI 模型第二层(数据链路层)的设备,其主要作用是转发封装的数据包,减少冲突域,隔离广播风暴。

(1)交换机的工作原理

交换机检测从以太网端口传递来的数据包的源和目的地 MAC(介质访问层)地址,然后与内部的"端口-MAC 地址映射表"进行比较,若数据包的 MAC 地址不在表中,则将该地址加入该表,并将数据包发送给相应的目的端口。

(2)交换机的分类

交换机的分类如表 1-9 所示。

表 1-9 交换机分类表

分类依据	类别	含义	示 例		应用场合	图 示
交换机结构	固定端口交换机	所带端口固定不变	标准端口	非标准端口	价格比较便宜,在工作组中应用较多,一般适用于小型网络、桌面交换环境	
			主要有 8 口、16 口、24 口等	主要有 4 口、5 口、10 口、12 口、20 口、22 口和 32 口等		
	模块化交换机	用户可任意选择不同数量、不同速率和不同接口类型的模块	固定式	机箱式	在价格上比固定端口交换机要贵很多,但拥有更大的灵活性和可扩充性,适应千变万化的网络需求。企业级交换机考虑到其扩充性、兼容性和排错性,因此,应当选用机箱式交换机	模块化快速以太网交换机,有 4 个可插拔模块
			骨干交换机和工作组交换机则由于任务较为单一,故可采用简单明了的固定式交换机	容错能力强,支持交换模块的冗余备份,为了保证交换机的电力供应,有可热插拔的双电源		

续表

分类依据	类别	含义	示例	应用场合	图示
交换机工作的协议层	二层交换机	对应于OSI/RM模型第二层（数据链路层）	依赖于链路层中的信息（如MAC地址），完成不同端口数据间的线速交换。主要功能包括物理编址、错误校验、帧序列以及数据流控制	应用于小型企业或中型以上企业网络的桌面层次	
	三层交换机	对应于OSI/RM开放体系模型第三层（网络层）	具有路由功能。它将IP地址信息提供给网络做路径选择，并实现不同网段间数据的线速交换	当网络规模较大时，可划分VLAN网段，以减小广播所造成的影响。应用于大中型网络	
	四层交换机	工作于OSI/RM模型的第四层（传输层）	为每个供搜寻使用的服务器组设立虚IP地址（VIP），每组服务器支持某种应用	直接面对具体应用	
是否支持网管功能	网管型	使所有的网络资源处于良好的状态	提供了基于终端控制口（Console）、基于Web页面以及支持Telnet远程登录网络等多种网络管理方式，网络管理人员可对交换机的工作状态、网络运行状况进行本地或远程的实时监控。网管型交换机支持SNMP协议	只有企业级及少数部门级的交换机支持网管功能	
	非网管型	不具备网络管理功能		部门级以下的交换机多数都是非网管型的	目前大多数应用的都是此种交换机

（3）交换机的性能指标

表1-10列出了交换机的性能指标。

表1-10　交换机的性能指标表

性能指标	说明
转发技术	存储转发技术：要求交换机接收到全部数据包后再决定如何转发。采用该技术的千兆交换机可以在转发之前检查数据包的完整性和正确性，以减少不必要的数据转发
	直通转发技术：在交换机收到整个帧之前就开始转发数据，可有效地降低交换延迟。但实际上，交换机在没有完全接收并检查数据包的正确性之前就已开始了数据转发。在通信质量不高的环境下，交换机也会转发所有的完整数据包和错误数据包，从而给整个交换网络带来了许多垃圾通信包。因此，该技术适用于链路质量好、错误数据包少的网络
吞吐量	以太网吞吐量的最大理论值被称为线速，是指交换机有足够的能力以全速处理各种尺寸的数据封包并转发，千兆交换机产品都应达到线速
管理功能	通常，交换机厂商都提供管理软件或第三方管理软件远程管理交换机。一般的交换机满足SNMP MIB I/MIB II统计管理功能，复杂一些的千兆交换机会通过增加内置RMON组（mini-RMON）来支持RMON主动监视功能

续表

性能指标	说　明
延时	采用直通转发技术的交换机：有固定的延时。直通式交换机不管数据包的整体大小，只根据目的地址来决定转发方向 采用存储转发技术的交换机：必须要接收完整的数据包才开始转发，所以数据包大时延时大，数据包小时延时小
链路聚合	链路聚合可以让交换机之间和交换机与服务器之间的链路带宽有非常好的伸缩性。比如，可以把2个、3个、4个千兆的链路绑定在一起，使链路的带宽成倍增长 链路聚合技术可以实现不同端口的负载均衡，同时也能够互为备份，保证链路的冗余性；在千兆以太网交换机中，最多可以支持4组链路聚合，每组中最多4个端口。链路聚合一般情况下是不允许跨芯片设置的

（4）交换机的选购

选购交换机主要考虑交换机端口数、端口类型及其性能，具体如表 1-11 所示。

表 1-11　选购交换机时考虑的因素

选购所考虑因素	含　义
外形尺寸	根据实际应用情况决定是采用机架式交换机还是桌面型交换机。如果网络较大，需要网络设备进行集中管理，则应选择机架式交换机；如果网络较小，则可采用桌面型交换机
端口数和端口类型	要看接口情况，如果布线中需要接光纤，则需要考虑交换机是否带有光纤接口；当然，也可通过增加光纤模块或光纤转发器的方式来解决，但低端的交换机扩展性差，不一定能增加光纤模块
是否支持虚拟局域网（VLAN）	VLAN 技术已经使用得非常广泛，是网络管理安全的一项有效手段，在局域网中使用较多，因此，选择交换机时要考虑是否支持 VLAN 技术

步骤 2：认识路由器。

路由器是一种连接多个网络或网段的网络设备，可将不同网络或网段之间的数据信息进行"翻译"，以使它们能够相互"读懂"对方的数据，从而构成一个更大的网络。路由器属网际设备，是具有丰富路由协议的软硬结构设备。

（1）路由器功能

路由器的功能如表 1-12 所示。

表 1-12　路由器功能

功　能	说　明
路由功能	在网际间接收结点发来的数据包，然后根据数据包中的源地址和目的地址，对照自己缓存中的路由表，寻找一条最佳的路径，把数据包直接转发到目的结点
拆分和封装数据包	在数据包转发过程中，由于网络带宽等因素，为了避免数据包过大而引起网络堵塞，路由器需要把大的数据包根据对方网络带宽的状况拆分成小的数据包，到了目的网络的路由器后，目的网络的路由器再把拆分的数据封装成原来大小的数据包，再根据源网络路由器的转发信息获取目的结点的 MAC 地址，发给本地网络的结点

续表

功　能	说　明
协议转换功能	如常用的 Windows NT 操作平台主要使用 TCP/IP，而 NetWare 系统主要采用 IPX/SPX 协议。这两个网络要实现通信，就需要支持协议转换功能的路由器进行连接
安全功能	目前，许多路由器都具有防火墙功能（可配置独立 IP 地址的网管型路由器），能够屏蔽内部网络的 IP 地址，自由设定 IP 地址，进行通信端口过滤，使网络更加安全

（2）路由器和交换机的区别

路由器产生于交换机之后，两种设备有一定联系，但不是完全独立的两种设备。路由器主要克服了交换机不能路由转发数据包的不足。总的来说，路由器与交换机的主要区别体现在表 1-13 所示的几个方面。

表 1-13　交换机与路由器的区别

区　别		交　换　机	路　由　器
工作层次不同		数据链路层	网络层
数据转发所依据的对象不同		利用物理地址来确定转发数据的目的地址；MAC 地址是硬件自带的，已固化到了网卡中，一般来说不可更改	利用不同网络的 ID 号来确定数据转发地址。IP 地址描述设备所在的网络，由网络管理员或系统自动分配
功能不同	域分割	传统的交换机只能分割冲突域，不能分割广播域，由交换机连接的网段仍属于同一个广播域。广播数据包会在交换机连接的所有网段上传播，在某些情况下会导致通信拥挤和安全漏洞 第三层以上的交换机具有 VLAN 功能，能分割广播域，但各子广播域间不能通信，仍需要路由	路由器可以分割广播域，连接到路由器上的网段会被分配成不同的广播域，广播数据不会穿过路由器
	防火墙服务	不提供	提供

> 注意：广播域与冲突域是根据设备的工作原理来进行划分的。集线器的广播域与冲突域是一样的，所有连接在集线器上的设备既是一个冲突域又是一个广播域，容易引起数据冲突，容易发生广播风暴。交换机的每一个端口为一个冲突域，减小了冲突几率，但连接在交换机上的所有设备仍属于同一个广播域（VLAN 划分除外）。路由器能分割广播域，隔离广播风暴。

任务 3-3　体验网络功能

1. 服务器

在校园网中，在核心交换机上连接了多个服务器，如 Web 服务器、DNS 服务器、MAIL 服务器、FTP 服务器、数据库服务器、视频点播服务器等。

（1）Web 服务器

Web 服务器主要实现 WWW 服务，目前常用的有 PWS（Personal Web Server）服务器、IIS（Internet Information Server）服务器、Apache 服务

器、Tomcat 服务器、Samba 服务器，如表 1-14 所示。

表 1-14 常用 Web 服务器列表

服 务 器	功 能	应 用 环 境
PWS 服务器	解决个人信息共享，加速和简化 Web 站点设置	适合于创建小型个人站点
IIS 服务器	是 Windows 系统提供的一种 Web 服务组件，集成了 WWW、FTP、NNTP、SMTP 服务	应用于网页浏览、文件传输、新闻服务、邮件发送
Apache 服务器	免费，源代码开放	访问量大的（如每天数百万人）Web 服务器
Tomcat 服务器	源代码开放,运行 Servlet 和 JSPWeb 应用软件服务器	
Samba 服务器	内置网页搜索，FTP 服务器、HTML 方式的管理及环境设定，支持 CGI、WinCGI 等	建立局域网的 Web 站点

（2）FTP 服务器

FTP 是一个 C/S（客户机/服务器）系统，用户通过一个客户机程序连接至远程计算机上运行的服务器程序，主要实现文件传输功能。目前，使用广泛的服务器端程序有 Serv-U、IIS、Encrypted FTP，客户端软件有 CuteFTP、FlashFTP 等。

（3）MAIL 服务器

无论是 Windows 平台还是 UNIX 平台，可使用的服务器软件很多，如 MDaemon、Sendmail、FoxMail 等，客户端软件主要有 Microsoft Outlook、FoxMail 等。

（4）视频点播服务器

视频点播服务器（Video On Demand，VOD），与视频播放最大的区别在于，它是一种交互服务。用户不再是被动地接受视频信息，而是主动地根据自己的需要来选择要播放的节目。VOD 主要由服务器端、网络系统、客户端构成。客户端通过网络向服务器端提出请求，服务器端根据请求向客户端发送数据流。

常用的 VOD 服务器软件有 Windows Media、美萍 VOD、QuickTime、Winamp 等；客户端软件有 Realplay、Windows Media 等。

2. 使用网络功能

整个校园网的正常使用对办公带来了巨大的便利，适合于节约型校园的建设和规划，网络的主要功能包括如下内容。

① 共享光驱，以安装软件。
② 共享打印机，实现网络打印。
③ 从服务器中复制文件。
④ 从其他计算机中复制文件。
⑤ 通过 OA 系统收发文件。

⑥ 通过实训室填报系统填报实训。
⑦ 通过教务网上报考试成绩。
⑧ 通过精品课程网站下载教学资源。
⑨ 通过图书管理系统查询图书馆的图书。
⑩ 通过在线考试系统考试。
⑪ 通过考评系统测评教学情况。

任务 3-4　绘制拓扑结构图

1. 安装和使用 Microsoft Office Visio 2007 软件

Visio 系列软件是微软公司开发的高级绘图软件，属于 Office 系列，可以绘制流程图、网络拓扑图、组织结构图、机械工程图、流程图等。Microsoft Office Visio 2007 还可以直接与数据资源同步自动化数据图形，以提供最新的图形，还可以通过自定制来满足特定需求。下面是绘制网络拓扑结构【知识 2】的基本步骤。

步骤 1：下载 Microsoft Office Visio 2007 软件，了解该软件的作用和功能。
步骤 2：安装 Microsoft Office Visio 2007 软件。
步骤 3：启动 Microsoft Office Visio 2007 软件。

方式一：单击"开始"按钮，选择"程序"→"Microsoft Office"→"Microsoft Office Visio 2007"菜单命令，如图 1-8 所示，则启动了该软件。

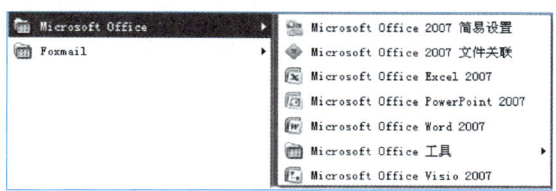

图 1-8　启动软件操作示意图

方式二：在桌面上双击 Microsoft Office Visio 2007 软件的快捷图标，即可启动该软件，其界面如图 1-9 所示。

步骤 4：选择绘图类型"网络"，显示如图 1-10 所示的界面。

图 1-9　软件启动后的界面

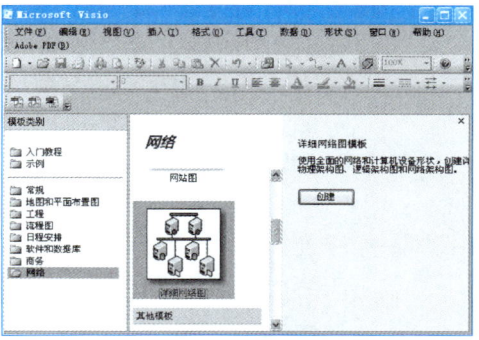

图 1-10　"网络"界面

步骤 5：选择一个模板，如果是简单的小型网络，可选择"基本网络图"模板，本例中选择"详细网络图"模板，启动绘图界面，如图 1-11 所示。

或者在 Visio 2007 主界面中选择"文件"→"新建"→"网络"→"详细网络图"菜单命令，启动绘图界面，如图 1-12 所示。

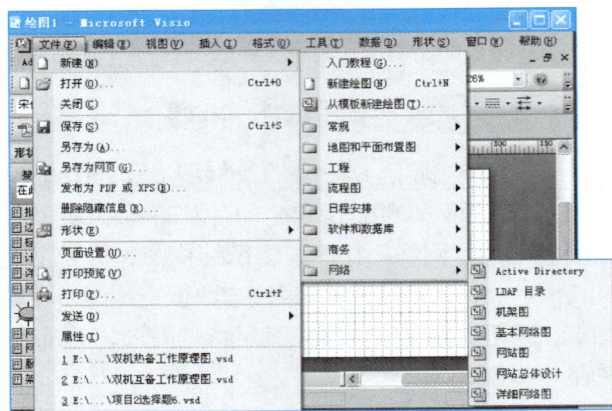

图 1-11　启动绘图界面　　　　　　图 1-12　通过菜单命令启动详细网络图

步骤 6：单击"形状"任务窗格中的某形状卡，如单击"计算机与显示器"形状卡，显示该形状卡的所有形状，在其中选中 PC 选项，按住鼠标左键将该形状拖入绘图区，松开左键，则可将该设备添加到绘图区，如图 1-13 所示。其他设备的添加工作与此同。还可以在按住鼠标左键的同时拖动四周的绿色控制柄来调整图元大小，按住鼠标左键的同时旋转图元顶部的绿色小圆圈，可以改变图元的摆放方向，把鼠标指针放在图元上，当出现 4 个方向箭头时按住鼠标左键拖动，可以调整图元的位置。通过双击图元可以查看它的放大图。

> 注意：在更改图元大小、方向和位置时，一定要在属性栏中选择选取工具 ，否则不会在图元上出现方点和圆点，从而无法调整。要整体移动多个图元的位置，可在同时按住 **Ctrl** 键和 **Shift** 键的情况下，按住鼠标左键拖动来选取要移动的图元，当出现一个矩形框，并且鼠标指针呈 4 个方向箭头形状时，即可通过拖动鼠标移动多个图元。

步骤 7：单击属性栏的绘图工具按钮 ，显示绘图工具栏 ，选择需要的连接线，如直线，然后单击交换机图元，并按住鼠标左键拖动到计算机图元，松开鼠标左键，即可连接两台设备，效果如图 1-14 所示。其余的连接参照此例即可实现。

也可使用属性栏中的连接线工具 进行连接。在选择了该工具后，单击要连接的两个图元之一，此时会有一个红色的方框，移动鼠标指针到相应的位置，当出现紫色星状点时按住鼠标左键，把连接线拖到另一图元，注意，此时如果出现一个大的红方框，则表示不宜选择此连接点，只有当出现小的红色星状点时才可松开鼠标，才能连接成功。要删除连接线，只需先选取相应的连接线，然后按 Delete 键即可。

图 1-13　添加网络元素

图 1-14　连接设备

步骤 8：标注设备。

要为交换机标注型号，单击属性栏中的字体按钮 A，即可在图元下方显示一个小的文本框，此时便可以输入交换机型号或其他标注了，然后在空白处单击鼠标即可完成输入。

标注文本的字体、字号和格式等可以通过属性栏来调整。如果要使调整适用于所有标注，则可在图元上单击鼠标右键，在弹出的快捷菜单中选择"格式"→"文本"命令，打开如图 1-15 所示的对话框，从中可以进行详细的设置。标注文本框的位置可通过按住鼠标左键进行移动。

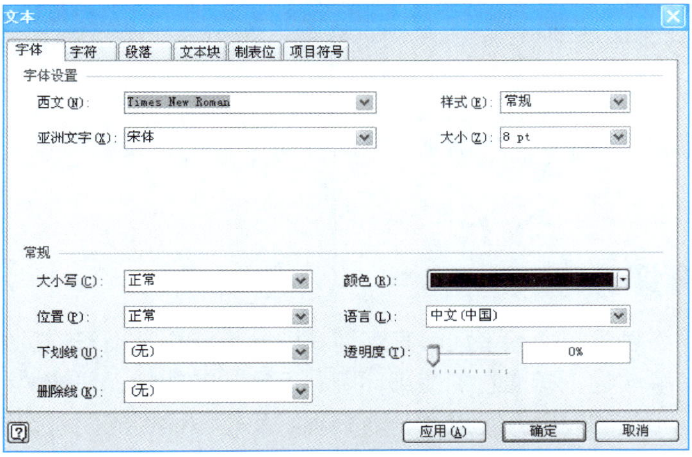

图 1-15　"文本"对话框

注意：以上只介绍了 Microsoft Office Visio 2007 中极少的一部分网络拓扑结构绘制功能，其使用方法比较简单，与 Word 类似，此处不再详细介绍。

微课
保存文件

2. 保存 Microsoft Office Visio 2007 文件

（1）将绘制的网络拓扑结构图存放到 Word 文档中

① 用鼠标框选或者选择"编辑"→"全选"菜单命令，或者按 Ctrl+A 组合键，选中所绘制的全部绘图形状。

② 复制该拓扑结构图，然后粘贴到 Microsoft Word 中即可。

> 注意：为了保证全部绘图形状的位置和大小不发生改变，建议选中所绘制的全部绘图形状后，将其组合为一个图形。使用鼠标右键单击所选择的图形，在快捷菜单中选择"形状"→"组合"命令，如图 **1-16** 所示，则组合后的图形无论怎么移动都不会发生改变。

（2）将绘制的网络拓扑结构图保存为 *.vsd 文档

绘制完成后，选择"文件"→"另存为"菜单命令，打开的对话框如图 1-17 所示，选择相应的存储位置，给文件命名后，单击"保存"按钮，即可保存该文件，下次可通过双击"绘图 1.vsd"的图标打开该文件。

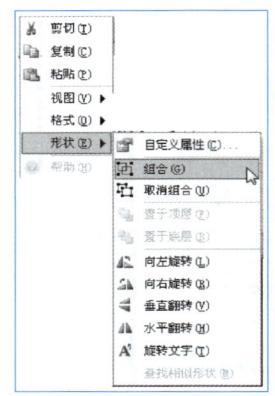

图 1-16　组合图形

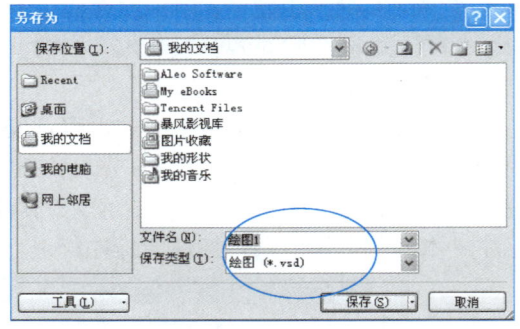

图 1-17　"另存为"对话框

> 注意：如果使用系统默认的文件名，则选择"文件"→"保存"菜单命令时，也会出现"另存为"对话框。

实施评价

体验网络是希望学习者能够直观地获取网络结构及设备的具体印象，通过观察和了解实物，知道它的使用环境、可实现的功能，并能熟练地使用这种工具实现相关的应用，重点在于培养观察和基本操作的能力，强化学习态度。完成任务后，认真总结任务的完成情况，便于后续任务的完成，并提高技能。

完成表 1-15 所示的任务实施情况小结表。

表 1-15 任务实施情况小结表

序号	知识	技能	重要程度	自我评价	教师评价
1	● 局域网定义 ● Modem、无线路由器 ● Modem 工作原理	○ 了解常用 Modem、无线路由器产品 ○ 知道家庭或宿舍网络的基本结构	★★		
2	● 服务器 ● 文件上传、下载 ● 共享资源	○ 认识实训室网络中的设备 ○ 了解该实训室网络的基本结构和组成 ○ 熟练操作实训室网络中的软件	★★		
3	● 校园网 ● 路由器 ● 交换机	○ 工具使用熟练、规范 ○ 选择合适的操作软件,画图规范,标识清楚 ○ 能正确表述操作结果	★★ ★★ ★		

任务实施过程中已经解决的问题及其解决方法与过程

问题描述	解决方法与过程
1.	
2.	

任务实施过程中未解决的主要问题

 任务拓展

拓展任务 查看网络整体拓扑图与局部拓扑图之间的关系

1. 任务拓展卡

任务拓展卡如表 1-16 所示。

微课
整体与局部拓扑
关系查看

表 1-16 任务拓展卡

任务编号	001-4	任务名称	查看网络整体拓扑图与局部拓扑图之间的关系	计划工时	45 min
任务描述					
在一个工程项目中,需要绘制的拓扑结构图非常多,人们希望能很清晰地看到整体网络拓扑图同局部拓扑图之间的关系,但单独保存的结构图经常表现得很混乱,而且有时会找不到相应的局部拓扑图,如何才能很直观地看到两者之间的关系?					
任务分析					
当拓扑结构图比较大或者比较多时,可能出现比较混乱或不能显示的情况,因此应把握好整体与局部的关系。发生混乱的原因主要是,每个拓扑图都单独形成一个文件,这样需要同时开启很多个窗口,当项目比较大时就会显得很复杂。其实,Microsoft Office Visio 2007 软件提供了一个功能,即在打开的新绘图文件中只看到一个绘图页,但可以根据需要添加任意个新页,这样,可以将整个项目的所有拓扑图存放在同一个文件中。					

2. 任务拓展完成过程提示

步骤 1:选择"插入"→"新建页"菜单命令,打开如图 1-18 所示的对

话框，在对话框中可对各选项进行设置。

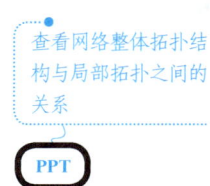
查看网络整体拓扑结构与局部拓扑之间的关系

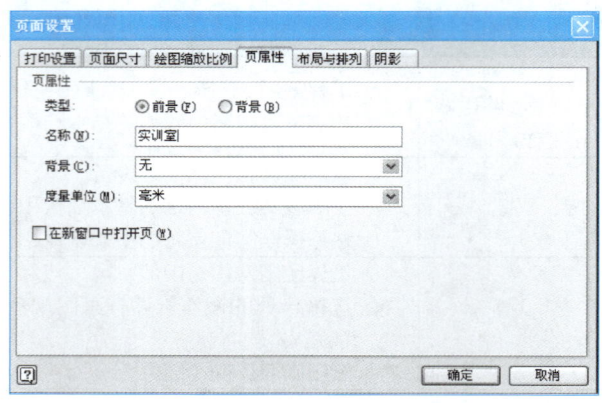

图 1-18 "页面设置"对话框

步骤 2：设置好后，单击"确定"按钮，打开如图 1-19 所示的窗口，这样编辑起来会非常方便，而且便于检查。

步骤 3：选择"视图"→"全屏显示"菜单命令，单击鼠标右键，打开如图 1-20 所示的级联菜单，就可以很方便地在各绘图之间浏览。

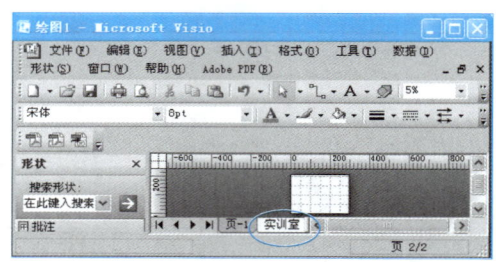

图 1-19 新建页窗口

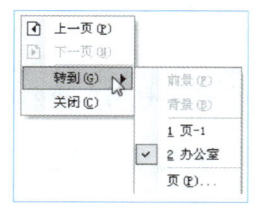

图 1-20 各绘图切换菜单

 项目总结

本项目考核的知识技能如表 1-17 所示。

表 1-17 知识技能考核要点

任务		考 核 要 点	考 核 目 标	建议考核方式
1		● 认识网络设备 ● 了解网络结构与组成	○ 安全意识 ○ 操作规范	在操作过程中观察并记录
2				
3				
3	3-4	● 拓扑结构绘制	○ 熟练使用绘图软件 ○ 绘制出符合实际情况的拓扑结构图	拓扑结构图

思考与练习

一、选择题

1. 网络中的任何一台计算机都必须有一个 IP 地址，而且_____。
   A. 不同网络中的两台计算机的 IP 地址允许重复
   B. 同一个网络中的两台计算机的 IP 地址不允许重复
   C. 同一网络中的两台计算机的 IP 地址允许重复
   D. 两台不在同一城市的计算机的 IP 地址允许重复

2. 下列_____方式必须使用调制解调器。
   A. 局域网上网   B. 广域网上网
   C. 专线上网   D. 电话线上网

3. 下列网络连接设备中，起到将信号复制再生作用的设备是_____。
   A. 路由器   B. 集线器
   C. 交换机   D. 中继器

4. 下列属于非实时信息交流的是_____。
   A. QQ   B. E-mail   C. MSN   D. OICQ

5. 作为 Internet 接入提供商，应该属于_____。
   A. ISP   B. ICP
   C. ASP   D. COM

6. 广域网的英文缩写为_____。
   A. LAN   B. WAN
   C. ISDN   D. MAN

7. IE 浏览器使用的传输协议是_____。
   A. HTTP   B. NetBEUI
   C. FTP   D. Telnet

8. 下列不是常见的网络拓扑结构的是_____。
   A. 总线型   B. 环形
   C. 星形   D. 对等型

9. 计算机网络最突出的优点是_____。
   A. 资源共享   B. 运算速度快
   C. 存储容量大   D. 计算精度高

10. 在微型计算机中，通常用主频来描述 CPU 的_____；对计算机磁盘工作影响最小的因素是_____。
    A. 运算速度   B. 可靠性
    C. 可维护性   D. 可扩充性
    E. 温度   F. 湿度
    G. 噪声   H. 磁场

11. 在 Windows 资源管理器中，单击需要选定的一个文件，按住_____键，再用鼠标左键单击需要选定的最后一个文件，能够一次选定连续的多个文件。

  A. Ctrl   B. Tab   C. Alt   D. Shift

二、思考题

1. 查看自己所在宿舍或家庭网络中使用了哪些主要设备，填写表 1-18。

表 1-18　使用的设备及参数

序号	设备名称	设备型号	主要参数	遵循标准	主要功能

2. 了解 Modem 的历史发展。

3. 观察校园网络中所使用的设备，如服务器、交换机、路由器、防火墙等，记录设备名称、型号及这些设备是如何接入网络的，了解这些设备的主要功能。另外，记录网络内计算机的数量、配置及使用的操作系统。

三、操作题

观察周围的网络结构，利用 Visio 软件绘制拓扑结构图。

项目 2　单台计算机接入网络

在计算机领域，网络是将地理位置不同的具有独立功能的多个计算机系统通过通信设备和线路连接起来，以功能完善的网络软件（网络协议、信息交换方式及网络操作系统等）来实现资源共享的系统，可称为计算机网络。计算机网络是信息传输、接收、共享的平台，通过它把各个点、面、体的信息联系到一起，从而实现这些资源的共享。本项目主要训练制作网线、制作网络模块、配置单台计算机等。

教学导航

知识目标	• 了解网线制作标准及常见的传输介质种类和质量 • 了解网卡的作用和特点 • 掌握 TCP/IP 协议的内容和作用
技能目标	• 熟练掌握网线的制作 • 熟练掌握操作系统和驱动程序的安装 • 熟练掌握 TCP/IP 协议及网络配置，并能判断是否安装正确、协议是否配置正常 • 能完成系统备份，保证系统安全
教学方法	项目教学法、项目分组法、理论实践一体化、实物教学法
考核评价方法	• 给每个学生准备一台没有任何配置但硬件设备齐全的计算机，让学生单独完成单台计算机的基本设置 • 考核成绩 A 等标准：能正确识别传输介质种类和质量好坏；能熟练制作网线；能正确安装操作系统和应用软件；能正确安装 TCP/IP 协议，能用简单工具检测 TCP/IP 通信协议是否已经安装好；能正确安装网络适配器、网线和软件（操作系统、TCP/IP 协议）；能在规定时间内完成所有的工作任务；工作时不大声喧哗，遵守纪律，与同组成员愉快协作，保持工作环境清洁；任务完成后自动整理、归还工具，关闭电源 • 教师评价+自我评价
操作流程	配置主机硬件→配置主机软件→系统备份→制作或购买网线
准备工作	双绞线、压线钳、网线测试仪、水晶头、打线仪、网卡、Windows Server 2008 操作系统安装盘
课时建议	12 课时（含课堂任务拓展）

项目描述

李先生购买计算机的目的，一方面是为了丰富自己的业余生活，提高生活质量；另一方面是为了改善工作环境，提高工作效率，可在家里办公，除了处理日常文档外，还要上网完成信息搜索和娱乐。另外，需要保证上网安全，免受病毒等威胁，当出现问题时能迅速恢复到正常状态。

项目分解

任务 1 的任务卡如表 2-1 所示。

表 2-1 任务 1 任务卡

任务编号	002-1	任务名称	硬件购买、安装准备	计划工时	270 min
工作情境描述					
李先生的儿子小李希望自己动手组装计算机,于是小李去电脑城购买计算机部件,包括机箱、主板、电源、硬盘、显卡、声卡、网卡、光驱等。另外,他想起上次因为网速问题去查看网口时,不小心将网络模块弄坏了					
操作任务描述					
从工作情境描述信息可发现,小李的计算机硬件已基本备齐,但需要将所有的部件组装起来,他利用所学的"计算机组装与维护"技能来完成部件的组装。应特别注意网络适配器的安装、网线制作、信息模块制作					
操作任务分析					
仔细分析项目描述和操作任务描述信息后发现,这台计算机需要实现文件和资源共享,需要与 Internet 连接。需要实现的任务如下。 ① 上网需要 IP 地址和物理 MAC 地址,这就需要安装网络适配器 ② 网线是网络连接的传输通道,由于没有现成的网线,因此需要自己制作 ③ 网线的端口是 RJ-45 模块,需要与网络提供商的网络接口相连接,这需要制作信息模块					

任务 2 的任务卡如表 2-2 所示。

表 2-2 任务 2 任务卡

任务编号	002-2	任务名称	单台计算机基本设置	计划工时	180 min
工作情境描述					
小李将计算机各部件组装好后,要想实现他的目标,还需要进一步设置。各硬件没有驱动程序是不能工作的,而且上网需要通信协议等					
操作任务描述					
从工作情境描述可发现,计算机硬件设备已基本备齐,但上网需要通信协议等,因此还需要进一步配置。刚刚购买的硬盘在出厂的时候只进行过低级格式化,为了方便存放数据和容易查找数据,需要将硬盘分为几个区,分类存放数据。购买回来的计算机还只是硬件躯壳,还需要安装操作系统,各个硬件还需要驱动才能使用					
操作任务分析					
分析操作任务描述信息可发现,计算机硬件已经配备齐全,但还不一定能使用,需要进一步配置。主要任务如下。 ① 硬盘分区 ② 安装操作系统 ③ 安装驱动程序 ④ 安装和配置 TCP/IP 协议					

任务 3 的任务卡如表 2-3 所示。

表 2-3 任务 3 任务卡

任务编号	002-3	任务名称	接入 Internet	计划工时	180 min
工作情境描述					
小李将计算机各部件组装好，安装好各驱动程序与通信协议后，就准备用制作的网线将计算机连接到 Internet，从而实现上网					
操作任务描述					
从工作情境描述信息可发现，安装完驱动程序后，所有硬件都可以工作了，安装了通信协议后，计算机就能完成通信任务了，信息模块和网线也制作好了，所有工作都已准备完备，可以把该计算机接入 Internet 了。李先生家原来向电信部门申请了一个账号，现在计划仍然使用该账号					
操作任务分析					
为了不增加成本，该台计算机拟采用原有的账号上网，需要实现的任务如下。 ① 接入 Internet ② 上网设置					

知识准备

【知识 1】 传输介质

在有线网络中，常见的传输介质包括双绞线、同轴电缆、光缆等。其中，同轴电缆正逐步退出应用领域，光缆比双绞线价格贵，因此双绞线使用更广泛。

1. 双绞线分类

常见的双绞线有三类线、五类线和超五类线、六类线、七类线。线径随数字的增加而增粗。各线缆及作用如表 2-4 所示。

表 2-4 双绞线及作用

序号	线缆类别	作 用
1	一类线	传输语音
2	二类线	传输语音，传输数据（最高传输速率为 4 Mbit/s），常见于使用 4 Mbit/s 规范令牌传递协议的旧的令牌网
3	三类线	传输语音，传输数据（最高传输速率为 10 Mbit/s），主要用于 10 BASE-T
4	四类线	传输语音，传输数据（最高传输速率为 16 Mbit/s）。主要用于基于令牌的局域网和 10BASE-T/100BASE-T
5	五类线	传输语音，传输数据（最高传输速率为 100 Mbit/s），主要用于 100BASE-T 和 10BASE-T 网络。这是最常用的以太网电缆
6	超五类线	主要用于千兆位以太网（1 000 Mbit/s）
7	六类线	六类布线的传输性能远远高于超五类标准，最适于传输速率高于 1 Gbit/s 的应用
8	超六类线	主要应用于千兆位网络中
9	七类线	用于万兆位以太网，是一种屏蔽双绞线

双绞线根据屏蔽与否分为非屏蔽双绞线（Unshielded Twisted Pair，UTP）和屏蔽双绞线（Shielded Twisted Pair，STP）。两者的区别如表 2-5 所示。

表 2-5　屏蔽双绞线与非屏蔽双绞线的区别

	UTP	STP
包裹层	无屏蔽外套，直径小，节省所占用的空间	电缆外层用铝铂包裹，以减小辐射，但不能消除辐射
安装难度	重量轻，易弯曲，易安装	安装困难
稳定性	差	好
价格	便宜	较贵

2. 双绞线结构

网络中连接网络设备的双绞线由 4 对铜芯线绞合在一起，如图 2-1 所示，有 8 种不同的颜色，适合于较短距离的信息传输，其使用长度不超过 100 m。当传输距离超过几千米时，信号因衰减可能会产生畸变，这时就要使用中继器（Repeater）来放大信号。

图 2-1　双绞线

3. 双绞线标识

在双绞线中，一般每隔两英尺就有一段文字标识，它解释了有关此线缆的相关信息，以 AMP 公司线缆为例，其标识为"AMP SYSTEMS CABLEE138034 0100 24 AWG（UL）CMR/MPR OR C（UL）PCC FT4 VERIFIED ETL CAT5 O44766 FT 9907"，具体含义如表 2-6 所示。

表 2-6　双绞线外皮标识

标识	AMP	0100	24	AWG	UL	FT4	CAT5	044766	9907
含义	公司名称	100 欧姆	线芯是 24 号的	美国线缆规格标准	通过认证的标准	4 对线	5 类线	线缆当前处在的英尺数	生产年月

【知识 2】　网络适配器

1. 网络适配器的功能

网络适配器是计算机联网设备，又称网卡或网络接口卡（Network Interface Card，NIC），负责将用户要传递的数据转换为网络上其他设备能识别的格式。其主要功能包括以下内容。

① 进行串行/并行转换。

② 对数据进行缓存。

③ 帧的封装与组合。将计算机的数据封装成帧，通过网线将数据发送到网络上；接收网络上其他设备传过来的帧，并将帧重新组合成数据，发送到网卡所在的计算机中。

④ 实现以太网协议。

2. MAC 地址

MAC 地址是烧录在网络适配器上的全球唯一的 ID 号，又称为物理地址。该地址是固化的，不能随便更改和擦除。

微课
认识 MAC 地址

认识 MAC 地址

PPT

（1）MAC 地址的表示方法

MAC 地址用 6 B（48 位）或 2 B（16 位）表示，一般采用 6 B（12 个 16 进制数）的 MAC 地址。每两个十六进制数之间用冒号隔开为一个字节，如图 2-2 所示。

图 2-2　MAC 地址表示

> 注意：网络制造商必须确保它所制造的所有以太网设备都具有相同的前 3 字节以及不同的后 3 个字节，这样就可保证世界上的每个以太网设备都具有唯一的 **MAC** 地址。

（2）查看 MAC 地址的方法

选择"开始"→"运行"菜单命令，打开"运行"对话框，在该对话框的文本框中输入"cmd"命令，按 Enter 键，进入 DOS 提示符界面。在 DOS 提示符下输入"ipconfig/all"命令，按 Enter 键，出现如图 2-3 所示的界面，则可看到目前所使用的网络适配器的 MAC 地址。

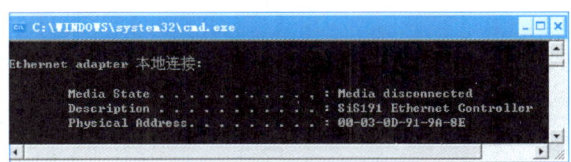

图 2-3　MAC 地址所在的界面

【知识 3】　EIA/TIA568A 与 EIA/TIA568B

1. 国际标准

网线的连接标准很多，最常用的是美国电子工业协会（EIA）和电信工业协会（TIA）于 1991 年公布的 EIA/TIA 568 规范，包括 EIA/TIA 568A（T568A）和 EIA/TIA 568B（T568B），标准线序如表 2-7 所示。

表 2-7 标 准 线 序

标准＼线序	1	2	3	4	5	6	7	8
EIA/TIA 568A	绿白	绿	橙白	蓝	蓝白	橙	棕白	棕
EIA/TIA 568B	橙白	橙	绿白	蓝	蓝白	绿	棕白	棕

在标准规定使用下，对于表 2-7 中的针脚，1 和 2 用于发送，3 和 6 用于接收，其他不使用，如表 2-8 所示。

表 2-8 针脚功能列表

针脚	1	2	3	4	5	6	7	8
功用	发送	发送	接收	不使用	不使用	接收	不使用	不使用

2. 直通电缆与交叉电缆

（1）直通电缆

直通电缆的两端使用相同的接线标准。在通常情况下，业界都使用 EIA/TIA 568B 标准，如图 2-4 所示。

图 2-4 直通电缆示意图

（2）交叉电缆

交叉电缆的一端使用 EIA/TIA 568A 线序，另一端则使用 EIA/TIA 568B 线序，如图 2-5 所示。

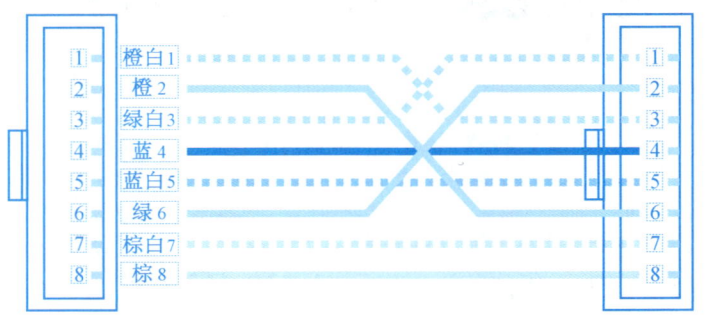

图 2-5 交叉电缆示意图

> 注意：为了让交换机与交换机之间也能用直通电缆连接，很多交换机上都有一个 UP-LINK 的专用口，当将一台交换机的 UP-LINK 口接到另一个交换机的普通端口时，可以用直通电缆。目前有很多高档的交换机的端口对线序是自适应的，很少用到交叉线。

【知识 4】 TCP/IP 协议

1. TCP 协议

TCP 协议（Transmission Control Protocol）是传输层的一种面向连接的通信协议，提供可靠的数据传送。为了保证可靠的数据传输，TCP 协议还要完成流量控制和差错检验，适用于大批量的数据传输。

2. IP 协议

IP 协议（Internet Protocol）是网络层的一种面向无连接的通信协议。为使主机统一编址，网络协议定义了一个与底层物理地址无关的编址方案——IP 地址，用该地址可以定位主机在网络中的具体位置。IP 协议是 TCP/IP 协议簇网络层中最核心的协议。

> 注意：与 MAC 地址（物理地址）对应，IP 地址是逻辑地址，使用的标准有 IPv4 和 IPv6 两个版本，如今应用的是 IPv4，就是给每个连接在 Internet 上的主机（或路由器）分配一个全世界范围唯一的 32 位的标识符。但就目前的情况来看，IPv4 的地址已快耗尽。

3. IP 地址

（1）IP 地址的表示方法

目前编址方案采用的是 IPv4 版本，用 4 B 共 32 位二进制数表示。常用的表示方法有两种，如表 2-9 所示。

表 2-9 IP 地址表示方法

表示方法	含义	示例
点分十进制法	将每个字节的二进制数转化为 0～255 之间的十进制数，各字节之间采用 . 分隔	192.168.1.28
后缀标记法	在 IP 地址后加 "/"，"/" 后的数字表示网络号位数	192.168.1.28/24，其中，24 表示网络号位数是 24 位

（2）IP 地址的组成

Internet 包括了多个网络，每个网络又拥有多台主机，IP 地址由网络号和主机号两部分组成，如图 2-6 所示。

（3）IP 地址的分类

为适应不同大小的网络，Internet 定义了 5 种类型的 IP 地址，即 A、B、C、D、E 这 5 类，广泛应用的是 A、B、C 类，D 类用于多播，E 类为保留的将来使用的地址。各类地址如图 2-7 所示。

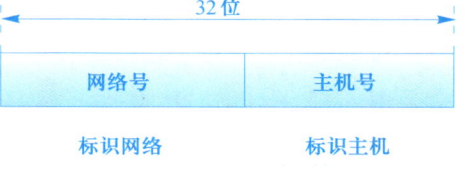

图 2-6 IP 地址的组成示意图

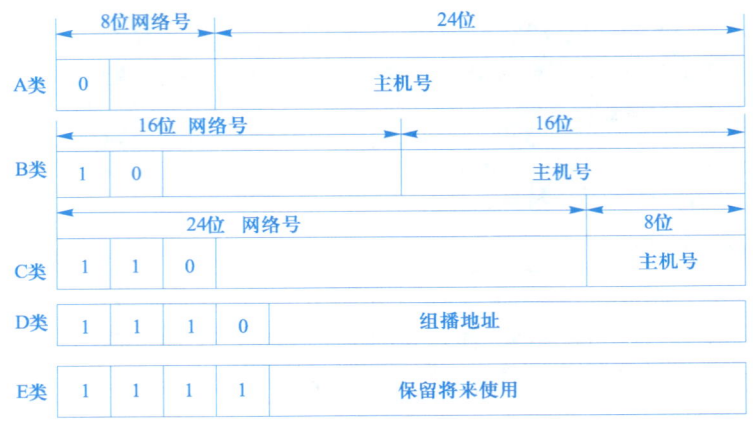

图 2-7　IP 地址

（4）特殊 IP 地址

IP 地址除了可以表示主机的一个物理连接外，还有几种特殊的表现形式，见表 2-10。

表 2-10　特殊的 IP 地址

地　　址	含　　义	实　　例
网络地址（全 0 地址）	主机地址全为 0	192.168.1.0 表示 C 类网络的所有主机
直接广播地址（全 1 地址）	主机地址全为 1，向指定网络广播	192.168.1.255 表示向 C 类网络的所有主机发送广播
有限广播地址	32 位 IP 地址均为 1，表示向本网络进行广播	255.255.255.255
回送地址	用于网络软件测试以及本地计算机间通信的地址	127.0.0.1

（5）私有地址（内部网络地址）

私有地址是指为了避免单位任选的 IP 地址与合法的 Internet 地址发生冲突，IETF 分配具体的 A 类、B 类和 C 类地址供单位内部网使用。与之相对应的就是符合分类原则的能在 Internet 上实现通信的地址，即公有地址（外网地址或合法地址）。IETF 规定的私有地址及范围如表 2-11 所示。

表 2-11　私有地址及范围

私 有 地 址	范　　围
A 类	10.0.0.0 ~ 10.255.255.255
B 类	172.16.0.0 ~ 172.31.255.255
C 类	192.168.0.0 ~ 192.168.255.255

注意：内部私有地址可在不同的内部网络中重复使用，这样可节省 IP 地址，同时可以隐藏内部网络的结构。

（6）IP 地址分配的方法

IP 地址分配有静态分配和动态分配两种方法。静态分配法是指采用指定 IP 地址的方法，使每台上网计算机都拥有一个固定不变的 IP 地址。动态分配法是指采用自动获取 IP 地址的方法，在打开计算机时，由动态主机配置协议（Dynamic Host Configuration Protocol，DHCP）临时分配一个 IP 地址，当用户关机时，地址被释放。动态分配时，计算机所获得的 IP 地址是不固定的，如图 2-8 所示。

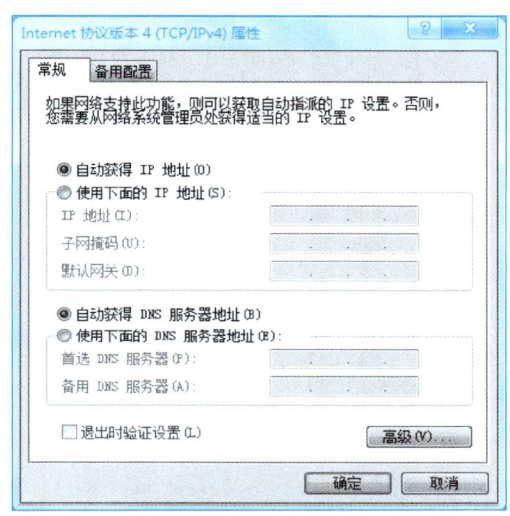

图 2-8　IP 地址的分配

注意：动态分配时，计算机获得的 **IP** 地址也不是随意的，是在 **DHCP** 服务器设置的 **IP** 地址范围内变动的，这会在后面章节中详细介绍。

（7）IPv6 编址技术

IPv6 地址的标准表示方法是将 128 位地址以 16 位作为一分组，每个 16 位分组写成 4 个十六进制数，中间用冒号分隔，称为"冒号分十六进制"格式，例如，21DA:00D3:0000:2F3B:02AA:00FF:FE28:9C5A 是一个完整的 IPv6 地址。IPv6 的地址表示有一些特殊情形，如表 2-12 所示。

认识 IPv6 地址

微课
认识 IPv6 地址

表 2-12　IPv6 地址的特殊表示法

特殊情形	处 理 办 法	实　　例
分组中前导位为 0	去除 0，但每个分组必须至少保留一位数字	21DA:D3:0:2F3B:2AA:FF:FE28:9C5A
较长的零序列	将相邻的连续零位合并，用双冒号"::"表示，但"::"符号在一个地址中只能出现一次	① 1080:0:0:0:8:800:200C:417A 可表示为 1080::8:800:200C:417A ② 0:0:0:0:0:0:0:1 可表示为::1 ③ 0:0:0:0:0:0:0:0 可表示为::

续表

特殊情形	处理办法	实例
与 IPv4 混合	x:x:x:x:x:x:d.d.d.d，其中 x 是地址中6个高阶16位分组的十六进制值，d 是地址中4个低阶8位分组的十进制值（标准 IPv4 表示）	① 0:0:0:0:0:0:13.1.68.3 可表示为：:13.1.68.3 ② 0:0:0:0:0:FFFF:129.144.52.38 可表示为::FFFF.129.144.52.38
在一个 URL 中使用文本 IPv6 地址	文本地址应用符号"["和"]"来封闭	FEDC:BA98:7654:3210:FEDC:BA98:7654:3210 写成 URL 示例为 http://[FEDC:BA98:7654:3210:FEDC: BA98:7654:3210]:80/index.html

【知识 5】 分区

硬盘只有经过格式化后才能保存信息，硬盘分区实质上是对硬盘的一种格式化。主分区与扩展分区、逻辑分区的关系如图 2-9 所示。

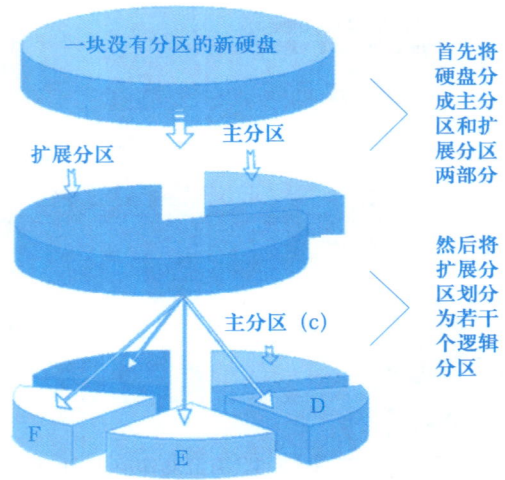

图 2-9　主分区、扩展分区和逻辑分区的关系

【知识 6】 操作系统

1. 操作系统

操作系统（Operating System，OS）是用户和计算机的接口，同时也是计算机硬件和其他软件的接口，是管理和控制计算机硬件与软件资源的计算机程序，是直接运行在"裸机"上的最基本的系统软件。任何其他软件都必须在操作系统的支持下才能运行。按应用领域划分，操作系统主要有 3 种：桌面操作系统、服务器操作系统和嵌入式操作系统，如表 2-13 所示。

表 2-13 按应用领域划分的操作系统

按应用领域分	用途	类别	示例
桌面操作系统	用于个人计算机上	UNIX	Mac OS X、Fedora 等
		Windows	Windows XP、Windows Vista 等
服务器操作系统	安装在大型计算机上	UNIX 系列	SUNSolaris、IBM-AIX、HP-UX、FreeBSD、OS X Server 等
		Linux 系列	RedHat Linux、CentOS、Debian、Ubuntu Server 等
		Windows 系列	Windows NT Server、Windows Server 2003、Windows Server 2008、Windows Server 2008 R2 等
嵌入式操作系统	应用在嵌入式系统	嵌入式领域	嵌入式 Linux、Windows Embedded、VxWorks 等
		电子产品	Android、iOS、Symbian、Windows Phone 和 BlackBerry OS 等

2. Windows Server 2008 版本信息

Windows Server 2008 Web Server（Windows Server 2008 Web 服务器版）：这是一个特别版本的应用程序服务器，只包含 Web 应用，其他角色和 Server Core 都不存在。

Windows Server 2008 Itanium（Windows Server 2008 安腾版）：这个版本是针对 Itanium（安腾）处理器技术的服务器操作系统。

除了以上两个版本外，Windows Server 2008 在标准版、企业版和数据中心版的基础上还开发了两类版本系统：一类是不拥有虚拟化的 Hyper-V 技术的服务器，称为无 Hyper-V 版；另外一类是以命令行方式运行的 Server Core 版本，这种版本的服务器系统能够以更少的系统资源提供各种服务。

【知识 7】 信息模块

信息模块有两种类型：一种是传统的手工打线模块，制作比较麻烦，本项目中以此为例进行详细介绍；另一种是如图 2-10 所示的免打线信息模块，不需要手工打线，只需把双绞线按色标卡入相应卡槽，用手轻轻一按即可，制作简单，本书不进行详细介绍。

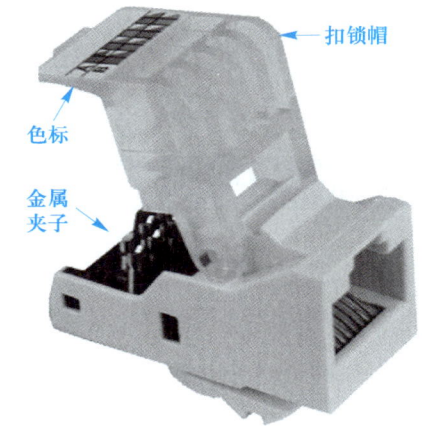

图 2-10 免打线信息模块

任务实施流程如表 2-14 所示。

表 2-14 任务实施流程

工　具　准　备		
工具/材料名称	数量与单位	说　　明
压线钳	1 把/人	压紧线缆
测线仪	1 个/人	连通性测试
打线仪	1 个/人	110 打线仪
网卡	1 个/人	与计算机兼容
分区软件	1 个/人	PartionMagic
操作系统安装盘	1 张/人	Windows Server 2003 操作系统
调制解调器	1 个/人	信号转换
螺丝刀（十字+一字）	各 1 把/人	拧紧或拧松螺丝
材　料　准　备		
材料名称（型号与规格）	数量与单位	
双绞线（5 类或超 5 类）	（1~2）米/人	
水晶头（RJ-45）	2 个/人	
信息模块	1 个/人	
计算机	1 台/人	
信息插座底盒（86 型）	1 个/人	
信息插座面板（86 型）	1 个/人	
参　考　资　料		

① 互联网上的海量资源
② 国际标准（EIA/TIA568A 与 EIA/TIA568B）
③ TCP/IP 协议模型
④ "面向连接"与"面向无连接"协议的区别与应用
⑤ 材料和工具清单（表格）

实　施　流　程

① 阅读【知识准备】中的知识介绍，如果还存在疑问，可查找参考资料或其他工具书学习相关知识
② 将需完成的任务进行规划，确定好先后顺序（准备硬件——组装硬件——单台计算机基本设置——将计算机接入网络）
③ 填写材料和工具清单，准备实验工具与材料
④ 根据【任务实施】中任务的先后顺序与步骤完成具体安装或配置任务，在完成每个小任务后测试任务完成情况，保证任务 100% 完成
⑤ 待所有任务完成后，测试整体任务，查看最终能否完成单台计算机上网
⑥ 上交实施结果与实施报告
⑦ 归还工具、整理工具箱
⑧ 清理工作台，打扫卫生，桌椅摆放整齐，关闭电源等

任务 1　硬件准备及安装

计算机硬件的安装与注意事项将在组装与维护中进行详细介绍，此处涉及网络，因此这里以网络适配器的安装为例说明。

任务 1-1　安装网络适配器

首先查看计算机是集成网卡还是独立网卡。如果是集成网卡，则集成在主板上，不需安装硬件，只需安装驱动程序即可；如果是独立网卡，则硬件和驱动程序都需要安装。

步骤 1：切断计算机电源，保证无电工作。

步骤 2：用手触摸一下金属物体，释放静电。

步骤 3：打开计算机机箱，选择一个空闲的 PCI 插槽，并卸掉相应的挡板。

步骤 4：将所要安装的网卡插入 PCI 插槽中。

步骤 5：将网卡通过螺丝钉固定紧，防止松动，以保证其正常工作。

步骤 6：盖上机箱，把网线插入网卡的 RJ-45 接口中。

> 注意：所选 PCI 插槽的位置尽量与其他的硬件保持一定距离，以保持良好的散热性能，同时也方便安装。
> 安装网卡的过程中，不要触及主机内部的其他连线头、板卡或电缆，以防松动造成开机故障。
> 扩展槽的总线类型要与网卡一致。比如 PCI 总线插槽（一般为白色）只能插入 PCI 总线网卡，ISA 总线插槽（一般为黑色）只能插入 ISA 总线网卡。目前，大多数都使用 PCI 总线网卡。
> 当网卡插入计算机插槽时，应保证网卡的金手指与插槽紧密结合，不能出现偏离和松动，否则会损伤网卡。

本任务以五类双绞线和 RJ-45 水晶头为例说明网线的制作。

任务 1-2　制作网线

1. 制作直通电缆

连接相同设备时需要采用直通电缆，具体制作步骤如下。

步骤 1：剥线。

准备一段符合布线长度要求的网线，用双绞线压线钳把 5 类双绞线的一端剪齐，然后把剪齐的一端插入到网线钳用于剥线的缺口中，直到顶住网线钳后面的挡位，握紧压线钳慢慢旋转一圈，让刀口划开双绞线的保护胶皮，拔下胶皮（也可用专门的剥线工具来剥皮线）。剥线长度为 12~15 mm，如图 2-11 所示。

视频
制作符合标准的
网线
如何制作符合标准的网线

> 注意：网线钳挡位离剥线刀口长度通常恰好为水晶头长度，从而有效避免剥线过长或过短。如果剥线过长，一方面不美观，另一方面网线不能被水晶头卡住，容易松动；如果剥线过短，因有包皮存在，太厚，则不能完全插到水晶头的底部，致使水晶头插针不能与网线芯线完好接触，网线就制作不成功。此时显示网络连接的状况为未连接状态。

步骤 2：理线。

先把 4 对芯线一字并排排列，然后把每对芯线分开（注意不跨线排列，也就是说，每对芯线都相邻排列），并按统一的排列顺序（如左边统一为主颜色芯线，右边统一为相应颜色的花白芯线）排列线序。

> 注意：每条芯线都要拉直，并且相互分开后并列排列，不能重叠。

步骤 3：剪线。

4 对线都捋直并按顺序排列好后，手压紧，不要松动，使用压线钳的剪线口剪掉多余的部分，并将线剪齐，如图 2-12 所示。

> 注意：压线钳的剪线刀口应垂直于芯线，一定要剪齐，否则有的线会与水晶头的金属片接触不到，引起信号不通。

步骤 4：插线。

用手水平握住水晶头（有弹片的一侧向下），然后把剪齐、并列排列的 8 条芯线对准水晶头开口后并排插入水晶头中。注意，一定要使各条芯线都插到水晶头的底部，不能弯曲。

图 2-11　用压线钳剥线

图 2-12　剪线

步骤 5：压线。

确认所有芯线都插到水晶头底部后，即可将插入网线的水晶头直接放入压线钳夹槽中，水晶头放好后，使劲压住网线钳手柄，使水晶头的插针都能插入到网线芯线中，与之接触良好，如图 2-13 所示。

步骤 6：检测双绞线。

把网线两端的 RJ-45 接口插入电缆测试仪，打开电源，可以看到测试仪上两组指示灯按同样的顺序闪动。如果一端的灯亮，另一端却没有任何灯亮起，则可能是导线中间断了，或是两端至少有一个金属片未接触该条芯线。

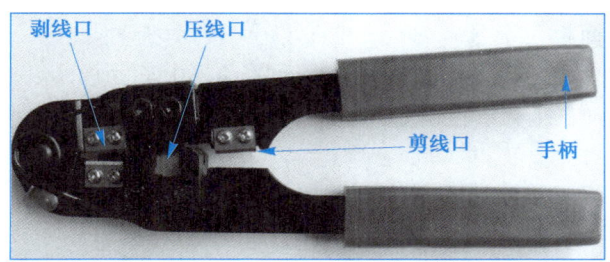

图 2-13　压线钳

2. 制作交叉电缆

连接不同的设备一般采用交叉电缆，线序如图 2-5 所示。交叉电缆一端的制作方法与直通线相同，对于另一端的线序，1 和 2 的线序交换，3 和 6 的线序交换。

使用电缆测试仪进行检测时，其中一端按 1、2、3、4、5、6、7、8 的顺序闪动绿灯，而另外一端则会按 3、6、1、4、5、2、7、8 的顺序闪动绿灯。这表示网线制作成功，可以进行数据的发送和接收了。

如果出现红灯或黄灯，则说明存在接触不良等现象。此时，最好先用压线钳压制两端水晶头一次，然后再次测试。如果故障依旧存在，就检查芯线的排列顺序是否正确。如仍显示红色灯或黄色灯，则表明其中肯定存在对应芯线接触不好的情况，此时就需要重做了。

微课
制作网线

任务 1-3　制作信息模块

本项目中，李先生家的信息接口出现了问题，因此，网线制作完成后，还需要制作信息模块。

1. 准备工具和材料

制作信息模块需要购买信息面板、底盒、网络模块、打线工具等材料。信息模块安装在墙面、地板或桌面上，还需要一些配套用的组件，如单口和双口面板等。下面详细介绍网络模块的结构。

（1）网络模块

网络模块的正面图、反面图、引脚口如图 2-14 ~ 图 2-16 所示。

信息模块—如何使用

视频
制作信息模块

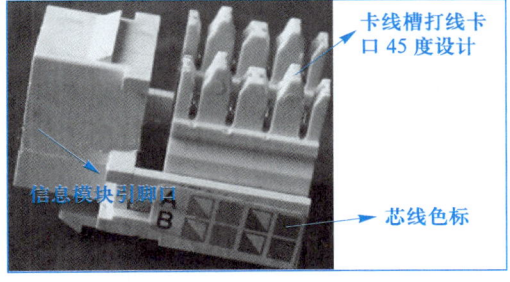

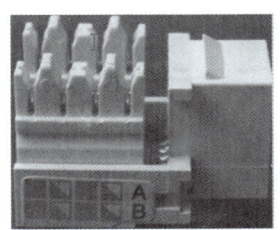

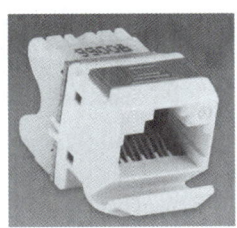

图 2-14　网络模块正面　　　图 2-15　网络模块反面　　　图 2-16　网络模块引脚口

(2) 信息面板

信息面板由如图 2-17、图 2-18 所示的遮罩板和面板两部分组成，遮罩板主要是为了美观，用来遮住固定用的螺钉位置。面板正面如图 2-18 所示，面板背面如图 2-19 所示。

图 2-17 面板的遮罩板

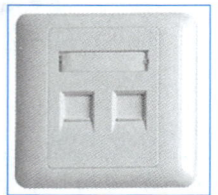

图 2-18 面板

(3) 底盒

信息模块底盒如图 2-20 所示。

(4) 打线工具

网线要连接到信息模块上，需用一种专用的卡线工具，称为"打线钳"。打线钳分为单对打线钳和多对打线钳。多对打线钳通常用于配线架网线芯线的安装。

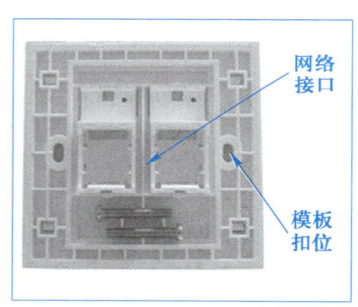

图 2-19 面板背面

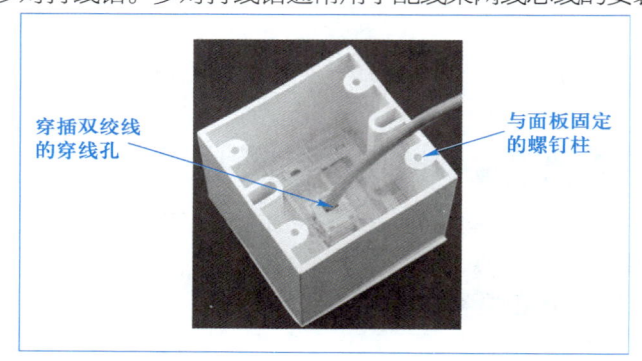

图 2-20 信息模块底盒

单线打线钳如图 2-21 所示。多对打线钳如图 2-22 所示。

图 2-21 110 打线钳

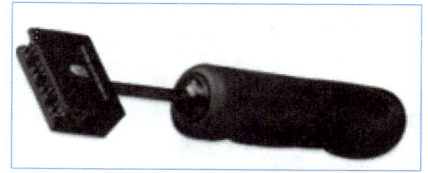

图 2-22 多对打线钳

(5) 打线保护装置

因为把网线的 4 对芯线卡入到信息模块的过程比较费劲，且信息模块容易划伤手，于是有公司专门开发了一种打线保护装置，一方面方便把网线卡入到信息模块中,另一方面可起到隔离手掌,保护手的作用。如图 2-23 所示的是西蒙的掌上防护装置(注意:上面嵌套的是信息模块,下面的部分才是保护装置)。

2. 制作和安装信息模块

从商店购买的信息模块是没有与网线连接的,李先生家的计算机需要上网,就必须使用网线将计算机和电信线路连接起来。

步骤 1:剥线。

常用的剥线工具如图 2-24 所示。

用剥线钳剥除双绞线外包皮,如图 2-25 所示,将双绞线从头部开始将外部套层去掉 20 mm 左右,并将剥了外皮的双绞线线芯按线对分开,如图 2-26 所示,但先不要把所有线对都拆开,防止弄错线对颜色。

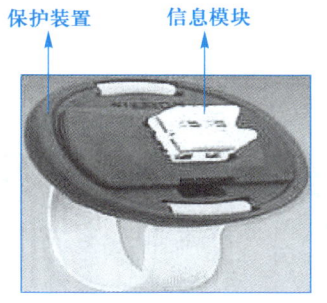

图 2-23　打线保护装置

图 2-24　专用的剥线工具

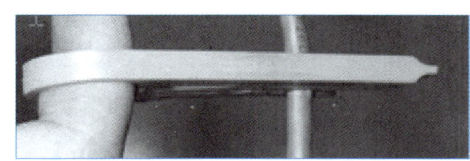

图 2-25　剥线

图 2-26　分开线对

步骤 2:制作网线模块。

① 查看网线模块外面和里面的芯线色标。

② 把剥除了外包皮的双绞线放入网线模块中间的空位,将剥皮处与模块后端面平行,两手稍旋开绞线对。

③ 对照芯线色标的标识将双绞线用手卡入卡线槽内卡稳。

④ 全部线对都压入各槽位后,就用 110 打线工具将一根根线芯进一步压入线槽中。

110 打线工具的使用方法:切线刀口永远朝向模块的外侧,打线工具与模块的位置如图 2-27 所示,垂直用力冲击,听到"咔嗒"一声,说明工具的凹槽已经将线芯压到位,已经嵌入金属夹子里,金属夹子咬合铜线芯形成通路。

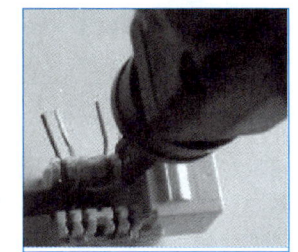

图 2-27　打线工具与网线模块的位置关系

> 注意：刀口向外——若刀口向内，则压入的同时也切断了本来应该连接的铜线；垂直插入——插斜了会将金属夹子的口撑开，就再也没有咬合的能力了，并且打线柱也会歪掉，难以修复，这个模块就报废了。

⑤ 全部打完后，检查一下压线是否与色标标识相符，是否已全部卡到底。

⑥ 检测无误后，用切线刀口切除网线模块卡线槽两侧多余的芯线。

⑦ 将网线模块卡入信息模块面板的模块扣位中。用一根已做好的网线插入信息模块面板的 RJ-45 口，看看是否能插入，能插入即为正确。

⑧ 测试。连接图如图 2-28 所示。观察测线仪指示灯的闪烁情况，通则表明正确。

制作好的信息模块如图 2-29 所示。

> 注意：在双绞线压接处不能拧、撕，以防止断线；使用压线工具压接时要压实，不能有松动。在一个布线系统中最好统一采用一种线序模式，否则接乱了，网络不通时则很难查找原因。

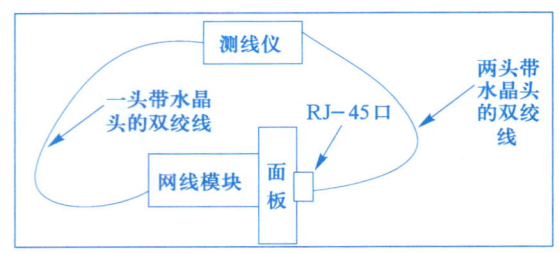

图 2-28　测试连接图

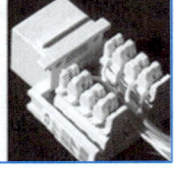

图 2-29　制作好的信息模块

步骤 3：将面板与底盒固定。

① 将两头带水晶头的双绞线从底盒的穿线孔中穿过，把面板的遮罩板取下来，把面板与底盒的孔位对齐，用螺钉把底盒与面板固定好。

② 盖上遮罩板。

步骤 4：安装。把信息模块安装在墙上或桌面上。此时，整个信息模块制作完毕。

任务 2　计算机基本设置

任务 2-1　硬盘分区

没有经过任何配置的计算机是"裸机"。要使计算机能正常工作，需要安装操作系统。要安装操作系统，就必须对硬盘进行分区和格式化。

> 注意：对硬盘进行分区时，一定要注意先建立主分区，再建立扩展分区，然后在扩展分区中划分逻辑分区。各分区容量的大小依据用户的需要而定。最后设置活动分区。

硬盘分区的工具很多，常用的有 DOS 和 Windows 自带的分区软件 FDISK、硬盘分区魔法师（Partition Magic）、DiskMan 等。这里以 Partition Magic 工具为例进行介绍。

1. 实施 Partition Magic 分区

步骤 1：在 CMOS 中的 "Boot Sequence" 项中设置 "CD ROM" 为第一启动设备。

步骤 2：启动 Partition Magic，进入主界面，如图 2-30 所示。

硬盘分析

微课
硬盘分区

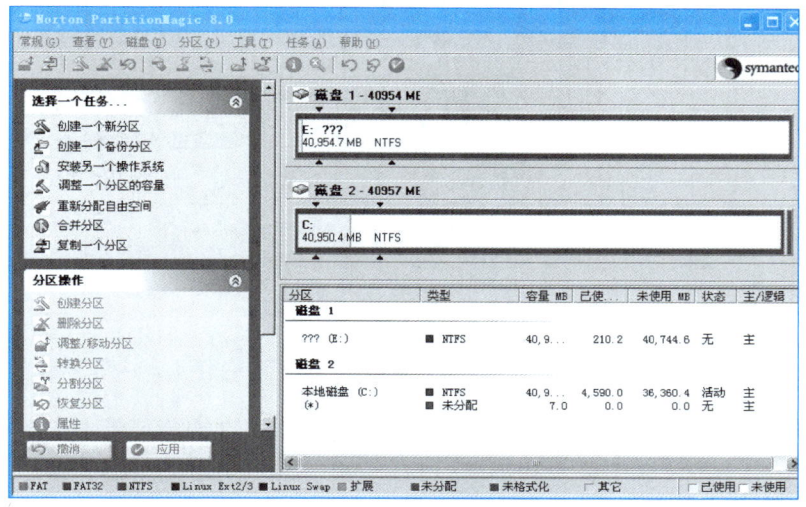

图 2-30　PartitionMagic 主界面

属性栏中的各项功能如图 2-31 所示。

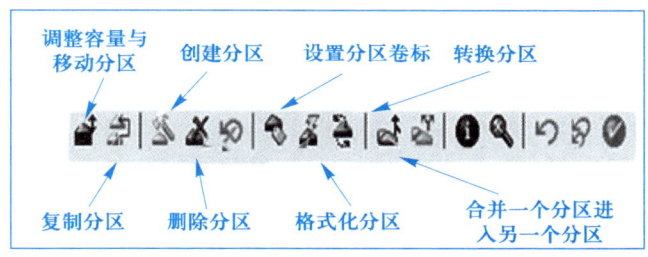

图 2-31　属性栏中的各项功能

步骤 3：创建主分区。

单击"分区"图标，在左侧窗格中单击"创建分区"按钮，弹出"创建分区"对话框，在对话框中设置"创建为"为"主分区"，在"分区类型"选项中选择分区的文件格式，如 FAT32 或 NTFS，然后选择卷标，这样就可以创建主分区了。

步骤 4：创建扩展分区和逻辑分区，按照创建向导操作即可。

2. 使用 Windows 自带的工具创建分区

步骤 1：选择"开始"→"设置"→"控制面板"→"管理工具"→"计算机管理"→"磁盘管理"菜单命令，打开"计算机管理"窗口，如图 2-32 所示。

系统自带工具硬盘分区2

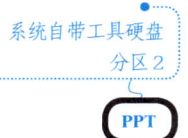

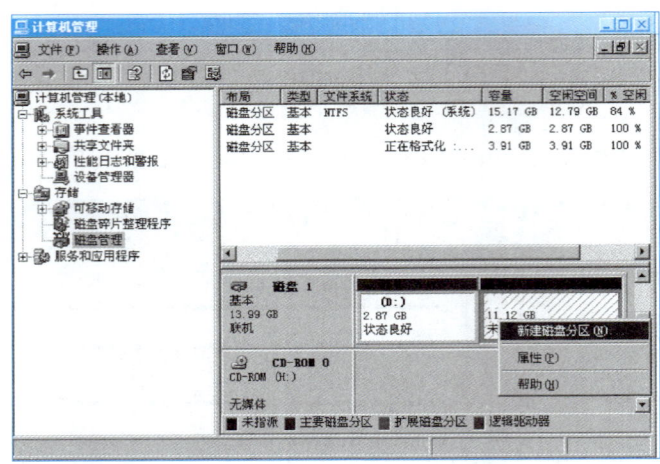

图 2-32 "计算机管理"窗口

注意:蓝色标识为主要磁盘分区,黑色为未指定分区,可以在未指定分区上新建分区。

步骤 2:在未分配的磁盘空间上单击鼠标右键,在快捷菜单中选择"新建磁盘分区"命令(如图 2-32 所示),打开如图 2-33 所示的新建磁盘分区向导的"选择分区类型"界面,选择"主磁盘分区"单选按钮。

步骤 3:单击"下一步"按钮,打开如图 2-34 所示"指派驱动器号和路径"界面。

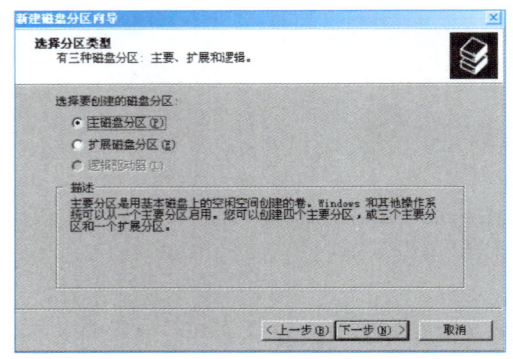 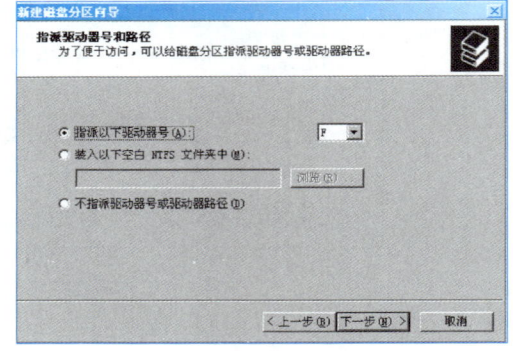

图 2-33 "选择分区类型"界面　　　　图 2-34 "指派驱动器号和路径"界面

步骤 4:单击"下一步"按钮,打开如图 2-35 所示的"格式化分区"界面,完成主分区的创建。

步骤 5:创建扩展分区。

步骤 6:创建逻辑分区。选中一个未分配的磁盘分区,单击鼠标右键,弹出的快捷菜单如图 2-36 所示,选择"新建逻辑驱动器"命令,根据创建向导完成即可。

步骤 7:设置活动分区。

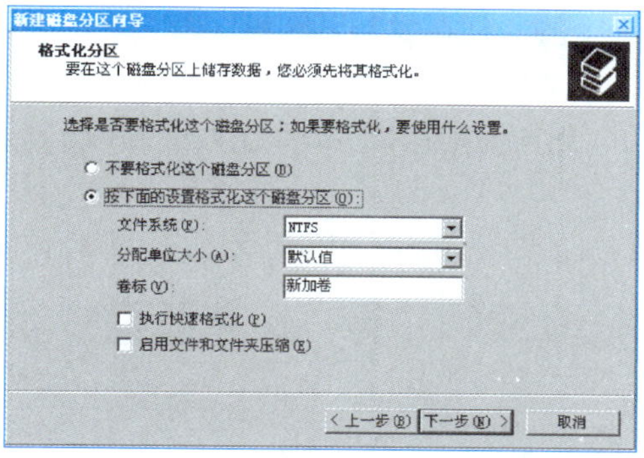

图 2-35 "格式化分区"界面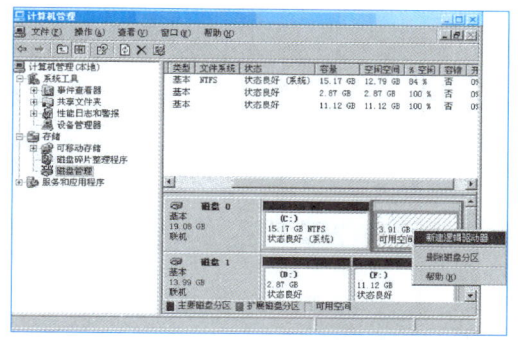

图 2-36 创建逻辑分区

任务 2-2　安装操作系统

1. 安装环境准备

① 至少 1 GHz 的处理器，建议 2 GHz 或以上。
② 至少 512 MB 的内存，建议 2 GB 或以上。
③ 硬盘至少 9.1 GB，并有 1 GB 空闲空间，建议 40 GB 或以上。
④ Windows Server 2008 系统安装盘一张。

2. 安装 Windows Server 2008 操作系统

步骤 1：重新启动系统，并把光驱设为第一启动盘，保存设置并重启。将 Windows Server 2008 系统安装盘放入光驱，重新启动计算机。计算机启动后，首先读取启动文件，当系统通过 Windows Server 2008 DVD 光盘的引导后，会显示如图 2-37 所示的 Windows 系统安装的加载界面。

图 2-37 加载界面

步骤 2：等待光盘启动后，会看到如图 2-38 所示的 Windows Server 2008 的安装设置界面。因为使用的光盘是 Windows Server 2008 中文版，因此安装的语言选择"中文（简体）"选项，"时间和货币格式"以及"键盘和输入方法"选项也选择中文即可。

步骤 3：单击"下一步"按钮，打开如图 2-39 所示的安装界面。

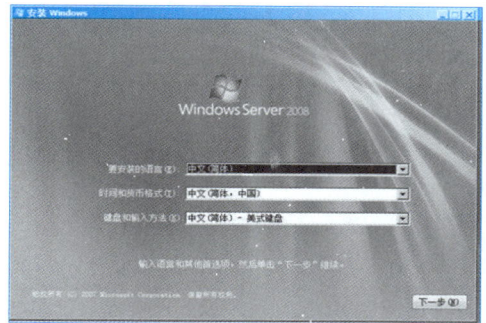

图 2-38　Windows Server 2008 的安装设置界面

图 2-39　安装界面

步骤 4：单击图 2-40 所示界面上的"现在安装"图标，打开如图 2-41 所示的选择需安装的操作系统界面。

步骤 5：在该界面中选择所需要的操作系统版本。本项目中选择 Windows Server 2008 Enterprise 版。

步骤 6：单击"下一步"按钮，打开如图 2-42 所示的请阅读许可条款界面。

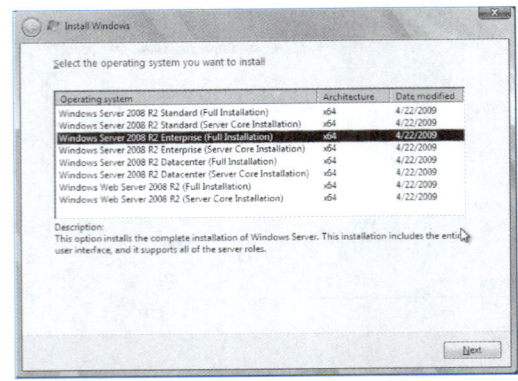

图 2-40　选择要安装的操作系统界面

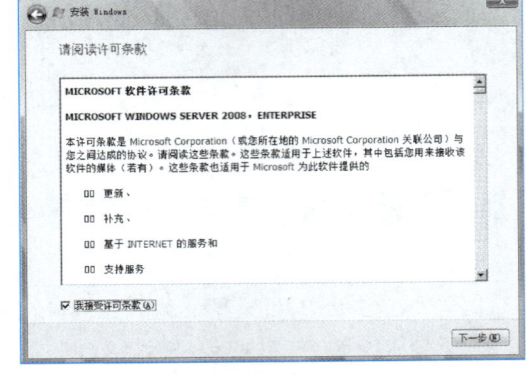

图 2-41　请阅读许可条款界面

步骤 7：在图 2-41 所示的界面中，选中"我接受许可条款"复选框，单击"下一步"按钮，打开如图 2-42 所示的界面。

有两种安装方式可供选择，一种是升级安装，如果安装有 Windows Server 2003 操作系统，则可以在不破坏以前的各种设置和已经安装的各种应用程序的前提下对系统进行升级。另一种是自定义安装，本项目中进行"自定义（高级）"安装。

步骤 8：安装类型选择完成后，进行选择安装驱动盘操作。选中一个硬盘分区后，单击"下一步"按钮，打开如图 2-43 所示的安装界面，Windows Server 2008 的推荐安装空间为 9.1 GB。如果是一块新的磁盘，可以通过图 2-43 下方的"新建"、"格式化"按钮进行磁盘的创建和格式化等操作。在选择分区时应注意，Windows Server 2008 只能安装在 NTFS 文件系统的分区中。

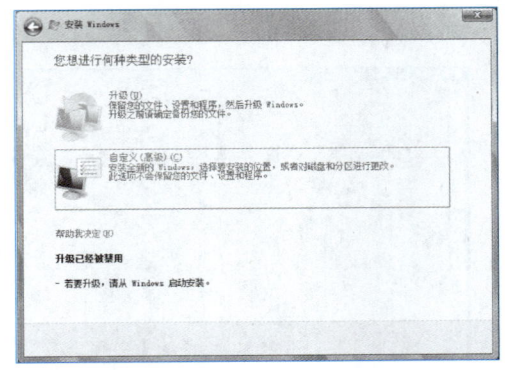

图 2-42　选择安装类型界面

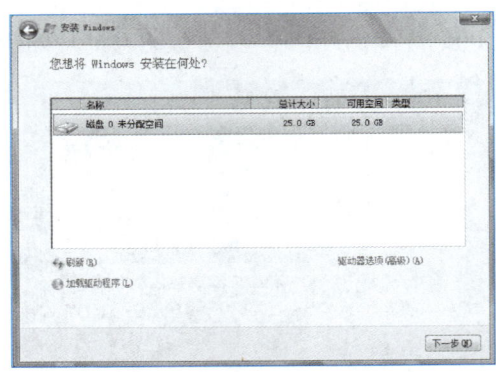

图 2-43　将 Windows 安装在何处界面

步骤9：单击"下一步"按钮，打开如图2-44所示的正在安装Windows界面，正式进入安装环节。首先复制文件，然后展开文件，安装系统的各种功能，并对补丁和安全性进行更新，直到完成安装。整个过程所需的时间比较长，需要耐心等待。

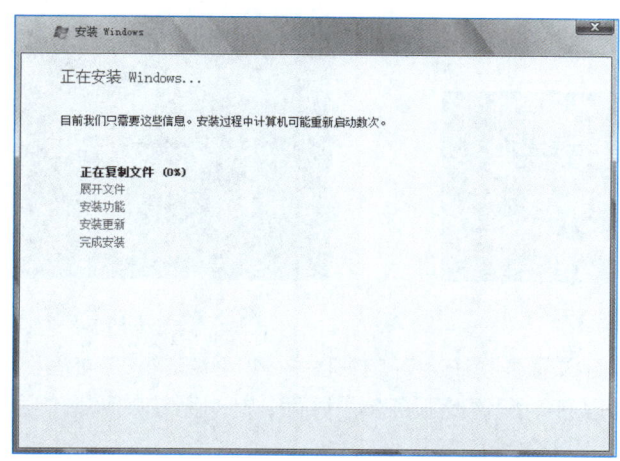

图2-44　正在安装Windows界面

步骤10：全部安装完毕后，会看到如图2-45所示的图形化登录界面。由于Windows Server 2008自身的安全策略因素，用户在首次登录之前必须修改密码。

步骤11：单击"确定"按钮，打开如图2-46所示的界面，在此需要设置用户Administrator的新密码，并进行确认。

图2-45　图形化登录界面

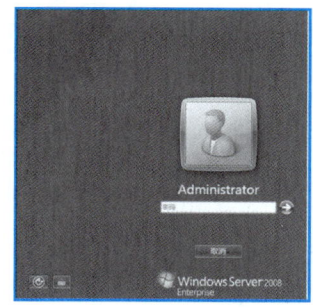

图2-46　更改用户密码

注意：Windows Server 2008对设置的密码很苛刻，要求密码是数字和字母的组合，而且不能够有乱字符。

步骤12：在密码文本框中输入两次完全一样的密码，然后单击"→"按钮，打开如图2-47所示的界面，表示用户密码已经设置成功，单击"确定"按钮。

步骤 13：此时开始登录 Windows Server 2008 系统。在第一次进入系统之前，系统还会进行诸如准备桌面之类的最后配置，如图 2-48 所示，稍等片刻即可进入系统。

图 2-47　密码更改成功界面　　　　　　　　图 2-48　正在准备桌面界面

步骤 14：首次登录系统会开启如图 2-49 所示的"初始配置任务"窗口的"执行以下任务以开始配置此服务器"界面，针对系统的基本信息进行配置，包括时区、角色、网络参数等。

步骤 15：关闭"初始配置任务"窗口后，还会出现如图 2-50 所示的"服务器管理器"窗口，此窗口关闭后将显示 Windows Server 2008 的桌面。

步骤 16：Windows Server 2008 安装完成后，必须激活才能长期正常使用，否则只能试用 60 天。激活方式有两种：密钥联网激活和电话激活。前者是让用户输入正确的密钥，并且连接到 Internet，进行校验激活；后者则是在不方便接入 Internet 的时候通过客服电话获取代码来激活 Windows Server 2008。

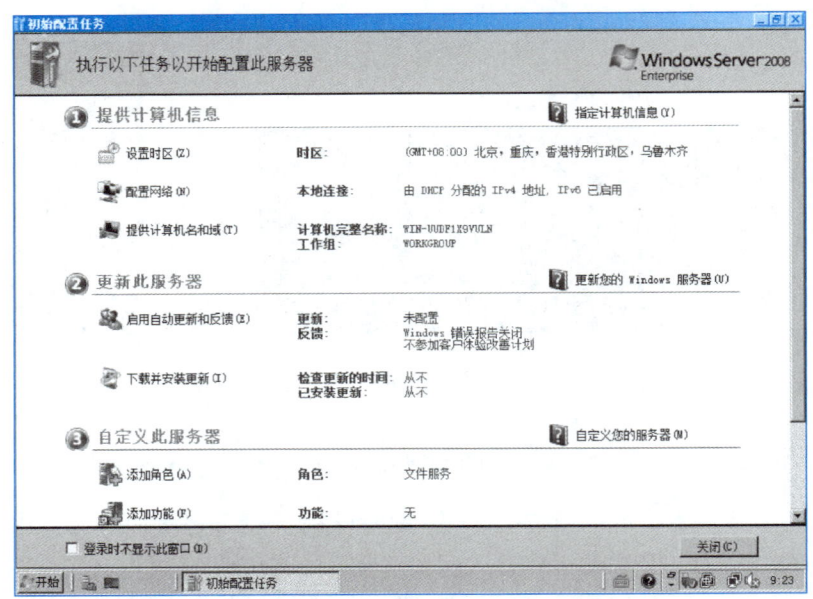

图 2-49　"执行以下任务以开始配置此服务器"界面

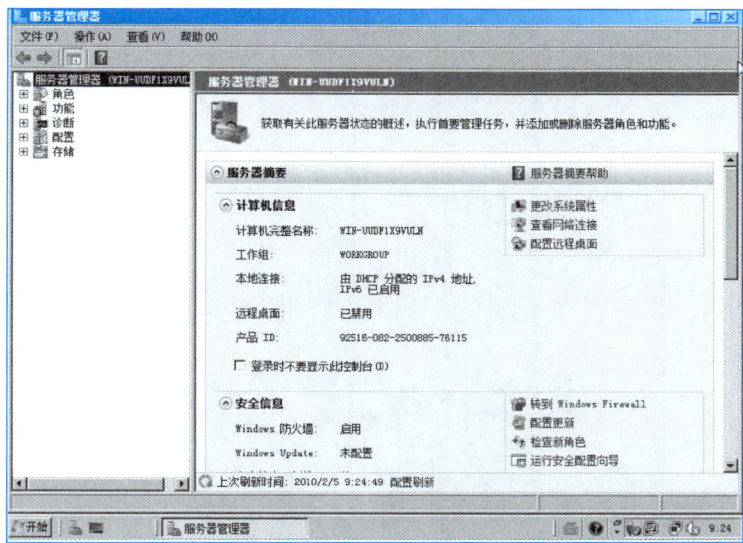

图 2-50 "服务器管理器"窗口

在桌面上的"计算机"图标上单击鼠标右键,在弹出的快捷菜单中选择"属性"命令,打开如图 2-51 所示的"系统"窗口,单击"立即激活 Windows"链接。

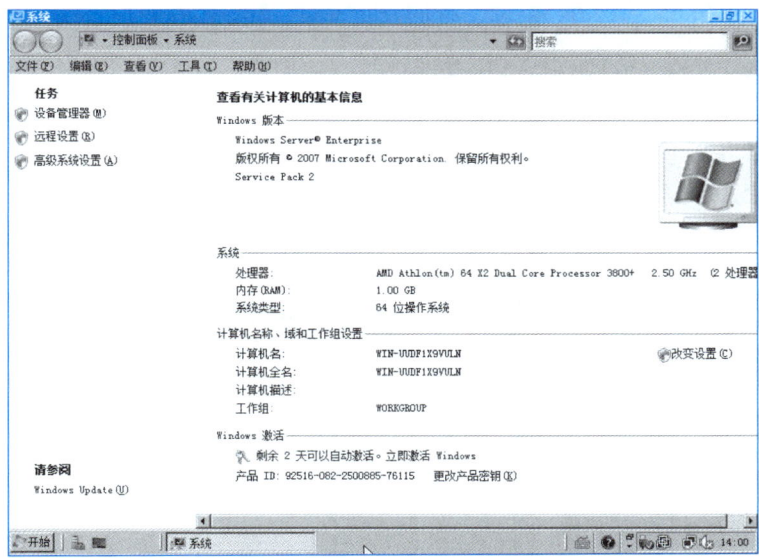

图 2-51 "系统"窗口

打开如图 2-52 所示的"Windows 激活"对话框,在此对话框中可看到 Windows Server 2008 激活前还剩余的使用天数。如果在安装时没有输入产品密钥,可以在图 2-51 中单击"更改产品密钥"链接,然后输入产品密钥并激活 Windows Server 2008。如果无法上网,则可拨打客服电话,通过安装 ID 号来获得激活 ID。

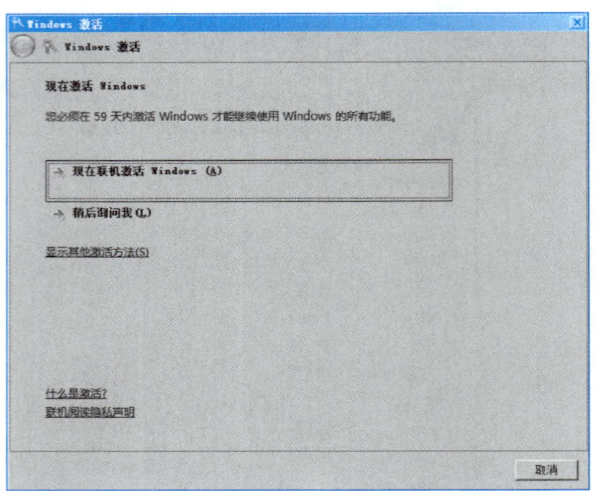

图 2-52 "Windows 激活"对话框

激活后就可以设置计算机名称、工作组、IP 地址等。

任务 2-3　安装驱动程序

网络适配器硬件安装完成后，此时在设备管理器中是找不到的。广义上的网卡由网卡驱动程序和网卡硬件组成，驱动程序使网卡和计算机操作系统兼容。没有安装驱动程序的网卡是不能与其他计算机通信的。

步骤 1：检查网络线路连接和网卡是否良好。

步骤 2：单击"初始配置任务"窗口的"提供计算机信息"区域中的"提供计算机名和域"链接，将打开"系统属性"对话框，如图 2-53 所示。

步骤 3：选择"系统属性"对话框中的"硬件"选项卡，单击"设备管理器"按钮，弹出如图 2-54 所示的"设备管理器"窗口，从中显示所有设备的列表。

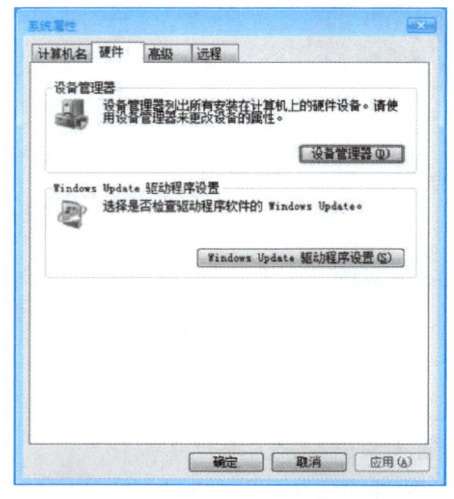

图 2-53 "系统属性"对话框

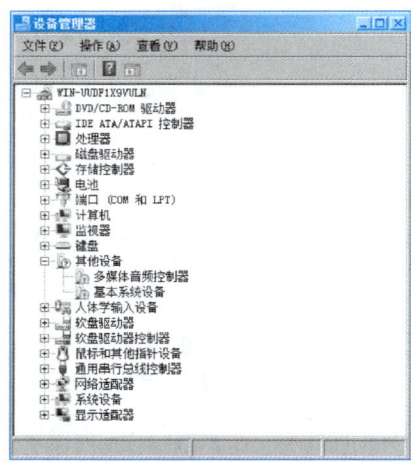

图 2-54 "设备管理器"对话框

步骤 4：在"网络适配器"下的网卡上单击鼠标右键，从弹出的快捷菜单中选择"更新驱动程序"命令，打开"欢迎使用硬件更新向导"对话框，选择"自动安装软件（推荐）"单选按钮，单击"下一步"按钮，系统会自动安装驱动程序，直到安装完成。

步骤 5：如果不能自动安装，则可选用如下办法完成。

方法一：光盘安装。

展开"网络适配器"，右击网卡，在弹出的快捷菜单中选择"更新驱动程序"命令，打开"硬件更新向导"，选择"是，仅这一次"单选按钮，单击"下一步"按钮，在弹出的"自动安装软件"界面中单击"下一步"按钮，系统会自动搜索并安装光盘中的网卡驱动程序，直到安装完成。

> 注意：如果有黄色的"？"号，说明没有安装网卡驱动；如果有"！"号，说明该驱动已经安装，但不能正常使用，应将其卸载。

方法二：下载驱动软件安装。

如果没有驱动安装光盘，则可到驱动之家等网站下载驱动软件后安装。

> 注意：下载的驱动软件一定要与网卡的品牌和型号一致；另外，还要查看当前安装的操作系统是哪种类型的，应选择与操作系统相容的驱动软件。

步骤 6：查看安装情况。

驱动程序安装完成后，应检查网络适配器是否安装成功。如果在如图 2-54 所示的网络适配器旁边没有任何符号，表明网卡安装成功。

步骤 7：更新驱动程序设置。

单击图 2-53 中的"Windows Update 驱动程序设置"按钮，打开如图 2-55 所示的对话框，设置是否进行驱动程序的检查。在 Windows Server 2008 中，驱动程序可以具有 Microsoft 的数字签名，证明驱动程序已经被测试并达到 Microsoft 定义的兼容性标准。

> 注意：最好先将驱动程序解压到本地磁盘的非系统磁盘中，然后安装。也可以直接插入装有驱动程序的光盘，进行直接安装，但在安装过程中会重启。

任务 2-4　安装和配置 TCP/IP 协议

1. 安装 TCP/IP 协议

TCP/IP 是广泛应用的通信协议，该协议没有安装或者安装不正确都不能实现正常通信，因此，首先需要确定是否正确安装该协议。

步骤 1：单击"初始配置任务"窗口的"提供计算机信息"区域中的"配置网络"链接，将打开如图 2-56 所示的"网络连接"窗口。

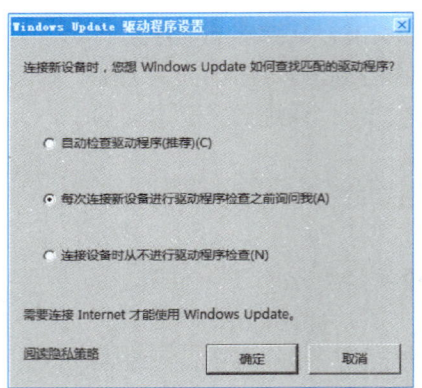
图 2-55 "Windows Update 驱动程序设置"对话框

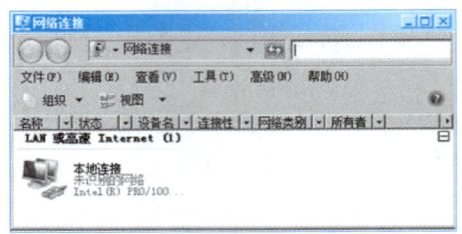
图 2-56 "网络连接"窗口

步骤 2：使用鼠标右键单击"本地连接"选项，在弹出的快捷菜单中选择"属性"命令，弹出如图 2-57 所示的"本地连接 属性"对话框。

步骤 3：在"本地连接 属性"对话框的"此连接使用下列项目"列表框中查看是否有"Internet 协议版本 4（TCP/IPv4）"组件，有则说明已经安装，如果没有则需要安装。单击"此连接使用下列项目"列表框下方的"安装"按钮，可根据提示逐步完成。

2. 配置 TCP/IP 协议

（1）手工配置

在图 2-57 中，选中"Internet 协议版本 4（TCP/IPv4）"组件，单击"属性"按钮，弹出如图 2-58 所示的"Internet 协议版本 4（TCP/IPv4）属性"对话框，可以根据需要更改 IP 地址。

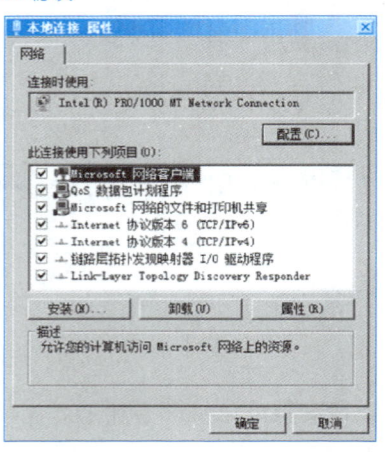
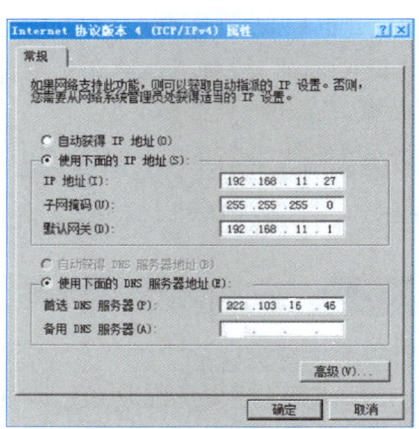

图 2-57 "本地连接 属性"对话框　　图 2-58 "Internet 协议版本 4（TCP/IPv4）属性"对话框

（2）在"网络和共享中心"窗口中配置

在"网络和共享中心"窗口中也可以配置 Windows Server 2008 网络，

它是系统新增的一个单元组件,在"控制面板"窗口中选择"网络和共享中心"选项,可以打开如图 2-59 所示的"网络和共享中心"窗口。

① 查看网络状态:在"网络和共享中心"中采用了直观的结构图来显示当前网络的连接状况,如果能够顺利连接到 Internet,则计算机和 Internet 之间会使用细绿线条表示,否则会用红色叉号表示网络连接存在故障。

> 注意:在图 2-58 所示的"网络和共享中心"窗口中可以看出,系统已经识别出安装的网卡,但是由于没有进行正确的配置,因此从上部的网络结构图中得知还无法识别网络并接入 Internet。

② 本地网卡状态:"网络和共享中心"窗口会自动检测到当前计算机中安装的所有网卡,但是如果网卡驱动程序安装错误或者没有正确配置 IP 地址参数,则会将其显示为"未识别的网络"。

③ 共享资源信息:针对 Windows Server 2008 中的"网络发现"、"文件共享"、"公用文件夹共享"、"打印机共享"等共享资源,也可以在"网络和共享中心"窗口中直接查看。如果某项共享资源处于"关闭"状态,那么肯定没有对其进行共享操作,而对于"启用"状态的共享资源,则可以通过激活下拉列表进行查看。

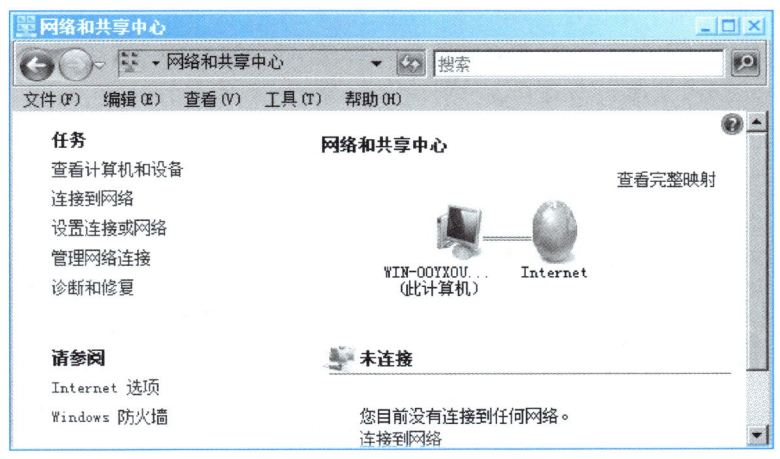

图 2-59 "网络和共享中心"窗口

④ 网络相关操作:如果需要通过"网络与共享中心"窗口对网络进行设置,则可以直接单击左部区域的"连接到网络"、"设置连接或网络"、"管理网络连接"以及"诊断和修复"等链接进行相关操作。

单击图 2-59 中的"查看状态"链接,激活如图 2-60 所示的"本地连接 状态"对话框,该对话框中显示了网卡状态,可以查看网卡的连接速度、连接时间、发送和接收数据包等信息。

单击图 2-60 下方的"诊断"按钮,可启用 Windows Server 2008 的网络诊断功能,弹出如图 2-61 所示的"Windows 网络诊断"对话框。

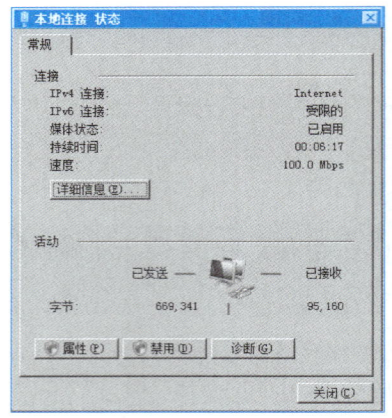

图 2-60 "本地连接 状态"对话框

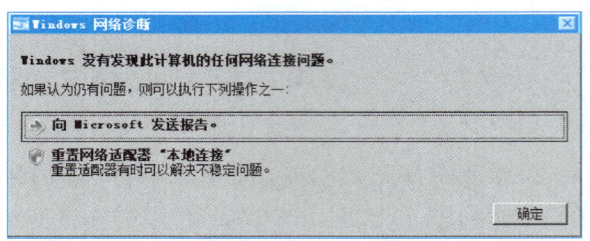

图 2-61 "Windows 网络诊断"对话框

任务 3　接入 Internet

要在前面设置的基础上接入 Internet，只需要连接到 Internet 接入口即可。目前，大部分用户都是通过电信部门连接到网络上的，本任务主要介绍如何通过电信 ADSL 接入网络。在该任务中需要一个关键设备，即调制解调器（Modem），也就是通常所说的"猫"。Modem 外观图与接口图如图 2-61 和图 2-62 所示。

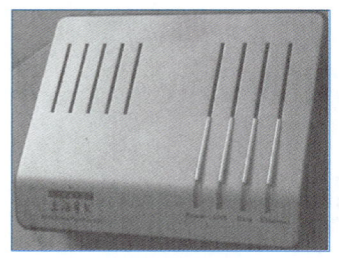

图 2-62　Modem 外观图　　　　　　　图 2-63　Modem 接口图

具体连接步骤如下。

步骤 1：硬件连接。

硬件连接如图 2-64 所示。使用成品网线（或制作的网线）把计算机网卡与 Modem 的 Ethernet 口连接起来，用 Modem 自带的线连接 Modem 的 Line 口和宿舍内的电信接口，启动电源开关。

步骤 2：安装拨号软件。

李先生使用的操作系统为 Windows XP，该操作系统自带相应的拨号功能，因此可利用 Windows XP 自身携带的拨号功能，也可以下载拨号软件。这里以 Windows XP 自带的软件为例。

项目 2　单台计算机接入网络 | 59

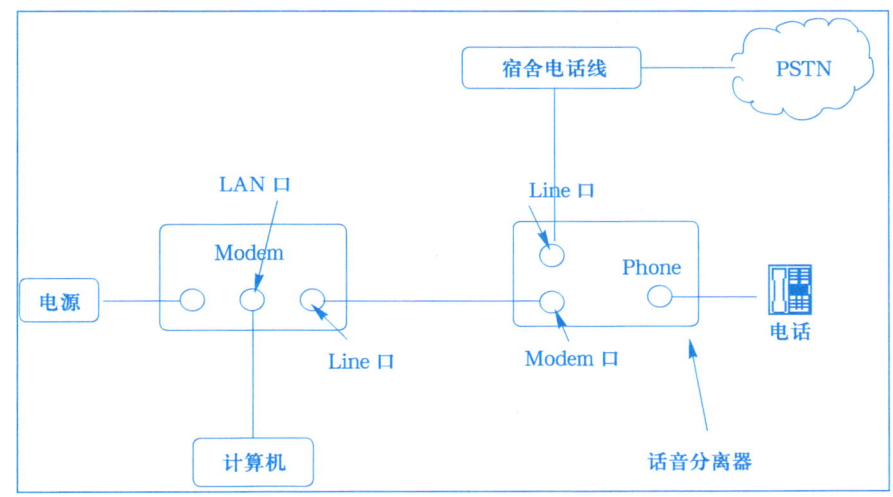

图 2-64　硬件连接示意图

① 使用鼠标右击"网上邻居"，单击左侧任务栏内的"创建一个新的连接"链接，打开新建连接向导的"网络连接类型"界面，单击"下一步"按钮，如图 2-65 所示。

② 选择"连接到 Internet"单选按钮，单击"下一步"按钮，弹出界面如图 2-66 所示。

③ 选择"手动设置我的连接"单选按钮，单击"下一步"按钮，弹出界面如图 2-67 所示。

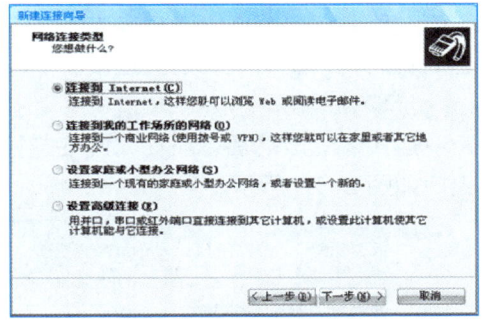

图 2-65　"网络连接类型"界面

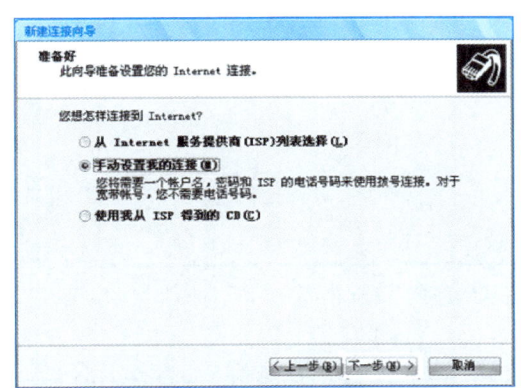

图 2-66　"准备好"界面

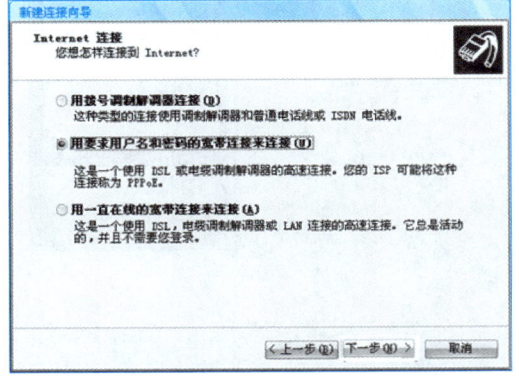

图 2-67　"Internet 连接"界面

④ 选择"用要求用户名和密码的宽带连接来连接"单选按钮，单击"下一步"按钮，弹出界面如图 2-68 所示。

⑤ 在文本框中任意输入一个名称，该名称是需要创建的连接的名称，单击"下一步"按钮，弹出界面如图 2-69 所示。

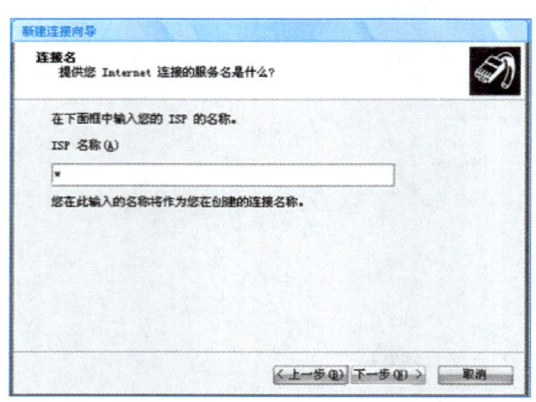

图 2-68 "连接名"界面

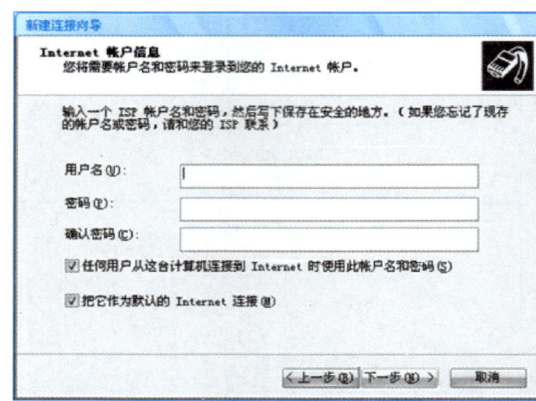

图 2-69 "Internet 账户信息"界面

⑥ 在此文本框中输入在电信申请宽带时所获得的真实的用户名和密码，下面的复选框根据具体情况来选择。单击"下一步"按钮，则弹出连接创建汇总的对话框，此时成功建立连接。

步骤 3：查看连接。

连接建立成功后，可在"网络连接"窗口中检查连接情况，"网络连接"窗口如图 2-70 所示。

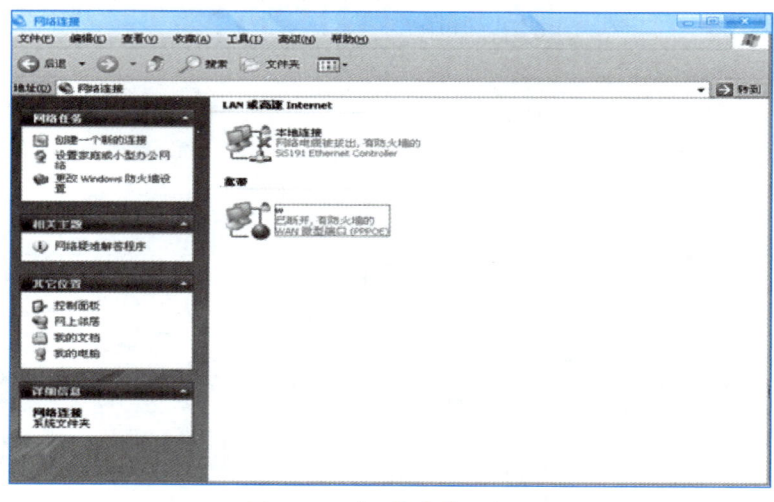

图 2-70 "网络连接"窗口

步骤 4：连接网络。

① 选中所创建的宽带连接，单击鼠标右键，弹出如图 2-71 所示的快捷菜单，选择"连接"选项。

② 打开如图 2-72 所示的"连接 w"对话框，分别在"用户名"和"密码"文本框中输入申请宽带时所获得的用户名和密码。

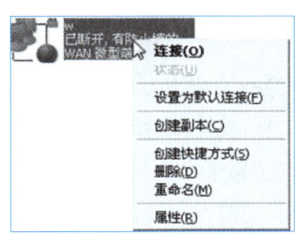
图 2-71 快捷菜单图

图 2-72 "连接 w"对话框

③ 单击"连接"按钮,进行拨号,在右下角显示连接成功图标,即可上网。

实施评价

本项目从系统软件和硬件的安装与配置、信息模块的制作等方面对单台计算机上网进行了全面介绍与分析,重点在于训练单台计算机硬件操作的技能,并养成良好的职业习惯。任务实施情况小结如表 2-15 所示。

表 2-15 任务实施情况小结

序号	知　识	技　能	重要程度	自我评价	老师评价
1	● 硬盘初始化的方式和作用 ● 目前常用的操作系统,安装这些操作系统所需具备的条件 ● 网络适配器工作原理 ● TCP/IP 协议、IP 地址	○ 熟练进行硬盘分区,掌握分区工具的应用 ○ 正确安装操作系统 ○ 熟练安装网络适配器,并能查看是否正确安装 ○ 查看是否安装了 TCP/IP 协议,如果没有则需安装并正确配置	★★ ★★ ★		
2	● 网线连接方式 ● 网线制作标准 ● TCP/IP 协议 ● IP 地址 ● ping 命令	○ 制作合乎标准、美观的网线 ○ 配置好通信协议,成功接入 Internet ○ 测试方法正确 ○ 测试工具使用得当	★★ ★★ ★		
3	● 职业素养 ● 工具使用规范 ● 操作标准	○ 工具使用熟练、安全、规范 ○ 选择合适的操作标准,并按操作标准完成任务 ○ 正确表述操作结果	★★ ★★		

任务实施过程中已经解决的问题及其解决方法与过程	
问题描述	解决方法与过程
1.	
2.	
任务实施过程中未解决的主要问题	

任务拓展

拓展任务　认识水晶头

水晶头又称为 RJ-45 连接器，如图 2-73 所示。一般情况下，双绞线要通过 RJ-45 水晶头接入网卡等网络设备。RJ-45 水晶头由金属片和塑料构成，制作网线所需要的 RJ-45 水晶头前端有 8 个凹槽，简称 8P（Position，位置），凹槽内的金属触点共有 8 个，简称 8C（Contact，触点）。

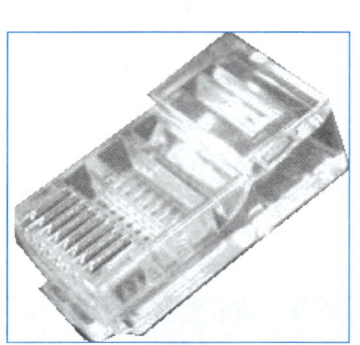
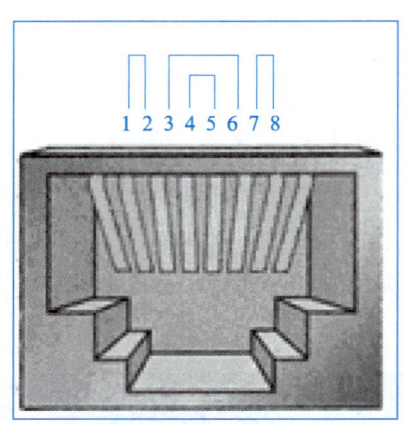

图 2-73　水晶头

水晶头包括一个插头和一个插孔（或插座）。插孔安装在机器上，插头和连接导线（最常用的就是采用无屏蔽双绞线的 5 类线）相连。EIA/TIA 制定的布线标准规定了 8 根针脚的编号。

水晶头的塑料弹片向下，针脚接触点在上方，8 个金属引脚从左到右依次称为第 1 脚、第 2 脚……第 8 脚，如图 2-74 所示。

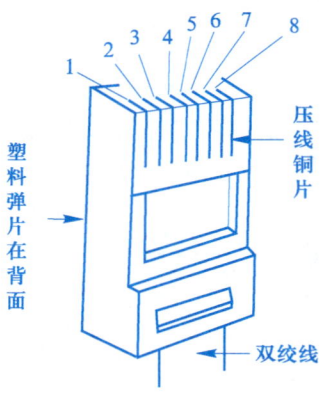

图 2-74　水晶头引脚示意图

项目总结

知识技能的考核要点如表 2-16 所示。

表 2-16　知识技能的考核要点

任务		考核要点	考核目标	建议考核方式
1	1-1	● 硬件安装前是否关闭电源 ● 是否用手指擦拭或接触网卡的金手指	○ 安全意识 ○ 操作规范	在操作过程中观察并记录
	1-2	● 制作标准 ● 工具选择与使用 ● 工作环境的保持 ● 通畅性测试 ● 辨别水晶头、双绞线	○ 能按照标准制作通畅的直通电缆和交叉电缆 ○ 能使用压线钳完成剥线、剪线、压线 ○ 操作准确，不浪费材料 ○ 按规定时间完成	制作两根网线，观察其外形并测试通畅性
	1-3	● 信息模块连接标准	○ 明确信息模块所处的位置和作用 ○ 选择合适的工具，并能正确使用	现场制作
2	2-1	● 分区的作用 ● 分区操作方式	○ 正确完成分区操作	现场操作与问答
	2-2	● 操作系统所起的作用 ● 安装操作系统	○ 正确安装操作系统	问答
	2-3	● 驱动程序的作用 ● 安装驱动程序	○ 让相应硬件正常工作 ○ 查看是否安装成功	现场安装
	2-4	● TCP/IP 协议的作用 ● 如何安装与配置该协议	○ 协议属性配置	现场安装
3		● 调制解调器配置 ● 连接 Internet	○ 接入 Internet	现场测试结果

思考与练习

一、选择题

1. 双绞线绞合的目的是_____。

　　A. 增大抗拉强度　　　　　　B. 提高传送速度

　　C. 减少干扰　　　　　　　　D. 增大传输距离

2. EIA/TIA 568B 标准的 RJ-45 接口线序如图 2-74 所示，3、4、5、6 这 4 个引脚的颜色分别为_____。

　　A. 白绿、蓝色、白蓝、绿色　　B. 蓝色、白蓝、绿色、白绿

　　C. 白蓝、白绿、蓝色、绿色　　D. 蓝色、绿色、白蓝、白绿

3. _____是由按规定的螺旋结构排列的 2、4 或 8 根绝缘体铜线组成的传输介质。

　　A. 光缆　　　　　　　　　　B. 同轴电缆

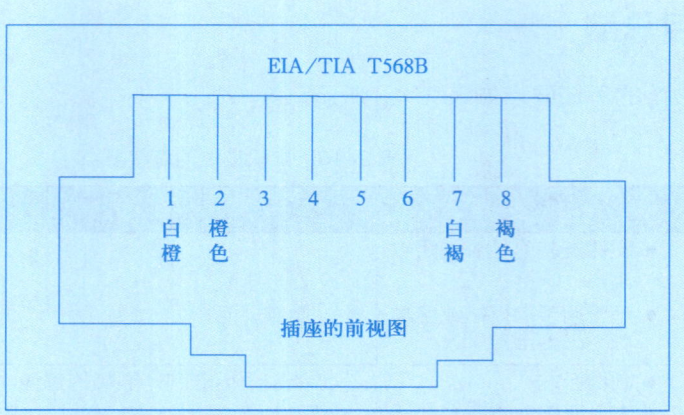

图 2-75　接口线序图

　　C.　双绞线　　　　　　　　　　　　D.　无线信道

4.　在设备管理器中出现"!"，表示_____。

　　A.　设备有冲突

　　B.　未知设备，通常是设备没有正确安装

　　C.　所安装的设备驱动程序不正确

　　D.　所安装的设备没有经过数字签名

5.　IPv6 地址 12CD:0000:0000:FF30:0000:0000:0000:0000/60 可以表示成各种简写形式，下面选项中正确的写法是_____。

　　A.　12CD:0:0:FF30::/60　　　　　　B.　12CD:0:0:FF3/60

　　C.　12CD:: FF30/60　　　　　　　　D.　12CD:: FF30::/60

二、思考题

1.　上网时没有动过网线，可计算机总是时不时地出现"网络电缆未准备好"的提示，试思考是什么原因导致出现这种情况。

2.　十六进制数 CC 所对应的八进制数是多少？

三、操作题

小王在使用计算机时不小心动了一下计算机，结果出现 提示，请写个小建议帮助小王解决这个问题，以保障网络畅通。

项目 3　组建对等网络

本项目介绍对等网的概念和特点，以实例的方式阐述了对等网的组建过程和步骤，主要从硬件和软件两方面分析。硬件方面需要准备计算机、交换机、网卡、网线、打印机、操作系统安装盘等；软件方面需要完成网卡驱动程序、网络通信协议的安装、配置及相关设置，如计算机标识、工作组、网络服务和共享资源等，完成上述设置后，用户之间才能完成通信和资源共享。

教学导航

知识目标	● 了解对等网的概念、结构和特点，文件夹的安全性，网络打印机的概念、特点以及与本地打印机的区别 ● 掌握资源共享的含义、作用和方法 ● 掌握对等网络的配置方法 ● 熟悉对等网络的组建过程
技能目标	● 学会通过对等网络实现资源共享 ● 熟练设置共享文件夹，设置打印机共享，并能共享打印机打印 ● 熟练配置对等无线网络
教学方法	项目教学法、分组讨论法、理论实践一体化
考核评价方法	● 不允许使用局域网和任何移动存储设备，两个学生为一组，每人一台计算机（项目 2 中已经配置好），完成双向资料传送 ● 考核 A 等标准：熟练使用网线或通过串口直连的方式物理连接计算机；正确完成两台计算机 TCP/IP 协议的设置；正确完成计算机名称的更改和工作组设置；正确设置文件夹共享；正确连接打印机和设置打印机共享；各项目组成员能相互传送文件，实现资源共享；工作时不大声喧哗，遵守纪律，保持工作环境清洁；任务完成后自动整理、归还工具，关闭电源 ● 教师评价+小组学生互评+学生个人评价
操作流程	配置单台主机→组建两台计算机的对等网络→实现资源共享→组建由多台计算机构成的对等网络→实现资源共享
准备工作	安装有 Windows 98 以上操作系统和网卡的计算机若干组（两台为一组）；打印机；集线器或交换机；网线；无线网卡
课时建议	10 课时（含课堂任务拓展）

项目描述

为了改善教师的办公条件，某学院新购置了一批计算机，原来使用的计算机要求在规定的时间内上交给学院资产处。

教师的计算机中都存有大量资料，且资料非常重要，因此需要复制到新计算机中，但 U 盘又太小，况且也不是所有人都有存储容量足够大的移动硬盘，怎么办？

两位老师去广西开会，都携带了笔记本电脑，且都装有 Windows XP 系统和无线网卡。在会议研讨的过程中，两个人要完成一个项目的介绍，因此需要两个人充分讨论并交换大量信息（这些信息都存储在各自的笔记本电脑上），他们身边没有网线和大容量移动硬盘等辅助设备，请从技术上帮助他们完成任务。

 项目分解

任务 1 的任务卡如表 3-1 所示。

表 3-1 任务 1 任务卡

任务编号	003-1	任务名称	检查与配置单台计算机	计划工时	90 min
工作情境描述					
为了改善教师办公条件，最近更新了一批计算机，并准备把这批新计算机发给教师，每人一台，原有计算机需要在规定的时间内归还学院。教师原有计算机中都有大量的文件和设计方案，需要复制到新计算机中，而计算机买回来还没有配置，所以教师首先应配置新的计算机					
操作任务描述					
经过多年的积累，教师原有计算机上的有用信息非常多，要在短时间内把有用的资源复制到新买的计算机中，需要做好准备，以便能快速、高效地完成文件备份任务，如查看新买计算机的操作系统、服务情况，然后选择合适的方式					
操作任务分析					
查看计算机的具体情况： ① 查看计算机能否正常启动，是否已经安装操作系统 ② 查看网卡是否已安装，网卡是否能正常使用 ③ 查看网络通信协议（TCP/IP）是否已经正确安装，如果没有安装，则首先要安装上，如果已经安装，则要进行参数配置 ④ 查看网络服务是否已经正确安装，如果没有安装，则要安装网络服务					

任务 2 的任务卡如表 3-2 所示。

表 3-2 任务 2 任务卡

任务编号	003-2	任务名称	组建最简单的对等局域网络（两台计算机）	计划工时	90 min
工作情境描述					
宿舍内住着 4 个人，每人有一台计算机，小英在网上下了一个大片，大家希望能存放到个人计算机上慢慢欣赏，可大家都没有大容量的 U 盘和硬盘，于是大家都在想怎样能快速解决这个问题					
操作任务描述					
小英的当务之急是需要将影片快速存入另外的计算机中，如果能将计算机中的资料直接复制到另一台计算机，则解决了当前的问题。小英通过检查发现，每台计算机的操作系统、网卡、驱动程序、协议、服务、客户端都已经安装好，并且能正常使用。那么首先需要将两台计算机连接起来，一台计算机的名称为"W"，					

续表

操作任务描述
另一台计算机的名称为"G","G"计算机如何快速共享"W"计算机 D:\share 文件夹中的文件?另外,怎么控制"everyone"组的用户对文件夹中的文件只有"读"权限,而"student"组的用户对文件夹中的文件有"完全控制"的权限

操作任务分析
组建由两台计算机组成的对等网络,需要完成的任务包括以下内容: ① 连接计算机 ② 标识计算机,设置文件夹共享和共享权限 ③ 网络通信协议设置和连通性测试

任务 3 的任务卡如表 3-3 所示。

表 3-3　任务 3 任务卡

任务编号	003-3	任务名称	组建较复杂的对等局域网络(多台计算机)	计划工时	90 min
工作情境描述					
小英在组建对等网络时,由于第一次找到的网线太短,需要移动计算机的位置来实现资源共享,4 个人要共享 3 次。而且,如果今后需要资源共享,则要重新重复这些步骤。另外,当某一个人需要打印时,则要把打印机搬过去,连接到自己的计算机上才能打印。每次打印都要搬动打印机,而且要清理放置打印机的空间,经常这样搬来搬去,小英觉得非常不方便,便想找一个一劳永逸的方法,即把 4 台计算机和一台打印机组成一个网络,就不会这样麻烦了					
操作任务描述					
两台计算机组成的对等网针对两台计算机的情况比较方便,但超过两台时就会出现连接的计算机越多,共享的难度就越大,该网络就不能够实现目标,因此需要一台连接设备将所有计算机及打印机连接起来,一次性解决问题					
操作任务分析					
组建多台计算机组成的对等网络,需要完成的主要任务包括以下内容: ① 设置共享资源 ② 连接计算机与互联设备 ③ 连接打印机并设置打印机共享					

任务 4 的任务卡如表 3-4 所示。

表 3-4　任务 4 任务卡

任务编号	003-4	任务名称	组建无线对等网	计划工时	90 min
工作情境描述					
蝴蝶软件公司的员工李莉和严广同时到广西出差,携带两台笔记本电脑,装有 Windows XP 系统和无线网卡,现需要进行大量信息交换,但身边没有网线和大容量移动硬盘等第三方设备,如何完成信息共享					
操作任务描述					
蝴蝶软件公司的两名员工在一个地方出差,且距离非常近,需要在没有第三方设备支持的情况下实现资源共享,而且目前这两名员工的笔记本电脑都有无线网卡,可采用无线对等网的方式来实现资源共享,当时具体的情况是: ① 两人有笔记本电脑,且均装有无线网卡					

操作任务描述
② 两人的距离不远 ③ 两人出差的范围内有无线信号
操作任务分析
两台笔记本电脑要传输文件，可采用无线对等网的方式来解决，任务分解如下： ① 首先查看无线网卡是否正确安装，如果没有，则更新其驱动程序 ② 配置无线网络通信协议 ③ 测试对等网的连通性，检验网络是否组建成功

知识准备

【知识1】 对等网

1. 对等网的概念

对等网的概念可以从网络中计算机之间的关系、资源分布、作业的集中程度这3个方面进行了解。

对等网

微课
对等网

（1）网络中计算机的从属关系

对等网中的计算机都是平等的，没有主从之分，即每台计算机在网络中既是客户机又是服务器。而在其他不同类型的局域网中，一般都有一台或者几台计算机作为服务器，其他计算机则作为客户机。

（2）资源分布情况

对等网的资源分布在每一台计算机上。在其他类型的网络中，资源一般分布在服务器上，客户机主要是使用资源，而不是提供资源。

（3）作业的集中度

对等网中的每一台计算机都是客户机，所以它要完成自身的作业，同时由于它们又都是服务器，因此需要满足其他计算机的作业要求。从整体角度来看，对等网中的作业也是平均分布的。

在其他类型的网络中，作为中心和资源集中结点的服务器要承担所有其他客户机的作业要求，而客户机不提供资源，相对来说，服务器的作业集中程度远大于客户机。

综上所述，对等网中的每一台网络计算机与其他联网的计算机之间的关系对等，没有层次的划分，资源和作业都相对平均分布。

2. 对等网的使用范围

对等网主要用于建立小型网络以及在大型网络中作为一个小的子网络，用在有限信息技术预算和有限信息共享需求的地方，例如学生宿舍内、住宅区、邻居之间等，它们共同的目的是实现简单的网络资源共享、信息传输及联网娱乐等。

3. 适合组建对等网的条件

① 用户数不超过 10 个。

② 所有用户在地理位置上相距较近，之前各自管理自己的资源，而这些资源可以共享，或至少可以部分共享。

③ 进入对等网的用户均有共享资源（如文件、打印机、光驱等）的要求。

④ 用户对数据的安全性要求不高。

⑤ 使用方便性的需求优先于自定义需求。

【知识 2】 无线对等网

无线对等网就是由"无线网卡+无线网卡"组成的局域网，不需要安装无线接入点（Access Point，AP）或无线路由器等无线设备，即点对点（Point to Point）网络，也称为 Ad-Hoc 模式。无线对等网的主要优缺点如表 3-5 所示。

认识无线网卡

PPT

表 3-5 无线对等网的优缺点

优 点	缺 点
每台计算机负责自己的资源，不需要服务器，对计算机性能要求较低，节约了成本	当网络用户较多时，共享资源频繁，就会引起计算机的性能下降，无法进行正常的数据处理工作
每台计算机都自己负责资源和安全的管理，如果某一台机器出现问题，则不会影响整个网络，管理和维护容易	由于对等网采用的是资源分散管理，当网络规模较大时，网络的整体安全性无法得到保障
每台计算机只需要安装支持对等网的操作系统即可，不需要网络操作系统的支持	由于网络中的资源采用的是分散管理办法，如果要备份数据，则需从每台计算机上进行备份，增加了难度

【知识 3】 无线网卡

无线网卡根据接口类型的不同，主要分为 3 种：PCMCIA 无线网卡、PCI 无线网卡和 USB 无线网卡。笔记本电脑可使用的无线网卡类型如表 3-6 所示。

微课
认识无线网卡

表 3-6 笔记本电脑可使用的无线网卡类型表

类 型	产 品 说 明	图 示
MiniPCI 无线网卡（内置）	MiniPCI 接口是在台式机 PCI 接口的基础上扩展的适用于笔记本电脑的接口标准。而 MiniPCI 无线网卡本身并不集成天线，靠预置在笔记本电脑机身中的天线来获取信号，所以笔记本电脑上只要有 MiniPCI 插槽及预置天线或预置天线的位置就可升级。主流的 Intel PRO/Wireless 2100 Network Connection、Intel 2200BG 11M/54M 双频无线网卡等迅驰笔记本电脑内置的无线网卡都是 MiniPCI 接口	
PCI-Express 无线网卡（内置）	基于 PCI-Express ×1 接口的 WiFi 无线网卡最大的好处是，可以为笔记本电脑节省空间，其尺寸只有微型 PCI 卡（MiniPCI）的一半，符合笔记本电脑机体尺寸向更便携方向发展的趋势	

续表

类 型	产品说明	图 示
PCMCIA 无线网卡（外置）	PCMCIA 定义了 3 种卡，它们的长和宽都是 85.6 mm×54 mm，只是在厚度方面有所不同。3 种卡分别如下：Type I，厚 3.3 mm，主要用于 RAM 和 ROM；Type II，将厚度增至 5.5 mm，适用于大多数的 Modem 和 FaxModem、LAN 适配器和其他电气设备；Type III，厚度增大到 10.5 mm，主要用于旋转式的存储设备（例如硬盘）	
USB（Universal Serial Bus）（外置）	USB 的中文含义是"通用串行总线"。主流的 USB 2.0 将设备之间的数据传输速度增加到了 480 Mbit/s，比 USB 1.1 标准快 40 倍左右，完全能满足目前无线网络的需求。目前采用 USB 接口的无线网卡设备也完全具备 USB 的主要特点：可以热插拔；体积小巧，携带方便；通用性很强	

 任务实施

任务实施流程如表 3-7 所示。

表 3-7　任务实施流程

工 具 准 备		
工具/材料名称	数量与单位	说　明
网卡	1 台/计算机	网卡接口与计算机插槽匹配
无线网卡	1 个/笔记本电脑	与笔记本配套
网卡驱动程序	1 个	与网卡匹配
螺丝刀（十字+一字）	1 把/人	拧紧或拧松螺丝
打印机	1 台/组	共享打印机
材 料 准 备		
材料名称（型号与规格）	数量与单位	
双绞线（五类或超五类）	（1~2）m/人	
水晶头（RJ-45）	2 个/人	
计算机	2 台/组	
参 考 资 料		
① 充分利用互联网上的海量资源 ② 国际标准（EIA/TIA568A 与 EIA/TIA568B） ③ 对等网的含义，有线对等网、无线对等网的基本结构 ④ 网络通信协议		

续表

参 考 资 料
⑤ 网络测试原则
⑥ 不同类型的无线网卡、有线网卡实物及其对应的说明书、性能参数
⑦ 共享文件
⑧ 网络驱动器的作用
⑨ 工具与材料清单

实 施 流 程
① 阅读【知识准备】中的知识介绍，如果不够，需查找资料学习相关知识
② 规划需完成的任务（检查和配置单台计算机—组建简单对等网络—组建复杂对等网络—组建无线对等网），明确任务目标
③ 分析任务要求与完成途径
④ 选择恰当的工具，准备实验工具与材料，填写工具和材料清单
⑤ 根据【任务实施】中的任务先后顺序与步骤完成具体安装或配置任务，在完成每个小任务后测试任务的完成情况，保证任务 100% 完成
⑥ 待所有任务完成后，测试最终能否完成对等网组建、文件共享

任务 1　检查和配置单台计算机

任务 1-1　查看计算机的配置情况

从项目描述中发现，首先要确认新购置计算机的情况，例如：是否能正常启动，是否已经安装操作系统，如果已经安装了操作系统，则查询安装的是哪种类型的操作系统，是否已经安装网卡，网卡是否能正常使用，是否已安装网络通信协议，等等。

打开计算机，逐项检查并做好记录。如果检查后发现并没有设置，则请按照项目 2 的步骤进行安装。

任务 1-2　查看网络服务安装情况

在本项目中，配置过程以 Windows XP 操作系统为例进行详细介绍。

步骤 1：打开"网上邻居"，选择"本地连接"选项，单击鼠标右键，在快捷菜单中选择"属性"命令，打开如图 3-1 所示的"本地连接 属性"对话框。

Microsoft 网络客户端：允许用户的计算机访问 Microsoft 网络上的资源。

Microsoft 网络的文件和打印机共享：允许其他计算机用 Microsoft 网络访问用户计算机上的资源。

如图 3-1 所示，如果能查看到这两项内容，说明网络服务已经安装好；如果没有，则需要安装，否则不能实现资源共享。

注意：这些选项一般在安装操作系统的同时进行安装。

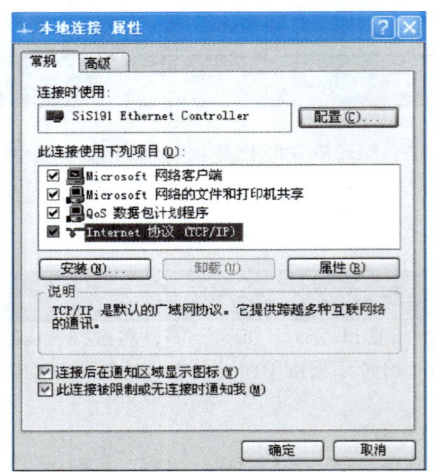

图 3-1 "本地连接 属性"对话框

步骤 2：安装网络客户端。

选中"此连接使用下列项目"列表框中的"Microsoft 网络客户端"选项，单击"安装"按钮，打开如图 3-2 所示的"选择网络组件类型"对话框。

步骤 3：选择"客户端"选项，单击"添加"按钮，打开如图 3-3 所示的"选择网络客户端"对话框。

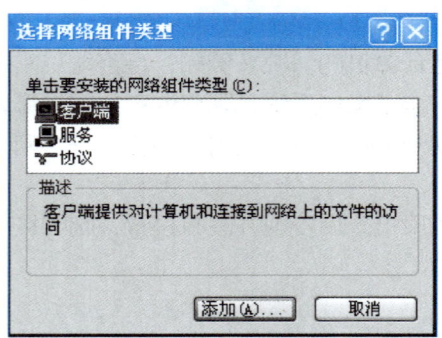

图 3-2 "选择网络组件类型"对话框

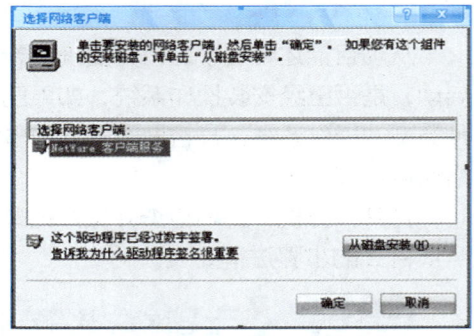

图 3-3 "选择网络客户端"对话框

步骤 4：选中要安装的网络客户端，单击"确定"按钮。如果有该组件的安装磁盘，则单击"从磁盘安装"按钮来完成安装。

任务 2　组建最简单的对等网络

最简单的网络莫过于两台计算机组成的网络。

任务 2-1　连接两台计算机

连接两台计算机，可以通过交叉线连接计算机网卡等多种方式实现，网卡连接只需将网线的 RJ-45 接口插入网卡即可，这里不多做描述。

如果既没有交叉线又没有网卡，则可通过串口或并口通信来连接。

步骤 1：确定方法。

根据计算机的标准配置，一般都具有两个 9 芯或 25 芯串口（COM1、COM2）和一个 25 芯并口的标配，这样就可以选择串口直连或者并口直连等方法。观察主机箱的外观结构，确定当前的工作计算机是什么类型的接口。这里介绍串口直连。

步骤 2：硬件连接。

用两端带 DB-9 或 DB-25 头的扁平电缆将两台计算机的串口连接起来，拧紧连接口。

步骤 3：软件设置。

① 任意选定一台计算机作为主机，在 Windows 中选择"开始"→"程序"→"附件"→"通讯"菜单命令，打开新建连接向导的"网络连接类型"界面，如图 3-4 所示，选择"设置高级连接"单选按钮。

② 单击"下一步"按钮，打开如图 3-5 所示的"高级连接选项"界面，选择"直接连接到其他计算机"单选按钮。

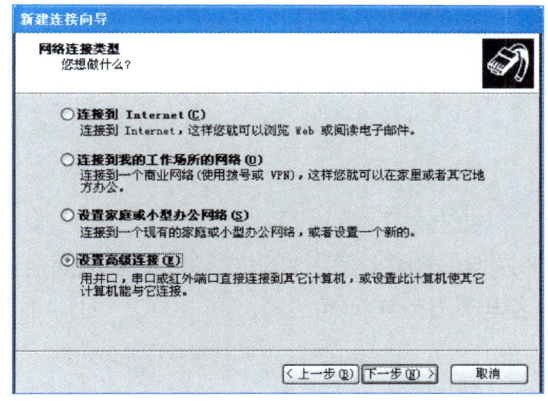
图 3-4 "网络连接类型"界面

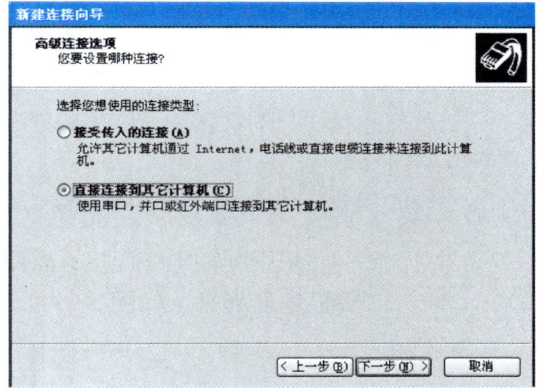
图 3-5 "高级连接选项"界面

③ 单击"下一步"按钮，打开"主机或来宾？"界面，在"选择您想让此计算机担任的角色"选项组中选中如图 3-6 所示的"主机"单选按钮。

④ 单击"下一步"按钮，打开如图 3-7 所示的"连接设备"界面，计算机将会自动检测可用的并口和串口，选择所需要的串口（COM1 或 COM2），然后单击"下一步"按钮，根据提示完成操作。

⑤ 在客户机上重复上述步骤，除了在设置向导中选择"来宾"单选按钮外，其余操作与上述操作完全相同，设置完成后，就建立了两台计算机的连接。

步骤 4：传输数据。

① 在主机中，选择"开始"→"程序"→"附件"→"通讯"→"直接

电缆连接"菜单命令，单击"侦听"按钮。

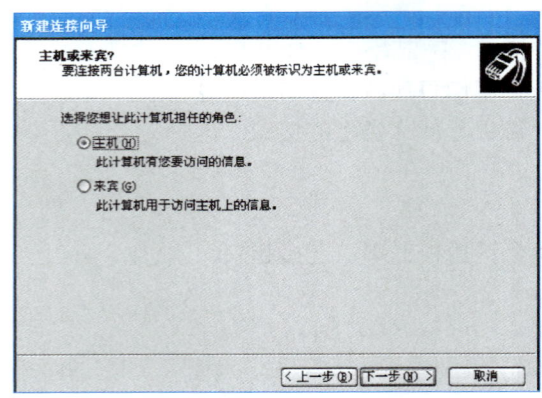
图 3-6　选择计算机角色

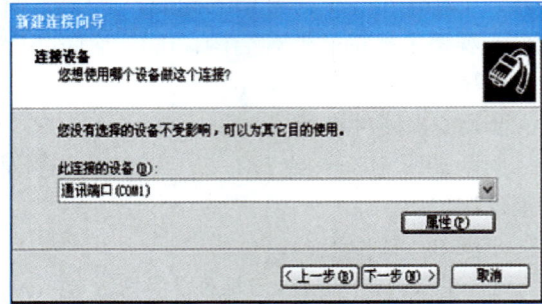
图 3-7　"连接设备"界面

② 在客户机中，选择"开始"→"程序"→"附件"→"通讯"→"直接电缆连接"菜单命令，单击"连接"按钮。

连接建立后，两台计算机便可以相互访问共享文件夹并进行数据传输。

> 注意：
> ① 如果需要改变主机与来宾的关系，就需要重新进行设置。
> ② 这是一种单向关系，主机资源可以被客户机共享，反过来则不行。如果主机本身连在网络上，那么客户机也能访问网络。
> ③ 数据传输速率较慢，仅适合于双机交换数据或简单的联机游戏。

采用同轴电缆连接：需要 T 形连接器和终结器，即以总线的形式把两台计算机串连起来，如图 3-8 所示，这里不进行详细描述。

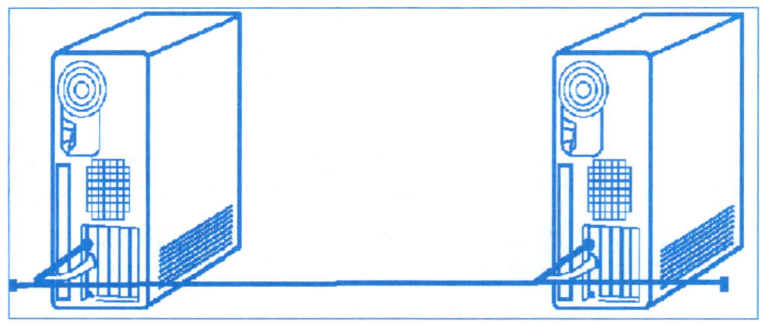
图 3-8　用同轴电缆连接示意图

任务 2-2　配置网络

对等网上的每一台计算机都应配置相同的组件类型、网络标识和访问控制，这样才能实现网络上的资源共享，保证网络的连通性。

1. 更改计算机名称

为了方便计算机在网络中相互访问，网络中的每一台计算机都需要配置一个唯一的名称。本项目中以"W"计算机的名称修改为例进行介绍。

步骤1：右键单击"我的电脑"，在快捷菜单中选择"属性"命令，打开如图3-9所示的"系统属性"对话框。

步骤2：选中"计算机名"选项卡，单击"更改"按钮，打开如图3-10所示的"计算机名称更改"对话框。在"计算机名"文本框中输入计算机名称，在"隶属于"选项组中选择"工作组"或"域"的单选按钮，设置好后单击"确定"按钮。此时，计算机名称和所属工作组就更改成功了。

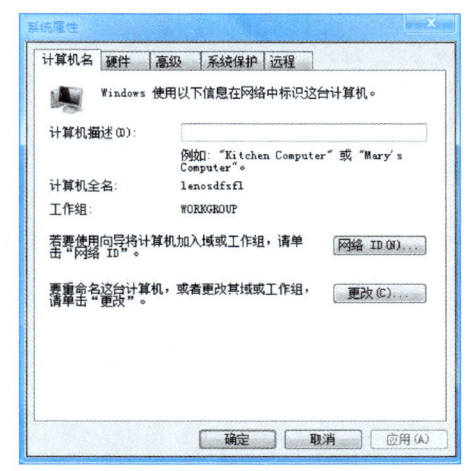

图3-9 "系统属性"对话框

更改计算机名称

微课
更改计算机名称

> 注意：在同一工作组中，计算机名称的设置要唯一。需要通信的计算机，必须配置成相同的工作组，即通信的计算机必须处于同一工作组中。

2. 文件夹共享设置

在局域网中，通常通过共享文件或文件夹的形式来交换数据。文件夹共享怎样配置呢？下面以D:\share文件夹的共享设置为例进行介绍。

步骤1：选择"开始"→"所有程序"→"附件"→"Windows 资源管理器"菜单命令，在打开的窗口中选择需要共享的文件夹，如选择文件夹D:\share。

步骤2：右键单击D:\share文件夹，在快捷菜单中选择"共享和安全"命令，打开如图3-11所示的"share 属性"对话框。

步骤3：选择"共享此文件夹"单选按钮，"共享名"和"注释"文本框转变为黑色可编辑状态，在对应文本框中输入信息，设置共享名称和注释，修改用户数目的限制，单击"确定"按钮即可完成share文件夹的共享。

3. 配置TCP/IP协议

在"本地连接 属性"对话框中，选中"Internet 协议（TCP/IP）"复选框，单击"属性"按钮，打开"Internet 协议（TCP/IP）属性"对话框，在IP地址栏中设置IP地址。将一台计算机的IP地址设置为192.168.1.56，将子网掩码设置为255.255.255.0。将另一台计算机的IP地址设置为192.168.1.57，将子网掩码设置为255.255.255.0。

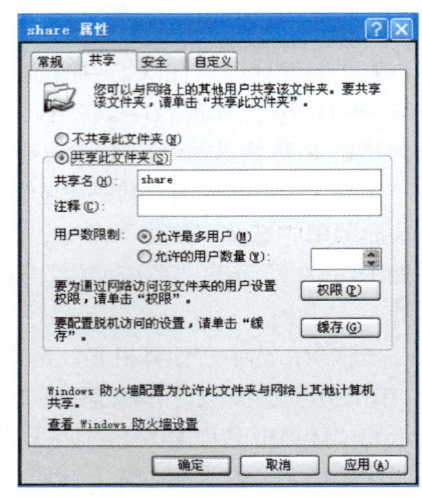

图 3-10 "计算机名称更改"对话框　　图 3-11 "share 属性"对话框

4. 连通性测试

方式一：搜索被测试的计算机。

步骤 1：右键单击"网上邻居"，在快捷菜单中选择"搜索计算机"命令，打开如图 3-12 所示的"搜索结果-计算机"窗口。

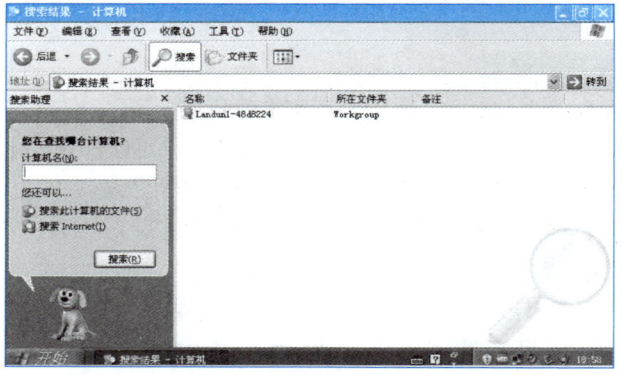

图 3-12 "搜索结果-计算机"窗口

步骤 2：在"计算机名"文本框中输入要查找的计算机名称，单击"搜索"按钮。如果能成功搜索到被测试计算机，则说明网络连接通畅。

方式二：采用 ping 命令。

步骤 1：选择"开始"→"运行"菜单命令，在如图 3-13 所示的"运行"对话框中输入"cmd"命令，单击"确定"按钮，进入 DOS 提示符窗口。

步骤 2：在 DOS 命令提示符下，输

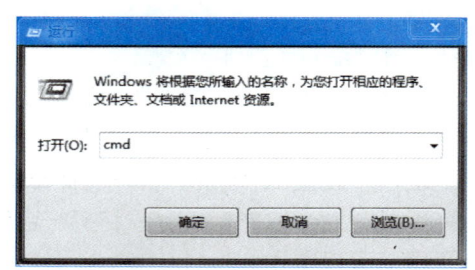

图 3-13 "运行"对话框

入"ping 被测试计算机的 IP 地址或计算机名"。如果能 ping 通，则表示网络已经连通。在 IP 地址为 192.168.1.57 的计算机上执行"ping192.168.1.56"命令，具体操作如下：

C:\>ping192.168.1.56

按 Enter 键后，会在屏幕上返回如下结果。

Pinging lanzujian.wangluo.com [192.168.1.56] with 32 bytes of data：
Reply from 192.168.1.56：bytes=32 time <10ms TTL=253
Reply from 192.168.1.56：bytes=32 time <10ms TTL=253
Reply from 192.168.1.56：bytes=32 time <10ms TTL=253
Reply from 192.168.1.56：bytes=32 time <10ms TTL=253
Ping statistics for 192.168.1.56：
Packets：Sent = 3, Received = 3, Lost = 0（0% loss）,Approximate round trip times in milli-seconds：
Minimum = 0ms, Maximum = 0ms, Average = 0ms

从结果中可以看出，IP 地址为 192.168.1.56 的计算机与 IP 地址为 192.168.1.57 的计算机连接是通畅的。

也可以直接在"运行"对话框中输入"ping 被测试计算机的 IP 地址或计算机名"，单击"确定"按钮后，会出现与上面相同的结果。

5. 启用 Guest 账户

步骤 1：选择"开始"→"设置"→"控制面板"→"管理工具"菜单命令，打开如图 3-14 所示的"计算机管理"窗口，展开"本地用户和组"，显示其下的用户选项。从图中可发现，"Guest"用户图标上有一个红色的叉，说明被禁用了。

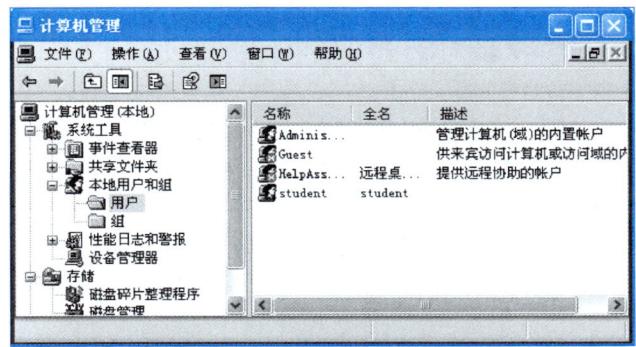

图 3-14 "计算机管理"窗口

步骤 2：选中"Guest"用户，单击鼠标右键，在弹出的快捷菜单中选择"属性"命令，打开如图 3-15 所示的"Guest 属性"对话框，取消选择"账户已停用"复选框。

选中"用户不能更改密码"和"密码永不过期"复选框，这些复选框的选择可根据设置的实际需要来确定。

步骤 3：单击"确定"按钮，打开如图 3-16 所示的窗口，发现"Guest"用户上的叉已经去掉，说明"Guest"用户已经启用。

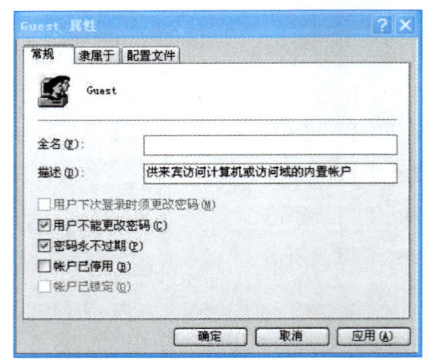

图 3-15 "Guest 属性"对话框

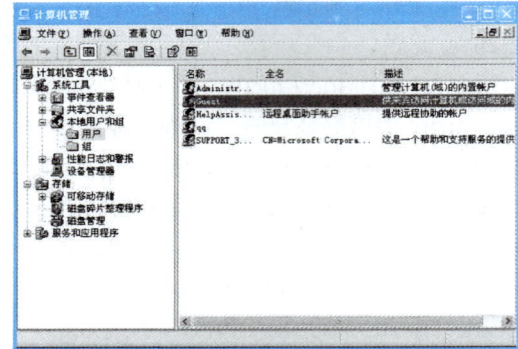

图 3-16 启用 Guest 账户

任务 2-3 共享文件和文件夹

在"运行"对话框中输入"\\计算机的 IP 地址或计算机名"，则可找到共享的文件夹，将该文件夹拖入到用户的计算机中，只需等待文件复制完成即可。

另一种方法是在一台计算机上双击"网上邻居"，在打开的窗口中选择"邻近的计算机"选项，找到另外一台计算机的名称，然后双击，在弹出的对话框中输入合法用户名以及对应的密码，则可以看到文件夹 D:\share。打开 share 文件夹，将其中的文件复制到另一台计算机中即可。

任务 3 组建较复杂的对等网络

从任务分析发现，小英的宿舍中有 4 台计算机，数量不是很多，需要实现的功能也不是很复杂，只需要共享资料和打印机即可，因此可使用对等网络解决，拓扑结构如图 3-17 所示。

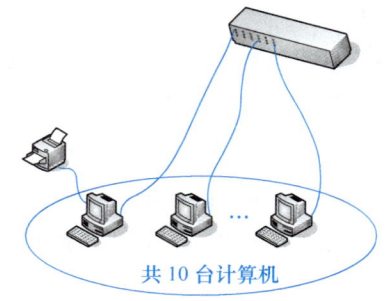

图 3-17 较复杂对等网络的拓扑结构图

任务 3-1　共享资料

参照项目 1 和项目 2 中的相关内容，完成共享设置。

任务 3-2　连接设备

步骤 1：选择连接设备。

为了满足网络构建的需求，需要根据实际需求来选择网络设备。宿舍中连接的计算机只有 4 台，因为房子大小和床位的关系，不会另外增加人员入住，因此可不考虑扩展性的问题；除了上网查资料、聊天之外，网络应用较少，网速要求不太高，本项目中选择 5 口的交换机作为连接设备。

步骤 2：连接计算机与交换机。

在不带电的情况下，把直通线的一端连接交换机的 Ethernet 口，另一端连接计算机网卡的 RJ-45 口，连接情况如图 3-18 所示，保证两端连接紧密。

步骤 3：启动交换机，连接计算机的各端口指示灯会闪烁，呈绿色。

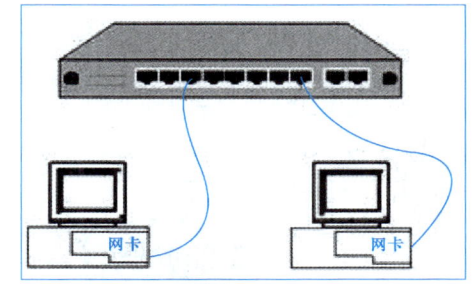

图 3-18　设备连接示意图

后面的共享设置步骤与任务 2 完全相同，在此不再重复。

任务 3-3　共享打印机

在宿舍里任选一台计算机（选择名为"W"的计算机）与打印机连接在一起，将打印机的名称设置为"printer"，其余各台计算机可共享"W"计算机上连接的打印机，禁止用 U 盘复制文件到"W"计算机上来打印，并且为了节约，所有文件的打印稿都应为最终稿，严禁浪费。

步骤 1：安装本地打印机。

本地打印机就是连接在用户使用的计算机上的打印机。打印机的安装包括硬件部分安装和驱动程序安装两个部分。硬件部分的安装很简单，用信号线将打印机连接到计算机上，再将打印机连上电源即可。因此，通常所说的打印机安装是指打印机驱动程序的安装。

在未通电的情况下，把打印机的信号线连接到"W"计算机上，保证接口紧密结合，然后开启电源。

其安装步骤如下。

① 选择"开始"→"设置"→"打印机和传真"菜单命令，如图 3-19 所示。

此时打开如图 3-20 所示的"打印机和

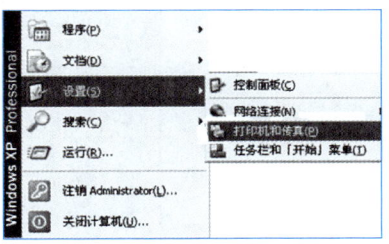

图 3-19　选择菜单命令

传真"窗口。

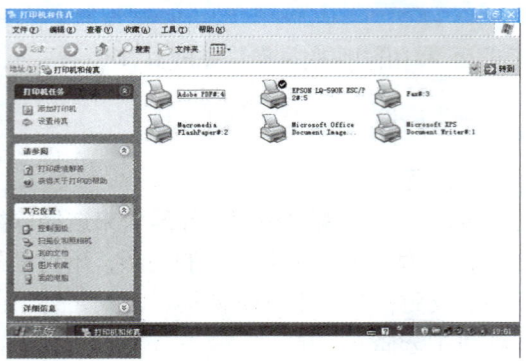

图 3-20 "打印机和传真"窗口

② 双击"添加打印机"图标，启动如图 3-21 所示的添加打印机向导。在添加打印机向导的提示和帮助下，用户便可以正确地安装打印机。启动添加打印机向导后，系统会打开添加打印机向导的"欢迎使用添加打印机向导"界面，提示用户开始安装打印机。

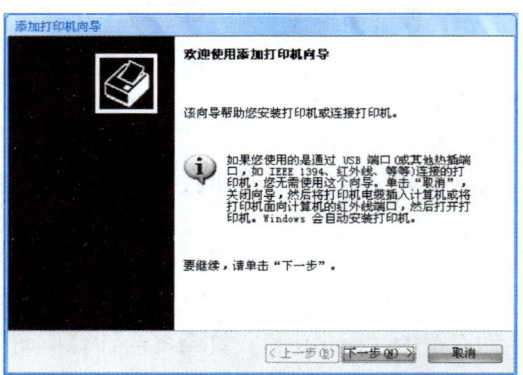

图 3-21 "欢迎使用添加打印机向导"界面

③ 单击"下一步"按钮，打开如图 3-22 所示的"本地或网络打印机"界面，从中选择"连接到此计算机的本地打印机"单选按钮。

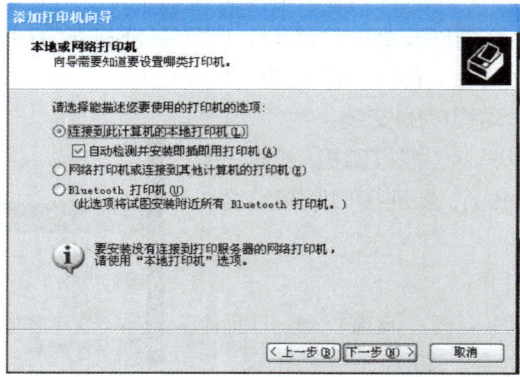

图 3-22 "本地或网络打印机"界面

④ 单击"下一步"按钮，打开如图 3-23 所示的"选择打印机端口"界面。在该界面中选择要添加的打印机所在的端口。如果要使用计算机原有的端口，可以选择"使用以下端口"单选按钮。一般情况下，用户的打印机都安装在计算机的 LTP1 打印机端口上，也有的使用 USB 接口，要根据打印机的实际情况来选择。

⑤ 单击"下一步"按钮，打开如图 3-24 所示的"安装打印机软件"界面，从中选择打印机的生产厂商和型号。

⑥ 单击"下一步"按钮，打开如图 3-25 所示的"命名打印机"界面。在该界面中的"打印机名"文本框中输入打印机的名称。

⑦ 单击"下一步"按钮，打开"打印机共享"界面。在此界面中可设置是否允许其他计算机共享该打印机的选项。这里选择"共享为"单选按钮，并在后面的文本框中打印机的名称为"printer"。

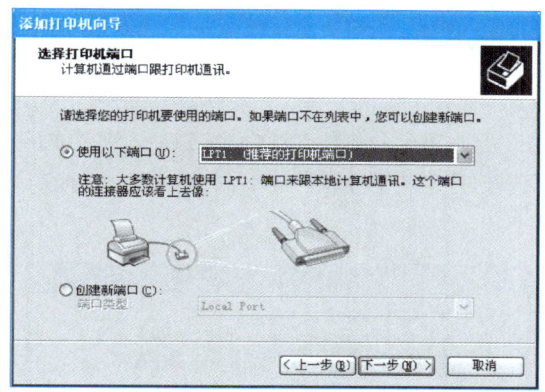

图 3-23 "选择打印机端口"界面

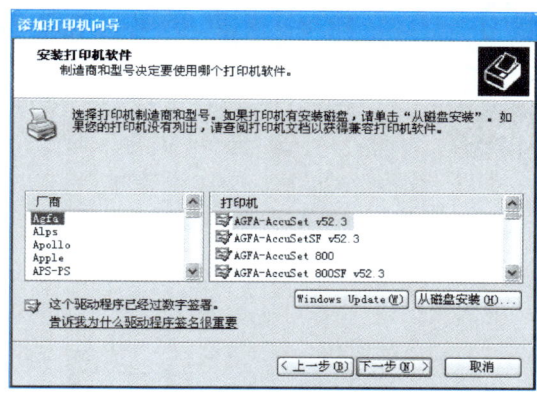

图 3-24 "安装打印机软件"界面

⑧ 单击"下一步"按钮，在弹出的界面中要求用户提供打印机的位置和描述信息，可以在"位置"文本框中输入打印机所在的位置，以便让其他用户查看方便。

⑨ 单击"下一步"按钮，打开如图 3-26 所示的"打印测试页"界面，用户可以选择是否对打印机进行测试，一般会选择"是"单选按钮，以核实打印机是否已经正确安装。如果安装成功，则会成功打印测试页。

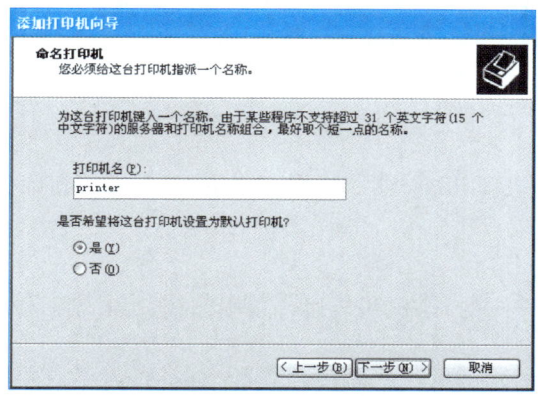

图 3-25 "命名打印机"界面

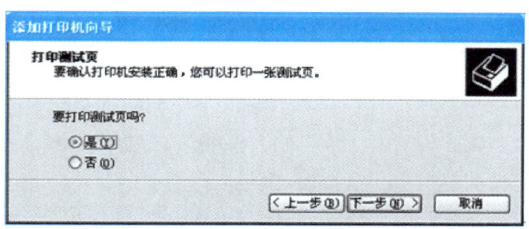

图 3-26 "打印测试页"界面

⑩ 单击"下一步"按钮,打开如图 3-27 所示的"正在完成添加打印机向导"界面,其中显示了前几步设置的所有信息。如果需要修改内容,单击"上一步"按钮就可以到相应的位置修改。

如果确认设置无误,单击"完成"按钮,安装完毕。

步骤 2:设置本地打印机共享。

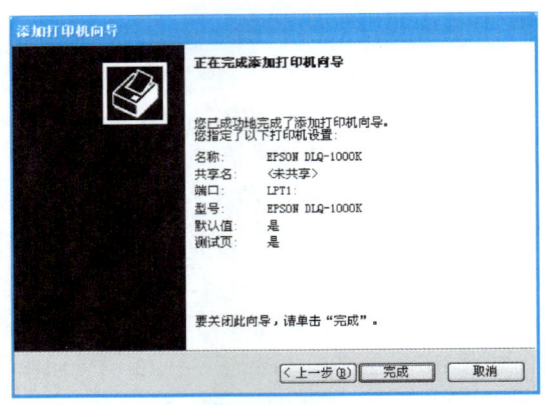

图 3-27 "正在完成添加打印机向导"界面

① 选择"开始"→"设置"→"打印机和传真"菜单命令,在弹出的窗口中选择需要设置的打印机,单击鼠标右键,打开如图 3-28 所示的快捷菜单。

② 选择"共享"命令,打开如图 3-29 所示的"EPSON LQ-580K 属性"对话框,选中"共享这台打印机"单选按钮,在"共享名"文本框中输入"printer",单击"确定"按钮。

设置本地打印机共享

微课
设置本地打印机共享

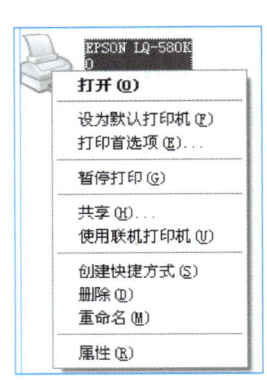

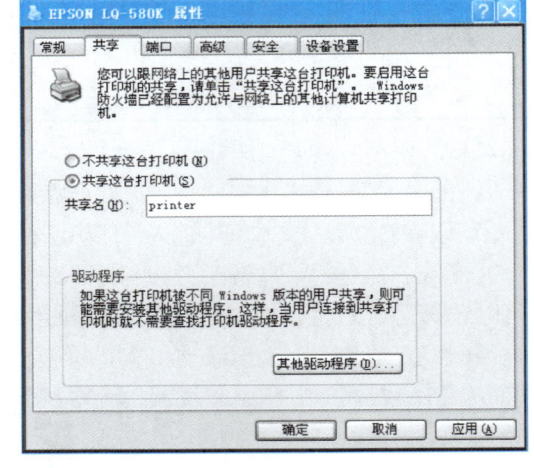

图 3-28 快捷菜单　　　　图 3-29 给共享打印机命名

如果局域网中已经设置了共享打印机,则用户可以利用它进行网络打印,但必须添加网络打印机。

步骤 3:添加网络打印机。

① 选择"开始"→"设置"→"打印机和传真"菜单命令,进入打印机安装向导。

② 单击"下一步"按钮,打开如图 3-30 所示的"本地或网络打印机"界面,选择"网络打印机或连接到其他计算机的打印机"单选按钮即可。

③ 单击"下一步"按钮，打开如图3-31所示的"指定打印机"界面，在"名称"文本框中输入"\\打印机所在的计算机名称\打印机共享名称（wangluo为打印机所在的计算机名称，printer 为打印机共享名称）"。本任务中应输入"\\wangluo\printer"。

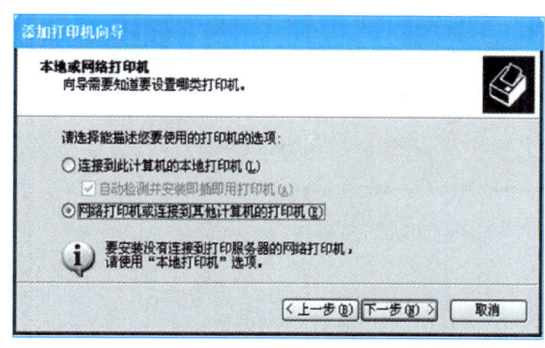
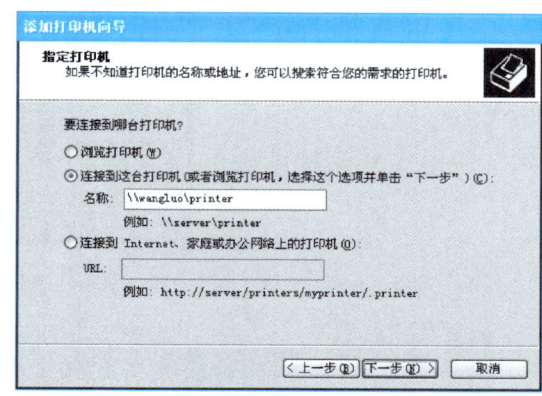

图 3-30　在"本地或网络打印机"界面中选择选项　　　图 3-31　"指定打印机"界面

④ 单击"下一步"按钮，弹出要求用户确认是否将安装的网络打印机设置为默认打印机的对话框。选择"是"单选按钮，单击"下一步"按钮，弹出"正在完成添加打印机向导"界面，单击"完成"按钮，完成网络打印机的安装。

任务 4　组建无线对等网

任务 4-1　选择无线网卡

两位出差在外的公司员工对目前所存在的问题做了仔细分析，可以组建一个与有线对等网相似的无线对等网络来解决现实问题。

构建的无线对等网的拓扑结构如图3-32所示。

图 3-32　无线对等网的拓扑结构

他们首先各自查看了一下自己的笔记本电脑的无线网卡是否安装正常，使用鼠标右键单击"我的电脑"图标，在快捷菜单中选择"设备"命令，打开如

图 3-33 所示的"设备管理器"窗口。在该窗口中可以查看到笔记本电脑的无线网卡安装正常，不需要重新安装。

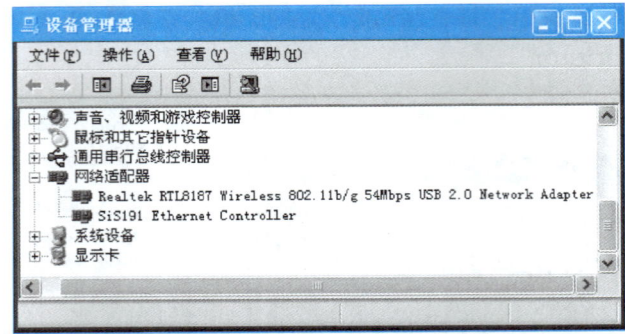

图 3-33 "设备管理器"窗口

任务 4-2　安装无线网卡驱动程序

如果发现网络适配器旁有黄色标记或感叹号，则说明无线网卡有问题，可考虑是否安装了无线网卡的驱动程序。

> 注意：在安装好网卡，打开计算机电源后，下一步就可安装网卡驱动程序。对于大多数通用网卡而言，系统会从 **C:\windows\system32\drivers** 目录中找到相应的网卡驱动程序，然后自动安装。用户可以跳过安装网卡驱动程序这一步。如果系统在 **C:\windows\system32\drivers** 目录下找不到该网卡的驱动程序，系统会提示用户进行网卡驱动程序的安装。

以 Windows XP 操作系统下无线网卡驱动程序的安装为例介绍安装步骤。

步骤 1：无线网卡安装完成后，打开计算机电源，系统会自动发现网卡硬件，并报告"发现新硬件"。

步骤 2：系统会自动进入如图 3-34 所示的找到新的硬件向导的"欢迎使用找到新硬件向导"界面，选择"从列表或指定位置安装（高级）"单选按钮。

步骤 3：单击"下一步"按钮，打开如图 3-35 所示的"请选择您的搜索和

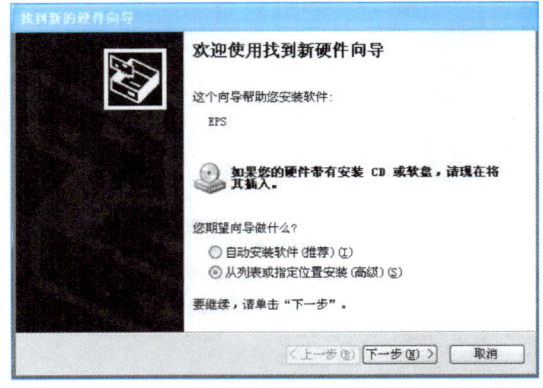

图 3-34 "欢迎使用找到新硬件向导"界面

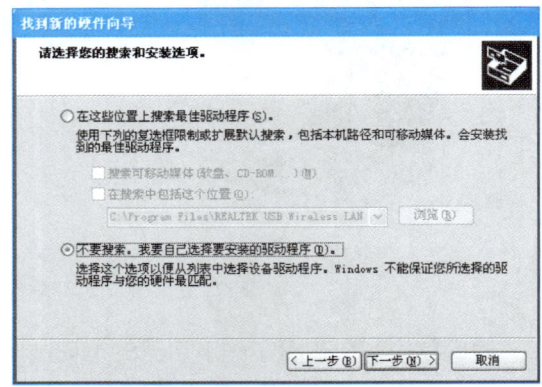

图 3-35 "请选择您的搜索和安装选项"界面

安装选项"界面,单击"浏览"按钮,进入"浏览文件夹"对话框,在"浏览文件夹"对话框中,选择包含有网卡驱动程序的目录,然后单击"确定"按钮。

> 注意:在购买网卡时,一般都有一块装有网卡驱动程序的软盘或光盘。在安装网卡驱动程序时,需要将该盘插入相应的磁盘驱动器(软盘或光驱)。在浏览文件夹时,选中该驱动器,系统会在指定的驱动器中查找网卡驱动程序。
>
> 网卡驱动程序也可以从网站上下载,如可在网卡生产厂家的网站或其他提供网卡驱动程序的网站下载,如 www.xircom.com 和 www.mydrivers.com 等。

步骤 4:系统开始安装网卡驱动程序,进入"向导正在安装软件,请稍候"界面,当驱动程序安装完成后,打开"完成找到新硬件向导"界面,单击"完成"按钮,则完成了驱动程序的安装。

步骤 5:检测无线网卡是否安装成功。选择"我的电脑"→"属性"→"硬件"→"设备管理器"选项,如果在如图 3-33 所示的网络适配器旁边没有红色或黄色标记则说明已经成功安装。

任务 4-3 配置无线网络属性

步骤 1:首先配置一台笔记本电脑,选择"网络连接"→"无线网络连接"选项,单击鼠标右键,在快捷菜单中选择"属性"命令,打开"无线网络连接 属性"对话框,选择"Internet 协议(TCP/IP)"选项,单击"属性"按钮,打开"Internet 协议(TCP/IP)属性"对话框,设置 IP 地址为 192.168.0.8,将子网掩码设置为 255.255.255.0,其他无须填写。

步骤 2:选择如图 3-36 所示的"无线网络连接 属性"对话框中的"无线网络配置"选项卡。

选择"用 Windows 配置我的无线网络设置"复选框,单击下方的"高级"按钮,打开如图 3-37 所示的"高级"对话框,在"要访问的网络"选项组中选中"仅计算机到计算机(特定)"单选按钮。

无线网络属性配置

微课
无线网络属性配置

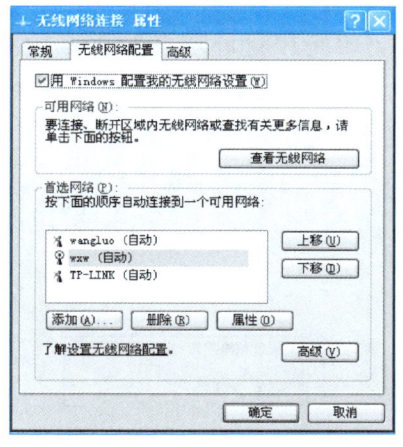

图 3-36 "无线网络配置"选项卡

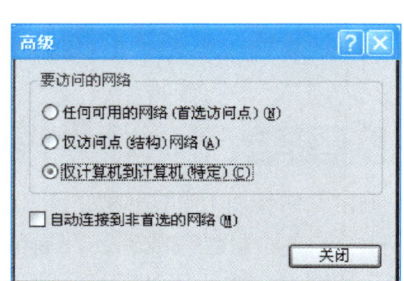

图 3-37 "高级"对话框

步骤 3:返回"无线网络连接 属性"对话框,在"无线网络配置"选项卡中单击"添加"按钮,打开如图 3-38 所示的"无线网络属性"对话框,在"关联"选项卡的"网络名(SSID)"文本框内输入 SSID 值,"网络身份验证"选择"开放式","数据加密"选择"WEP",接着取消选择"自动为我提供此密钥"复选框,在"网络密钥"文本框中输入需设置的网络密钥,选择"这是一个计算机到计算机的(临时)网络,未使用无线访问点"复选框,单击"确定"按钮退出即可。

> 注意:一定要取消选择"自动为我提供此密钥"复选框,否则就无法输入网络密钥,接着在"网络密钥"文本框中输入密钥,最后单击"确定"按钮。

步骤 4:找到本机与 Internet 连接的网络连接,打开如图 3-39 所示的"无线网络连接 属性"对话框的"高级"选项卡,从中选择"允许其他网络用户通过此计算机的 Internet 连接来连接"复选框。

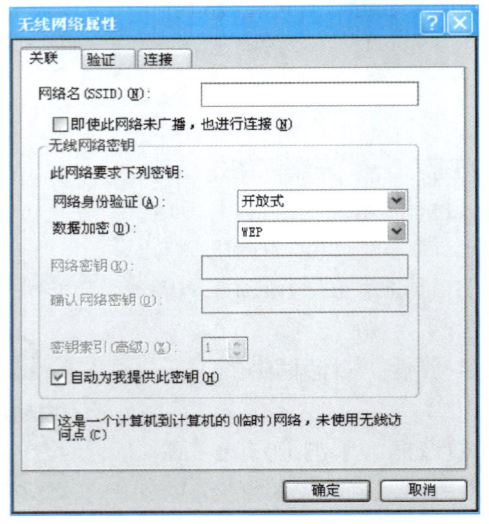

图 3-38 "无线网络属性"对话框的"关联"选项卡

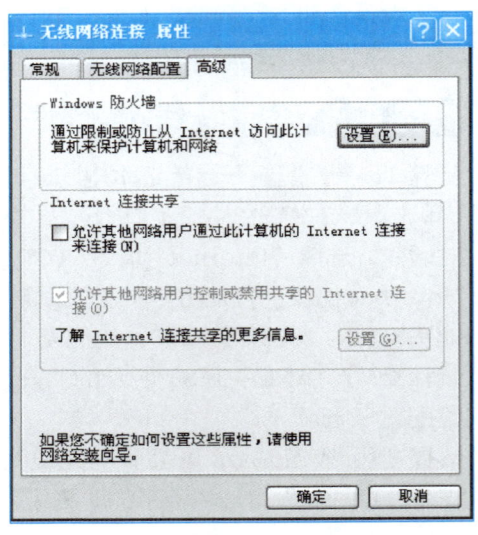

图 3-39 "高级"选项卡

步骤 5:配置另一台笔记本电脑。首先设置其 IP 地址为 192.168.0.18(需与上面配置的 IP 地址处于同一网段),设置子网掩码为 255.255.255.0、默认网关为 192.168.0.8,其余步骤设置与上面的相同。

> 注意:两台计算机通过无线方式进行通信,设置时要注意,虽然是对等网络,但是还是要选一台计算机为主。另外,两台计算机的 IP 地址设置需要在同一个网段,**SSID**、速率、信道必须相同。

任务 4-4 测试对等网连接

测试对等网连接的步骤如下。

① 安装与配置完成后,在桌面右下角显示如图 3-40 所示的图标,说明无线对等网络组建成功。

图 3-40 无线网络连接成功标识

② 在一台笔记本电脑上测试另一台笔记本电脑，完成连通性测试。

 **实施评价**

对等网（Peer to Peer，P2P）是由很少的几台计算机组成的一个工作组，适用于家庭、校园和小型办公室，连接容易，投资少。

本项目的主要训练目标是让学习者了解对等网的作用和功能，并能够成功组建和应用对等网络。

任务实施情况小结如表 3-8 所示。

表 3-8　任务实施情况小结

序号	知识	技能	重要程度	自我评价	老师评价
1	● TCP/IP 协议 ● 共享文件所需的网络服务 ● IP 地址	○ 熟练查看计算机协议和地址配置情况 ○ 正确配置 IP 地址 ○ 准确判断网络适配器是否正确安装 ○ 准确判断共享所需的服务是否安装	★★★		
2	● 连接线缆 ● 串口、并口 ● 连通性 ● Guest 账户 ● ping 命令 ● 本地打印与网络打印	○ 根据实际操作环境选择合适的线缆，连接两台以上计算机 ○ 熟练使用 ping 命令测试网络通断情况，并正确处理 ○ 正确设置网络并完成文件夹和打印机共享	★★★ ★★		
3	● 无线网络 ● 无线网络与有线网络的区别 ● 无线传输介质 ● 无线网卡	○ 熟练区分无线网卡的类型，快速选择合适的无线网卡 ○ 熟悉无线网络与有线网络的区别，能正确表述	★★ ★★		

任务实施过程中已经解决的问题及其解决方法与过程	
问题描述	解决方法与过程
1.	
2.	
任务实施过程中未解决的主要问题	

 **任务拓展**

拓展任务　在台式机上安装无线网卡

1. 任务拓展卡

任务拓展卡如表 3-9 所示。

表 3-9　任务拓展卡

任务编号	003-5	任务名称	在台式机上安装无线网卡	计划工时	45 min

任 务 描 述

小英家有一台台式机和一台笔记本电脑，使用时经常需要交换某些数据，在房间内到处拉网线既不方便又不美观，而且不一定有那么长的网线，因此使用的空间受到了很大限制。如果不需要网线，则可以避免这种尴尬。小英想到了使用无线网络，笔记本自带了无线网卡，只需要购买一块无线网卡就行，投资不会很大，于是购买了一块 TL-WN250+ 型适用于台式机的无线网卡，与笔记本电脑间采用无线通信，小英该怎样来给台式机安装无线网卡呢？

任 务 分 析

小英购买了 TL-WN250+ 型的无线网卡，需要安装在台式机上，这与其他网卡的安装存在区别，具体执行任务如下：

① 安装管理软件
② 安装无线网卡
③ 安装无线网卡驱动程序
④ 配置管理软件

2. 任务拓展完成过程提示

步骤 1：安装管理软件。

① 确认台式机中没有插入无线网卡。

② 启动计算机，将购买网卡时附带的驱动程序光盘放入光驱。

③ 进入光盘文件夹 TL-WN250+2.0\Utility，双击 Setup.exe，进行 TL-WN250+ 的管理软件安装。

④ 单击"下一步"按钮，继续安装。

⑤ 单击"浏览"按钮，在弹出的对话框中选择软件的安装路径，单击"确定"按钮。

⑥ 选择"NO, I Will Restart My Computer Later"选项，单击"Finish"按钮。

⑦ 手动关机。

步骤 2：安装无线网卡。

将 TL-WN250+2.0 插入计算机主板的 PCI 插槽中，并固定好。

步骤 3：安装无线网卡驱动程序（见任务 4-2）。

> 注意：在寻找驱动程序时一定要注意，当前计算机所安装的操作系统，要与当前的操作系统保持一致，即，如果当前为 Windows XP 的操作系统，则安装驱动程序时需要与 Windows XP 对应。

安装成功后，在桌面右下角会出现管理图标，如果图标为绿色，则表示管理软件已经正确安装。

步骤 4：配置管理软件。

双击管理软件图标，打开管理软件配置界面，配置参数如表 3-10 所示。

表 3-10 管理软件配置参数

参 数 名	设 置	说 明
Channel	6	互联的所有无线设备设置应相同
网络模式	Ad-Hoc	有 Ad-Hoc 与 Infrastructure 两种
Preamble	Long Preamble	前同步码
TxRate	11Mbit/s	用于数据发送的速率模式,互联的无线设备设置应相同
SSID		互联的无线设备设置应相同
Mode 4x	ON	
加密方式	WEP 加密	互联的无线设备设置应相同
验证模式	开放式/共享式/Auto	

 **项目总结**

本项目中考核的知识技能如表 3-11 所示。

表 3-11 知识技能考核要点

任 务		考 核 要 点	考 核 目 标	建议考核方式
1	1-1	● 查看计算机的配置情况	○ 通常情况下,计算机需要进行哪些设置	配置结果界面截图
	1-2	● 检查是否安装了网络服务	○ 查看安装了哪些服务,了解服务对应的功能	对已经安装服务的界面截图
2	2-1	● 计算机连接方式的选择 ● 根据实际情况,选择合适的连接方式	○ 熟练完成计算机硬件连接 ○ 根据实际情况选择合适的连接线缆	现场操作与问答
	2-2	● 同一网段的 IP 地址设置 ● 工作组计算机设置	○ 为实现计算机间的通信准备好环境	TCP/IP 配置界面,主机名设置界面
	2-3	● 共享文件夹	○ 实现计算机间的通信	实际操作,能完成计算机间的文件共享
3	3-1	● 共享资料	○ 能否熟练完成资料共享	现场操作速度
	3-2	● 认识网络拓扑结构 ● 连接多台计算机	○ 能正确绘制、识别网络拓扑结构	硬件设备连接情况
	3-3	● 区分网络打印机和本地打印机 ● 共享打印机完成网络打印	○ 实现打印机共享,从而在自己的机器上完成打印	是否能完成打印一个页面
4	4-1	● 认识无线网卡 ● 选择合适的无线网卡	○ 认识与选用无线网卡	选择结果
	4-2	● 选择与安装合适的无线网卡驱动程序	○ 认识到硬件安装完成后需要驱动程序才能正常使用	网卡能否正常使用
	4-3	● 设置网络属性	○ 了解网络连接的参数并能正确设置	查看参数设置项
	4-4	● 测试网络连通性	○ 使用测试命令	查看测试结果

思考与练习

一、选择题

1. 阅读下面的资料,并从提供的答案中找出叙述错误的一项_____。

"蓝牙(Blue Tooth)"的形成背景是这样的:1998年5月,爱立信、诺基亚、东芝、IBM和Intel公司等著名厂商,在联合开展短程无线通信技术的标准化活动时提出了蓝牙技术,其宗旨是提供一种短距离、低成本的无线传输应用技术。这几家厂商还成立了蓝牙特别兴趣组,以使蓝牙技术能成为未来的无线通信标准。芯片霸主Intel公司负责半导体芯体开发,IBM和东芝公司负责笔记本电脑接口规格的开发。

    A. 蓝牙技术可以用于笔记本联网
    B. 蓝牙技术可以用于远距离计算机联网
    C. 蓝牙技术可以用于移动电话与计算机联网
    D. 是一种无线通信标准

2. 下面关于无线局域网(WLAN)主要工作过程的描述中,不正确的是_____。

    A. 扫频就是无线工作站发现可用的无线访问点的过程
    B. 关联过程用于建立无线工作站与访问点之间的映射关系
    C. 当无线工作站从一个服务区移动到另一个服务区时需要重新扫频
    D. 无线工作站在一组 AP 之间移动并保持无缝连接的过程称作漫游

3. 在Windows的DOS窗口中输入命令"ipconfig/?",其作用是_____。

    A. 显示所有网卡的 TCP/IP 配置信息
    B. 显示 ipconfig 相关帮助信息
    C. 更新网卡的 DHCP 配置
    D. 刷新客户端 DNS 缓存的内容

二、思考题

1. 什么样的条件下适合组建对等网?
2. 在文件夹共享的过程中要注意什么问题?
3. 怎样加强共享文件夹的安全性?

三、操作题

小明家有两台已经安装好Windows 2000操作系统的计算机,他想实现两台计算机的资源共享。要将两台计算机组成对等网络,他购买了两块网卡、一条五类双绞线及两个水晶头。接下来小明应该怎样做?请按照顺序写出主要的步骤。

第2篇 进阶篇

在基础篇中，介绍了单台计算机连接 Internet、连接多台计算机、组建对等网络等基本技能，并介绍了组建网络的基本知识。从本项目开始，重点介绍组建简单网络的技能，如组建家庭网络、组建办公网络、组建实训室网络，网络中的计算机由几台增加到十几台甚至几十台，规模逐渐增大，应用功能逐渐增多。

进阶篇的主要任务及在本书组织中的位置如下图所示。

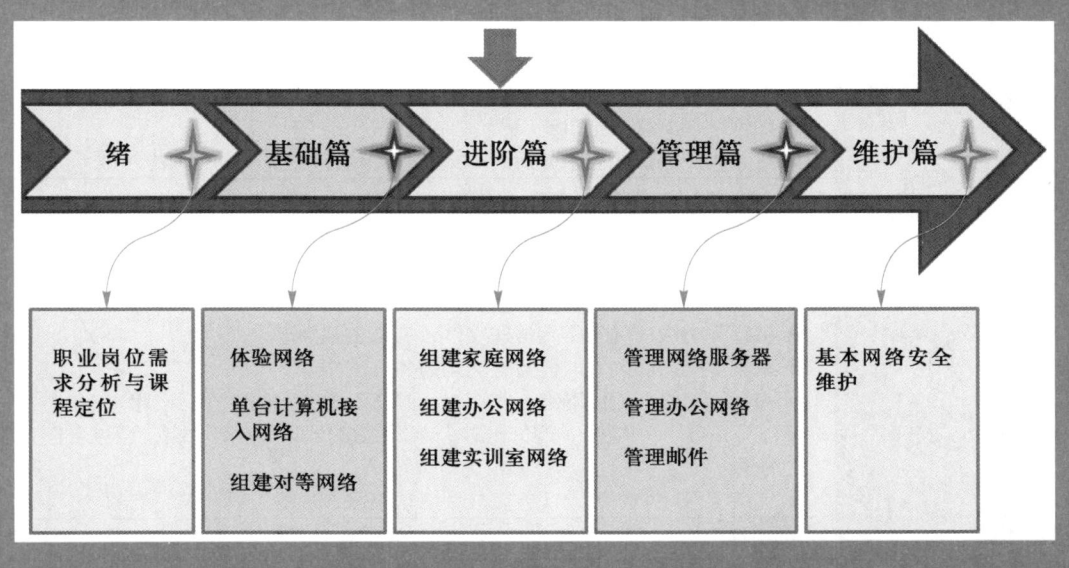

项目 4　组建家庭网络

随着计算机技术、网络技术的不断发展，计算机硬件设备的价格不断下降，拥有两台或两台以上计算机的家庭越来越多。如果不组建网络，相互之间进行信息交换需要借助 U 盘或其他移动介质，不但不方便，同时也不安全。另外，家庭计算机在性能上可能存在很大差别。因此，如何合理利用资源是家庭中比较凸显的问题，如多台计算机使用一个账号上网，多台计算机共享一台打印机，如何更方便地进行文件传输和休闲娱乐，如何有效利用旧计算机等。

解决这些问题的最好方法就是将这些独立的计算机和硬件设备连接起来，组成一个小型家庭局域网，以减少硬件设备等固定资产的投入，同时提高网络利用率。

 教学导航

知识目标	● 了解家庭局域网的特点、Internet 连接共享（ICS）的含义 ● 了解需求分析、用户调查报告的书写格式 ● 知道共享文件夹的权限种类和各自的作用 ● 知道网络连通性的测试方法
技能目标	● 学会设计网络结构，学会使用 Visio 等软件绘制拓扑结构图 ● 熟悉 Windows XP 环境下的文件夹共享设置 ● 熟练掌握网络安全机制设置 ● 学会用户调查和需求分析的方法，并能制订详细的实施方案
教学方法	项目教学法、分组教学法、理论实践一体化、实物教学法
考核成绩 A 等标准	● 正确判定计算机当前的配置情况和网络服务安装情况，完成需求分析 ● 熟练使用网线及通过串口直连的方式连接计算机 ● 正确连接打印机和设置打印机共享 ● 各项目组成员间能相互传送文件，实现资源共享 ● 在规定的时间内完成任务，达到任务书的要求 ● 将有线网络与无线网络正常连接，并实现无线网络的安全设置 ● 工作时不大声喧哗，遵守纪律，与同组成员间的协作愉快，通过合作完成整个工作任务 ● 保持工作环境清洁，任务完成后自动整理、归还工具，关闭电源
评价方式	小组评价
操作流程	任务分析→查看、配置计算机硬件→配置计算机软件→连接网络硬件→配置网络→测试网络
准备工作	● 每 2~3 个学生为一组，并选择一人为组长 ● 给每个组准备 2~3 台没有任何配置但硬件设备齐全的计算机，让学生将这些计算机组成一个简单网络 ● ADSL 电信接口、调制解调器、直通电缆、交叉电缆、2~3 块网卡、打印机一台
课时建议	6 课时（含课堂任务拓展）

项目描述

小李家中原有一台旧的计算机,后又购买了一台新的台式机和一台笔记本电脑。平常都是小李的妈妈使用原有的旧计算机,但该计算机的磁盘空间不大,较大的文件如电影等都存放不下,需要放到新的台式机上。另外,为了节省家庭开支,小李希望共享一个账号,让 3 台计算机都能上网,而不是每台计算机用一个账号。还有,小李的父亲偶尔也会在家里办公,一些资料在处理后希望能立即打印出来,小李的学习资料和练习有时也需要打印,小李希望全家使用一台打印机。现在需要使用最节省的方式组成一个家庭网络,实现小李家的这些需求。

项目分解

任务 1 的任务卡如表 4-1 所示。

表 4-1 任务 1 任务卡

任务编号	004-1	任务名称	组建家庭网络需求分析与结构设计	计划工时/min	45
工作情境描述					
小李家有 3 台计算机,将这 3 台计算机组建成一个网络,实现同一个账号上网、同一台打印机打印,以节省家庭开支。另外,可以直接在自己的家庭网络上进行游戏对战,以满足家庭娱乐的需要。为了不影响家庭布局美观,走线应尽量少、规整					
操作任务描述					
组建网络,首先应进行组建需求分析,设计合理的网络结构。然后还要充分考虑实际情况,不破坏或者尽量少破坏现有的家庭环境 ① 对用户家庭网络的情况进行详细了解,完成调查分析 ② 分析局域网组建需求,撰写需求分析报告 ③ 设计网络结构,设计网络拓扑结构					
操作任务分析					
通过对项目进行具体分析,了解了实际情况,具体操作任务如下。 ① 用户调查分析:可以通过面对面沟通或者电话拜访等方式详细了解网络情况,并做好记录,形成详细的调查分析报告 ② 撰写需求分析报告:在调查分析的基础上获取网络组建所需的技术信息,形成需求分析报告,再次与用户沟通确认 ③ 网络结构设计:按照用户需求,设计出网络结构,向用户详细阐述设计思想和设计目的,以征得用户同意,在必要的情况下要进行修改。					

任务 2 的任务卡如表 4-2 所示。

表 4-2 任务 2 的任务卡

任务编号	004-2	任务名称	连接和配置家庭网络	计划工时/min	90
工作情境描述					
完成用户需求调查和结构设计后,按照拓扑结构图和家庭实际情况连接家庭网络。首先是物理连接,通过传输介质将所有需要的设备连接起来,但这些设备还不能直接工作,不能实现信息共享和网络成员间的相互访问,需要对设备和网络进行配置					

续表

操作任务描述
IP 地址、打印及文件共享可参照基础篇的任务完成，这里需要完成的配置任务如下： ① 小李妈妈的文件一般在新台式机上保存，由于经常需要访问，因此需要进行共享设置 ② 为了避免文件泄露，小李妈妈会经常查看共享文件的访问情况，判断是否有他人访问了自己的文件 ③ 要让小李妈妈学会如何共享自己的文件
操作任务分析
通过对项目进行具体分析，了解了目前的情况，首先应当完成需求分析，设计出网络结构。 ① 设置文件夹共享：把所有要用的文件都放置在同一个文件夹下，设置共享名为 soft ② 管理共享文件夹：查看共享文件的会话和使用情况，需要的时候断掉某些会话 ③ 访问共享文件夹：在什么地方输入什么命令，以使用共享文件

任务 3 的任务卡如表 4-3 所示。

表 4-3　任务 3 的任务卡

任务编号	004-3	任务名称	设置 Internet 共享	计划工时/min	45
工作情境描述					
小李家的 3 台计算机组建成了一个网络，实现了同一个账号上网，节省了家庭开支。目前，小李家是通过电信的 ADSL 宽带上网，而且每个房间都布放了网线					
操作任务描述					
Internet 共享后能使家庭成员通过同一个账号上网，这就需要购买设备，将所有的计算机都连接起来。 ① 从技术、价格、性能、家庭现有状况等方面综合分析，选择合适的设备来连接所有计算机 ② 充分认识什么是 Internet 连接共享 ③ 通过设置实现并测试 Internet 共享					
操作任务分析					
实施任务前要从思想上高度认识，明确要做什么、怎么做、做成什么样，然后再开始实施。 ① 只有弄清楚什么是 Internet 连接共享，才能够知道要做成什么样 ② 配置 Internet 连接共享					

知识准备

【知识 1】 SOHO 网络

SOHO（Small Office and Home Office）网络是将家庭中的多台计算机（2～10 台）连接起来组成的小型局域网。

文件系统格式转换
PPT

【知识 2】 文件系统格式转换

计算机中的文件和文件夹的安全非常重要，否则会造成信息泄露或篡改等问题。因此，一般会在安全设置比较完善的 NTFS 文件系统下共享。当某个分区不是 NTFS 格式时，一般先将其转换为 NTFS 格式。该操作的命令格式及说明如图 4-1 所示。

在 CONVERT volume/FS: NTFS 中，CONVERT 是转换命令，volume 为指定的驱动器名。

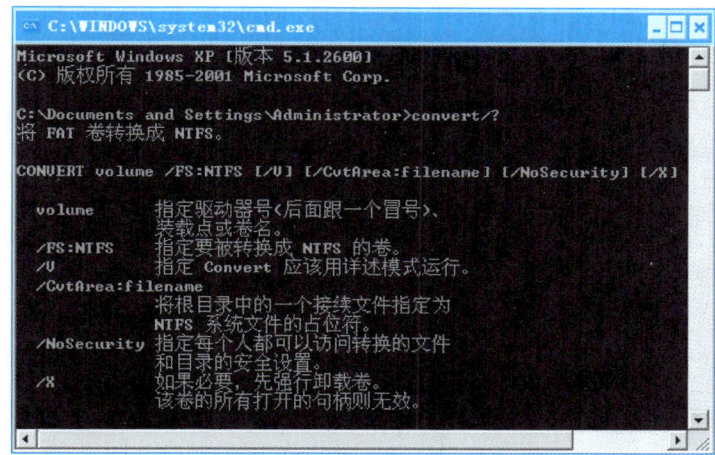

图 4-1　CONVERT 命令使用帮助图

任务实施

任务实施流程如表 4-4 所示。

表 4-4　任务实施流程

工具与材料准备		
工具/材料名称 （型号与规格）/条件	数量与单位	说　　明
网线	两根	连接网络设备
无线网卡	1 个	与笔记本电脑配套
网卡驱动程序	1 个/组	与网卡匹配
螺丝刀（十字+一字）	各 1 把/人	拧紧或拧松螺钉
打印机	1 台/组	共享打印机
计算机	每组台式机两台，笔记本电脑一台	便于分组与任务实施
宽带连接口	1 个/组	ADSL 接入到家庭的墙壁上
参考资料或资讯准备		
① 调查分析报告样本 ② 需求分析报告样本 ③ 无线路由器说明书 ④ 通畅的网络，方便学习者查询资料 ⑤ 材料和工具清单（空表）		

续表

实 施 流 程
① 教师完成相应说明与引导，准备好完成本次任务所需要的工具、材料和环境，然后布置任务
② 学习者根据布置的任务内容，阅读【知识准备】中的知识介绍，如果不够，则可通过网络查找资料以学习相关知识
③ 学习者规划需完成的任务（需求分析与结构设计—连接与配置网络—设置 Internet 连接共享），做好分工，明确小组长和每个成员的任务
④ 填写材料和工具清单，到教师或负责人处领取，准备好工具与材料
⑤ 根据【任务实施】的先后顺序与步骤完成具体的安装或配置任务，在完成每个小任务后测试任务完成的情况，保证 100% 完成任务
⑥ 待所有任务完成后，测试任务是否成功，上交分析报告、测试结果图等
⑦ 归还工具和材料，清理工作台，将所有设备恢复原位

任务 1　组建家庭网络需求分析与结构设计

任务 1-1　用户调查分析

用户调查是需求分析的重要环节，可以直接与用户进行面对面的调查，也可以通过电话或其他方式进行调查。调查完成后填写如表 4-5 所示的用户调查表。

表 4-5　用户调查表

调查内容	调查选项	
填写说明：在符合项后画√		
家庭住址		
家庭所在小区的网络覆盖情况	是（　　）	光纤网络（　　）
^	^	双绞线网络（　　）
^	否（　　）	说明具体情况
家庭中有几台计算机（填写数字）	共（　　）台，其中笔记本电脑（　　）台，台式机（　　）台	
已经选择或准备选择的网络运营商	中国电信（　　）；中国移动（　　）；中国铁通（　　）；其他（　　）
说明：如为其他，请写明具体的运营商 ||
目前已有连接设备	无线路由器（　　）；交换机（　　）；普通路由器（　　）；没有（　　）；其他（　　）
说明：如为其他，请写明具体的设备名称及型号 ||
连接设备的品牌	思科（　　）；TP-LINK（　　）；D-LINK（　　）；中兴（　　）；其他（　　）
说明：如为其他，请写明具体的设备品牌 ||
网络安全要求	上网安全（　　）；信息安全（　　）	
应用要求	共享访问 Internet（　　）；共享打印机（　　）；文件共享（　　）；IPTV 电视（　　）	

续表

调查内容	调查选项
是否同意以上内容	情况属实（　　　） 说明：调查人和被调查人签名确认

任务 1-2　需求分析

组建家庭网络，首先要对家庭网络的需求进行详细分析。根据项目描述情况来看，该网络的具体需求如下。

1. 功能需求

① 多名家庭成员可以在同一时间使用同一账号访问因特网。

② 能够连接打印机等其他计算机外围设备，充分利用有限的硬件和软件资源，有利于信息共享和重要信息的备份。

③ 家庭成员共同娱乐，有利于融洽家庭关系。

2. 网络接入需求

要共享上网，首先需要接入 Internet。家庭网络要与小区的网络连接起来，小区的网络是通过电信运营商的 ADSL 宽带接入的。

3. 设备需求

家庭中有 3 台计算机，有笔记本电脑和台式机两种类型，如果使用网卡连接的方式，则不容易扩展。而且，在连接时，其中一台计算机需要安装两块网卡，增加了额外投资。因此，为了节省费用，选择一个具有 4 个 LAN 口的无线路由器。这种路由器有 4 个 LAN 口，除了目前的两台台式机连接外，还能够连接两台，便于扩展。同时，无线网络一方面方便了笔记本电脑的移动，另一方面避免了由于布线而影响美观及施工的麻烦，可以满足用户近阶段网络升级和扩展的需求。

针对家庭的上述需求情况，可以将两台台式计算机连接起来，笔记本电脑通过无线路由器的无线功能连接，组成一个网络，然后再设置上网，设置打印机共享等。

4. 组网目标的确定

（1）磁盘共享

从较大磁盘空间划出来的那一部分空间，可由管理人员根据另一台计算机用户的需求来设定相应的使用权限，如"读取""写入""读取及运行""修改"等。而另一台计算机的用户就只具有管理人员为其设置的权限，并且该计算机上的信息对另一台计算机的用户而言是不可见的。

有些公共资源，如工具软件、系统文件等，可以存放在共享磁盘中，以方便两台计算机调用，减少了旧计算机空间不足的麻烦。

（2）同一账号上网

每台计算机都用一个账号上网，增加了家庭开支。同一账号上网可以有以下两种方式。

① 一台计算机起主导作用，控制另一台计算机。即当起控制作用的计算机没有工作或者不允许另一台计算机上网的时候，另一台计算机就不能上网。

② 两台计算机之间是相互独立的，不管另一台计算机的工作状态如何，该计算机都能上网。

显然，前一种方式可以应用于孩子还比较小且没有控制力的家庭，而小李都已经是大学生了，因此可以使用第二种方式。

（3）打印机共享

每台计算机单独配置一台打印机，会造成设备的闲置，而且需要双倍的成本，因此可设置打印机共享，只购买一台打印机，其他计算机需要时都能使用，以节省成本。共享打印机的方式主要有以下两种。

① 一台计算机起主导作用，控制另一台计算机。当受控制的计算机需要使用打印机时，起主导作用的计算机必须处于工作状态或者允许另一台计算机使用打印机，否则不能使用。

② 两台计算机处于同等地位，不受任何一台计算机的控制，但需要增加一个打印机共享器。

建议选择第二种方式，以方便家庭成员使用。

任务 1-3 网络结构设计

1. 网络拓扑结构设计

综合需求分析和家庭房屋结构，选择星形拓扑结构，如图 4-2 和图 4-3 所示。拓扑结构图的绘制可参照基础篇项目的拓扑结构图完成。

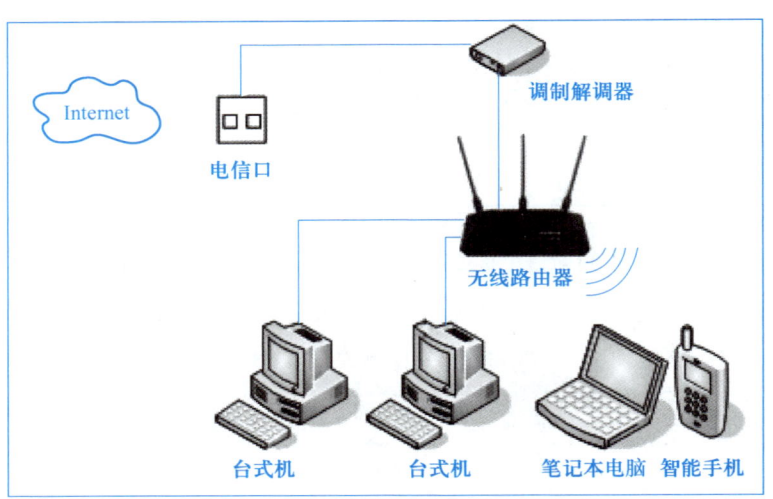

图 4-2 网络拓扑结构 1

项目 4 组建家庭网络 | 99

图 4-3 网络拓扑结构 2

2. 家庭网络布线

家庭网络布线图如图 4-4 所示。

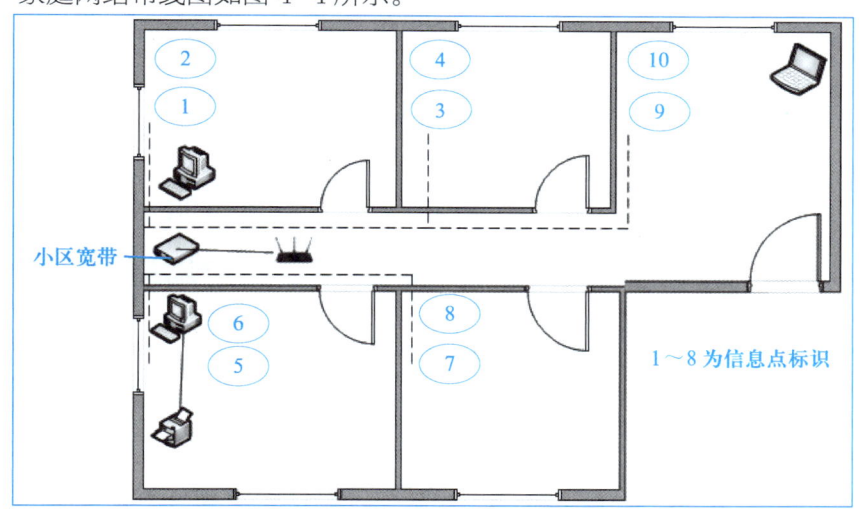

图 4-4 家庭网络布线图

任务 2 连接与配置家庭网络

根据拓扑结构图连接各硬件设备，组成一个简单的家庭网络。打印机的共享设置及无线路由器的初始化设置可参照基础篇，此处不再重复描述。本任务重点介绍 Windows XP 下文件夹的共享设置。

任务 2-1　设置文件夹共享

如果 Windows XP 系统安装在 NTFS 格式化的磁盘下，则在设置文件夹共享时会出现如图 4-5 所示的"新建文件夹　属性"对话框，选择"共享"选项卡，此时不能设置共享。那是不是在 Windows XP 的 NTFS 格式下不能设置文件夹共享呢？不是，具体步骤如下。

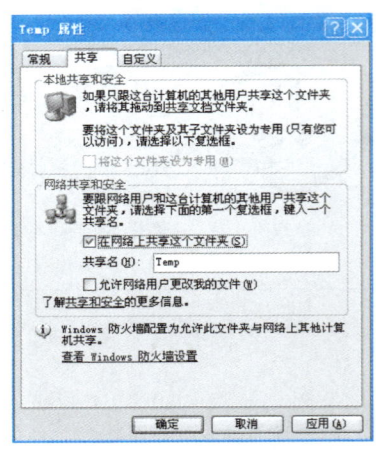

图 4-5　"新建文件夹　属性"对话框的"共享"选项卡

步骤 1：选中"我的电脑"，单击鼠标右键，在快捷菜单中选中"资源管理器"命令，打开资源管理器，选择"工具"→"文件夹选项"菜单命令，如图 4-6 所示。

步骤 2：此时打开如图 4-7 所示的"文件夹选项"对话框。

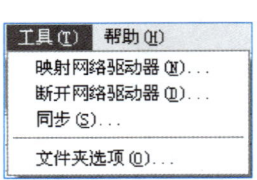

图 4-6　选择菜单命令

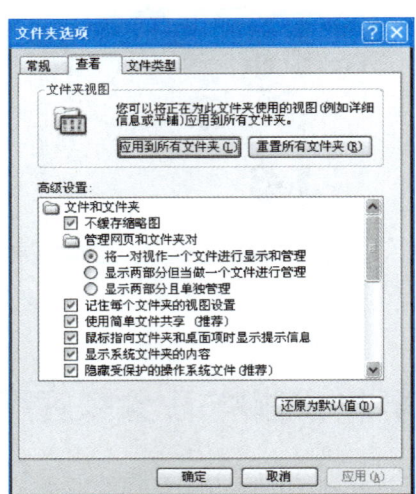

图 4-7　"文件夹选项"对话框

步骤 3：选择"查看"选项卡，在"高级设置"选项组中选中"使用简单文件共享（推荐）"复选框，然后在"文件夹视图"选项组中单击"应用到所有文件夹"按钮，打开如图 4-8 所示的"文件夹视图"对话框，单击"是"按钮。

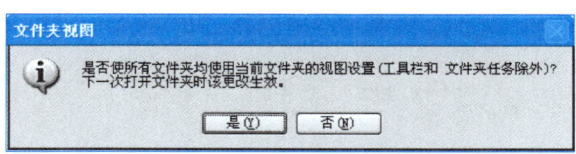

图 4-8 "文件夹视图"对话框

注意：在"文件夹视图"对话框中单击"是"按钮，则系统中所有磁盘分区中的文件都采用当前选用的简单文件共享方式，单击"否"按钮，则只有当前所选文件夹采用简单文件共享方式。

步骤 4：选中需设置共享的文件夹，单击鼠标右键，在快捷菜单中选择"共享与安全"命令，在打开的对话框中选择"共享"选项卡，如图 4-9 所示。

单击"如果您知道在安全方面的风险，但又不想运行向导就共享文件，请单击此处。"链接，打开如图 4-10 所示的"启用文件共享"对话框。该对话框中有两个选项，其中选择"用向导启用文件共享（推荐）"单选按钮，需要使用网络安装向导实现文件共享，速度比较慢，但比较安全。设置完成后单击"确定"按钮。

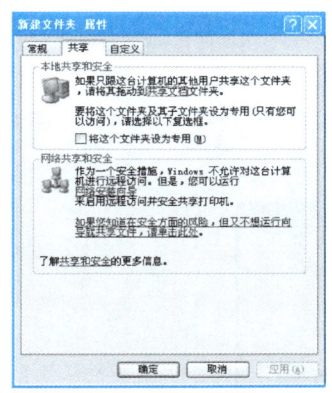
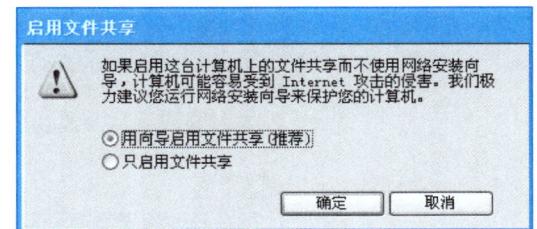

图 4-9 "共享"选项卡　　　　图 4-10 "启用文件共享"对话框

在图 4-5 所示对话框的"网络共享和安全"选项组中选择"在网络上共享这个文件夹"复选框，然后在对应文本框中输入共享的名称。

注意：设置完成后，所有共享用户的共享权限为"只读"，如果需要有修改该文件夹的权限，则需要选择"允许网络用户更改我的文件"复选框。

步骤 5：如果在图 4-7 中没有选择"使用简单文件共享（推荐）"复选框，单击"应用到所有文件夹"按钮，在"文件夹视图"对话框中单击"是"按钮，然后选中需设置共享的文件夹，单击鼠标右键，在快捷菜单中选择"共享与安全"命令，则出现如图 4-11 所示的对话框，选择"共享"选项卡。

在"共享"选项卡中，有个"缓存"按钮，单击该按钮可以实现脱机访问。具体操作如下：单击"缓存"按钮，打开如图 4-12 所示的"缓存设置"对话框。

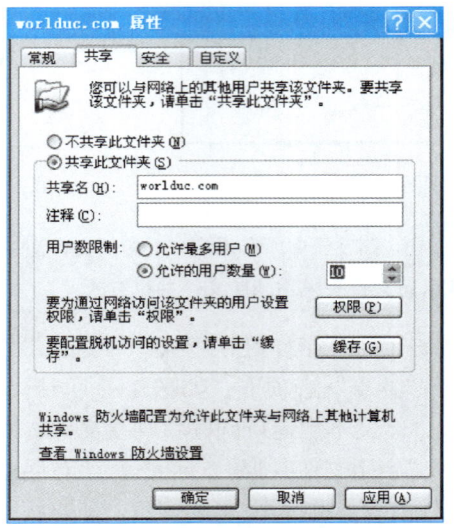

图 4-11 没有选择"使用简单文件共享（推荐）"复选框后的"共享"选项卡

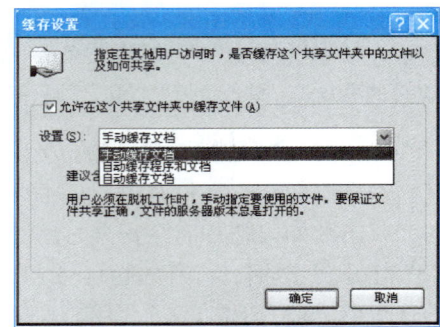

图 4-12 "缓存设置"对话框

注意：文件与打印机共享后，有可能出现仍不能使用的情况，此时需要在 Windows XP 自带的防火墙中设置允许"文件和打印机共享"。具体操作为，选择"控制面板"→"Windows 防火墙"选项，打开如图 4-13 所示的对话框，选择"例外"选项卡，在"程序和服务"列表框中选择"文件和打印机共享"复选框，单击"确定"按钮。

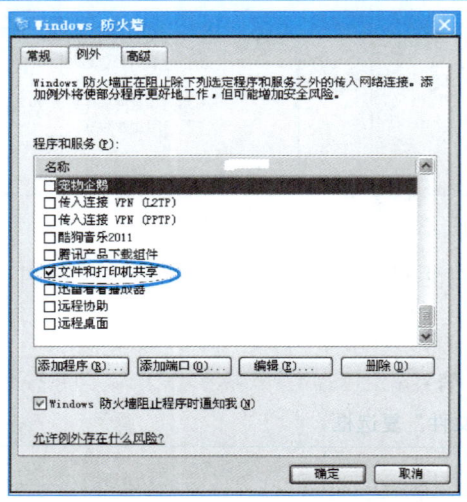

图 4-13 "Windows 防火墙"对话框

任务 2-2　管理共享文件夹

在安装 Windows XP 操作系统的计算机上共享了一个文件后,有时出于某些原因需要知道谁在访问这个文件。另外,有时候在关闭计算机时,系统会提示有多少用户在与共享文件夹连接。那么,怎样才能知道到底是哪些用户呢?

实时查看访问共享文件夹的用户

微课
实时查看访问共享文件夹的用户

1. 实时查看访问共享文件的用户

要查看哪些用户在访问共享文件,可以按如下步骤操作。

步骤 1:选择"控制面板"→"管理工具"→"计算机管理(本地)"选项,打开如图 4-14 所示的"计算机管理"窗口,展开"系统工具"下的"共享文件夹"选项。

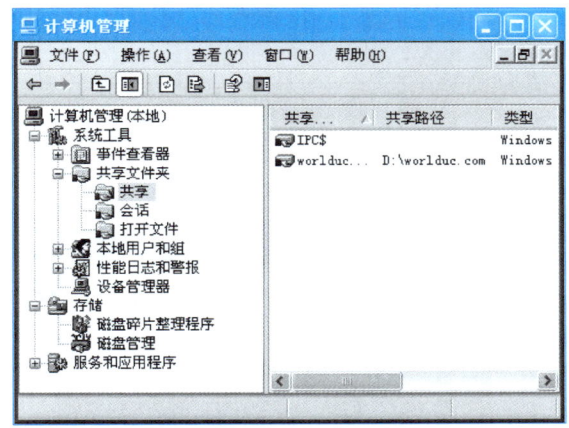

图 4-14　展开"共享文件夹"选项

步骤 2:双击打开左侧窗格中的"会话"选项,在右侧窗格中就会显示出哪些计算机在访问所选定的共享文件夹,如图 4-15 所示。

图 4-15　选择"会话"选项后的界面

> 注意:在此时的界面中,只能够看到连接到共享文件夹的计算机,但不知道这些计算机在访问哪些共享文件夹。

步骤 3:选择"系统工具"→"共享文件夹"→"打开文件"选项,此时,在右侧窗格中会显示本机上的一些共享资源被哪些计算机访问。

同时，在这个窗格中还会显示一些其他信息，如打开了哪一个共享文件、是什么时候开始访问的、闲置了多长时间等，从而进行具体判断，如图 4-16 所示。

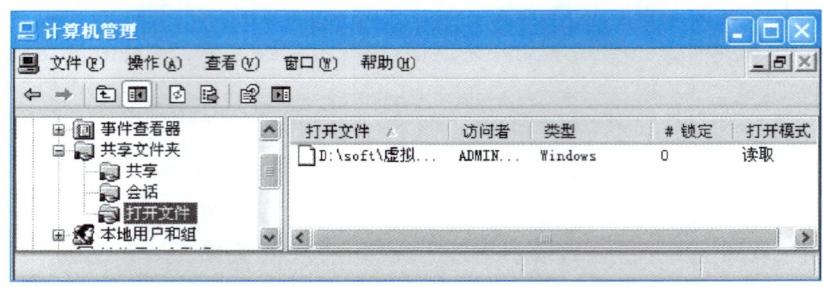

图 4-16 选择"打开文件"选项后的界面

2. 阻止用户访问共享文件

当关闭某个文件夹或文件时会出现如图 4-17 所示的"共享"对话框，说明有用户连接到共享文件夹或文件。如果不希望被访问，可以直接关闭该文件夹或文件，或在"会话"选项中直接关闭会话。

微课
阻止用户访问共享文件夹

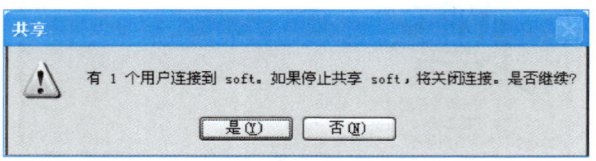

图 4-17 "共享"对话框

如果共享文件夹不能被某些计算机访问，则可以使用鼠标右键单击图 4-18 所示的会话，然后从快捷菜单中选择"关闭会话"命令。

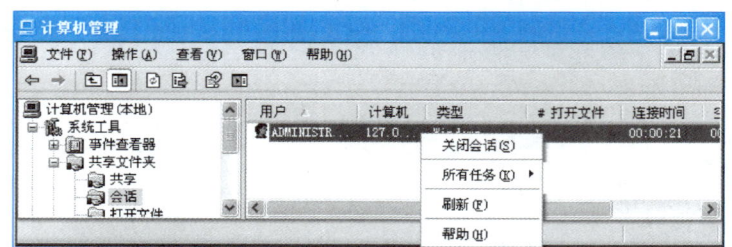

图 4-18 选择"关闭会话"命令

这样可阻止这个用户访问这个共享文件，而不会影响其他用户的正常访问。

> 注意：在 Windows XP 系统中访问连接时，有一个最高数的限制，当连接数达到这个最高数时，其他用户就连接不上了。因此，可以通过这种方式查询有多少用户连接到共享文件夹，从而断开不需要访问的用户，让需要访问的用户连接上去。

3. 给共享文件设置只读权限

> 注意：不能将具有写权限的文件或文件夹直接共享。一方面，避免共享文件或文件夹成为病毒传播的载体，另一方面，防止文件被非法更改，以导致数据不一致，引起不必要的麻烦。

步骤 1：选中"我的电脑"，单击鼠标右键，在快捷菜单中选择"管理"命令，打开如图 4-19 所示的"计算机管理"窗口。

步骤 2：在图 4-19 中，使用鼠标右键单击"共享"选项，在弹出的快捷菜单中选择"新文件共享"选项，如图 4-20 所示。

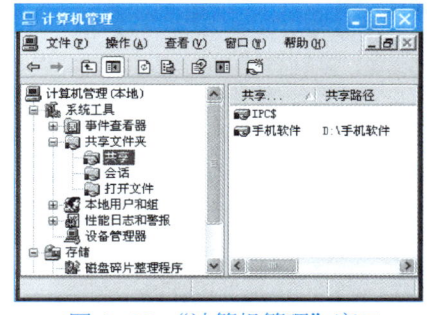
图 4-19 "计算机管理"窗口

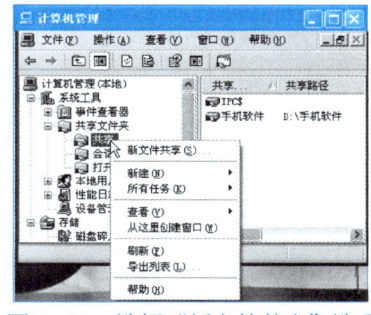
图 4-20 选择"新文件共享"选项

步骤 3：打开如图 4-21 所示的创建共享文件夹向导的"欢迎使用创建共享文件夹向导"界面。

步骤 4：单击"下一步"按钮，打开如图 4-22 所示的"设置共享文件夹"界面。单击"浏览"按钮，打开"浏览文件夹"对话框，选中需要共享的文件夹，单击"确定"按钮，即可将共享的文件夹添加到"要共享的文件夹"文本框中，然后输入"共享名""共享描述"等辅助信息。

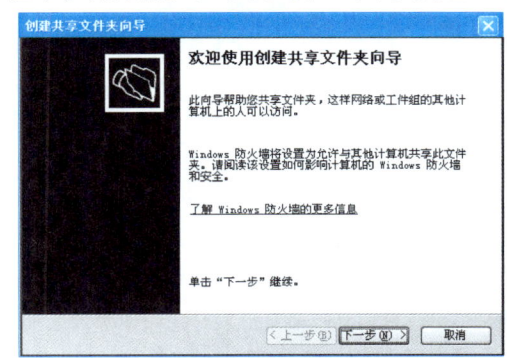
图 4-21 "欢迎使用创建共享文件夹向导"界面

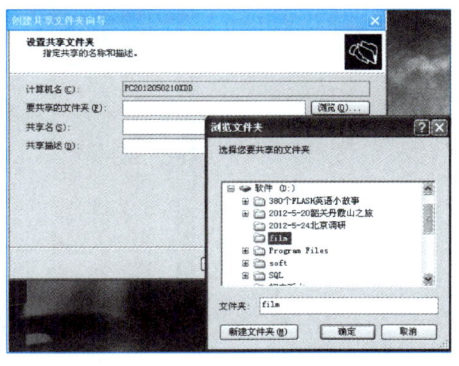
图 4-22 "设置共享文件夹"界面和"浏览文件夹"对话框

步骤 5：单击"下一步"按钮，打开如图 4-23 所示的"共享文件夹的权限"界面，设置查看文件夹人员的访问权限。

步骤 6：单击"下一步"按钮，打开如图 4-24 所示的"正在完成创建共享文件夹向导"界面，单击"完成"按钮，则此文件夹共享完成。此时在 D 盘下显示共享文件夹图标，表明该文件夹是共享文件夹。

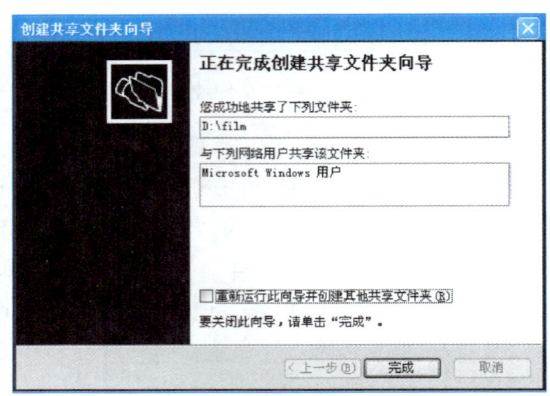

图 4-23 "共享文件夹的权限"界面　　　　图 4-24 "正在完成创建共享文件夹向导"界面

任务 2-3　访问共享文件夹

访问共享文件夹的方法有多种，下面介绍几种常用的方法。

1. 通过"网上邻居"访问共享文件夹

选择"网上邻居"→"整个网络"→"Microsoft Windows Network"选项，在打开的窗口中可以看到网络中所有的工作组，如图 4-25 所示。通过双击打开相应的工作组，找到共享文件夹所在的计算机。双击该计算机，输入正确的用户名和密码，验证通过后就可以访问共享文件夹了。

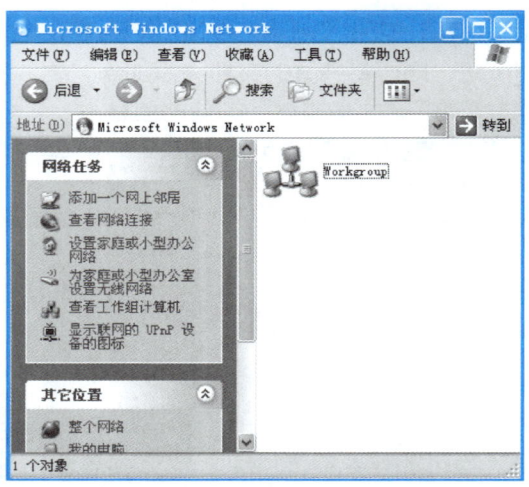

图 4-25 "Microsoft Windows Network"窗口

2. 利用计算机名访问共享文件夹

如果知道共享文件夹所在的计算机的名称，就可以利用计算机名直接访问共享文件夹。在"运行"对话框中（或在"我的电脑"对话框的地址栏中）输入"\\共享文件夹所在的计算机名称"，单击"确定"按钮或按 Enter 键，就可以访问该共享文件夹了。

3. 利用共享名访问共享文件夹

如果知道共享文件夹的共享名，则可以直接在"运行"对话框中（或在"我的电脑"地址栏中）以"\\计算机名\共享名"的方式输入内容，如图 4-26 所示，按 Enter 键或单击"确定"按钮，就能直接访问共享文件夹中的共享文件了。

使用这种方法可以访问隐藏的共享文件夹，只要在共享名后面加上美元符"$"即可。

4. 利用 IP 地址访问共享文件夹

如果不知道共享文件夹所在的计算机名称，但知道其 IP 地址，则可以在"运行"对话框中（或在"我的电脑"地址栏中）以"\\IP 地址\共享名"的方式输入内容，单击"确定"按钮或按 Enter 键，就可以利用 IP 地址直接访问共享文件夹中的文件，如图 4-27 所示。

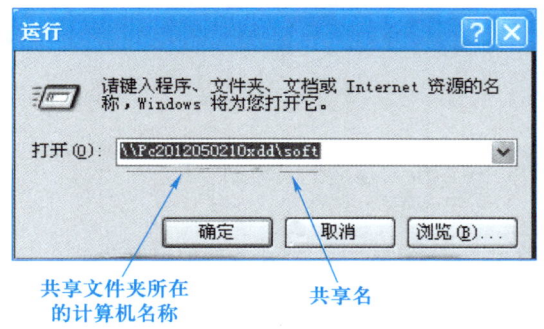

图 4-26　利用共享名访问共享文件夹

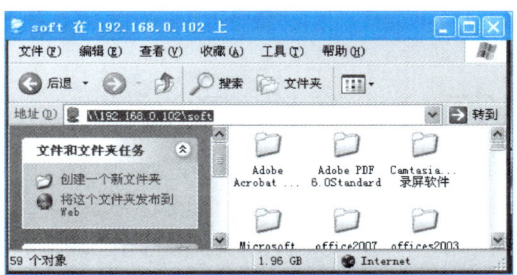

图 4-27　利用 IP 地址访问共享文件夹

任务 3　设置 Internet 共享

任务 3-1　认识 Internet 连接共享

Internet 连接共享（Internet Connection Share，ICS）是 Windows 操作系统内置的一种多机共享接入 Internet 的工具。在计算机（直接连接到 Internet 上的计算机）上设置"允许其他网络用户通过此计算机的 Internet 连接来连接"，然后在客户机上运行 Internet 连接向导，就可启用连接共享。

任务 3-2　配置 Internet 连接共享

1. 准备工作

（1）启用 ICS 的计算机

如果采用 DSL 或 Cable Modem 接入，还需要一块额外的网卡。也就是说，启用 ICS 的计算机需要安装两块网卡：一块用于连接内部网络；另一块用于连接接入设备。如果采用 Modem 或 ISDN 适配器，只需进行正确的安装和设置就可以了。

（2）配置 ICS

要配置 ICS，必须具有 Administrators 组权限。

2. 启动 ICS

如果主机是 Windows XP 操作系统，则用鼠标双击"本地连接"标识，打开如图 4-28 所示的"本地连接 属性"对话框，选择"高级"选项卡，在该选项卡中选中"Internet 连接共享"下的"允许其他网络用户通过此计算机的 Internet 连接来连接"复选框，如果允许其他计算机控制网络，就选中"允许其他网络用户控制或禁用共享的 Internet 连接"复选框。通常情况下，一般不允许其他网络用户控制或禁用共享的 Internet 连接。

> 注意：启用 Internet 连接共享后，在 192.168.0.0 的网络中，系统会自动把 ICS 服务器局域网网卡地址配置成 192.168.0.1。

视频
本地 LAN

3. 客户机设置

这里所提及的客户机是指共享 Internet 连接的其他计算机。

（1）IP 设置

将 IP 设置成与 192.168.0.1 在同一个网段，设置网关为 192.168.0.1、DNS 为 61.187.98.3（与当地 ISP 提供的保持一致）。

（2）IE 设置

选择"工具"→"Internet 选项"菜单命令，打开"Internet 属性"对话框，选择"连接"选项卡，如图 4-29 所示。

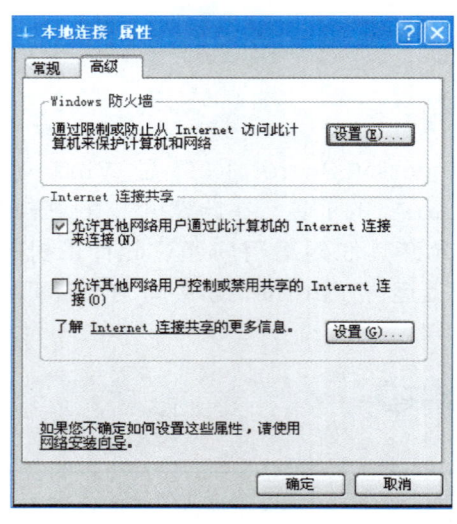

图 4-28 "本地连接 属性"对话框

图 4-29 "连接"选项卡

单击"局域网设置"按钮,打开如图 4-30 所示的"局域网(LAN)设置"对话框,在"自动配置"选项组中,取消选择"自动检测设置"和"使用自动配置脚本"复选框,在"代理服务器"选项组中,取消选择"为 LAN 使用代理服务器(X)(这些设置不会应用于拨号或 VPN 连接)"复选框。

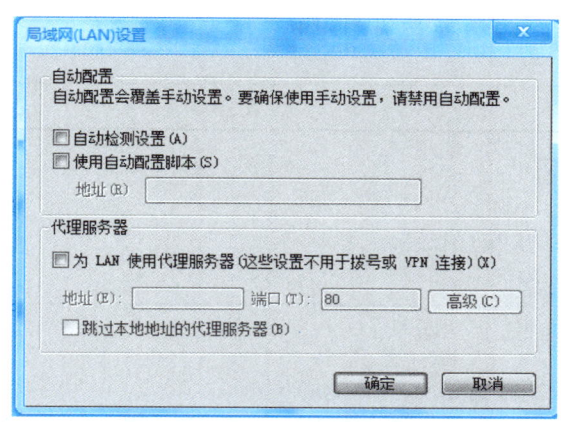

图 4-30 "局域网(LAN)设置"对话框

实施评价

家庭网络能实现家庭内部资源共享,简化数据交换的操作。计算机的更新换代造成家庭中有的计算机配置高,有的配置低,为了节省成本,低配置的计算机还需要充分利用。人们还可通过网络来实现扫描仪、打印机等硬件设施的共享。

任务实施情况小结如表 4-6 所示。

表 4-6 任务实施情况小结

序号	知 识	技 能	重要程度	自我评价	老师评价
1	● 需求分析的内容与目标 ● 拓扑结构 ● SOHO 网络	○ 与用户恰当沟通 ○ 准确完成需求分析 ○ 设计合理的拓扑结构	★★★		
2	● 共享的好处 ● 会话的含义 ● 访问共享文件的方式	○ 根据实际操作环境正确完成共享设置 ○ 熟练管理共享文件,避免非授权用户访问 ○ 成功共享文件	★★★ ★★		
3	● Internet 共享 ● 配置属性	○ 熟练配置 ICS	★★ ★★		

续表

序号	知　　识	技　　能	重要程度	自我评价	老师评价
任务实施过程中已经解决的问题及解决方法与过程					
问题描述		解决方法与过程			
1.					
2.					
任务实施过程中未解决的主要问题					

任务拓展

拓展任务　处理简单故障

1. 任务拓展卡

任务拓展卡如表 4-7 所示。

表 4-7　任务拓展卡

任务编号	003-5	任务名称	处理简单故障	计划工时/min	45
任务描述					
在任务实施过程中，出现了如下现象，试分析其原因和解决办法。 ① 在"网上邻居"或"资源管理器"中只能找到本机的计算机名 ② 在"网上邻居"中可以看到别人的计算机名，但别人却看不到自己的计算机名 ③ 在"网上邻居"中可以看到计算机名，却没有任何内容 ④ 别人在"网上邻居"中看到了自己的共享资源，却不能访问					
任务分析					
网络问题要根据实际情况分析具体的环境，逐项尝试才能排除。 ① 分析是计算机网卡还是交换机的问题 ② 分析网络文件和打印机共享所需要的服务是否安装 ③ 分析共享设置是否存在问题 ④ 分析网络连通状况					

2. 任务拓展完成过程提示

各现象的具体原因和解决办法如表 4-8 所示。

表 4-8　各现象的具体原因和解决办法列表

问题现象	可能原因分析	解决办法
"网上邻居"或"资源管理器"中只能找到本机计算机名	● 这属于网络通信错误。可能是网线断路、网卡接触不良、交换机接口有问题或接触不良	● 网线断路：更换网线或找到断点，并将其修复 ● 网卡接触不良：拔出网卡，擦干净后重新插入 ● 交换机接口有问题或接触不良：拔下网线，换一个接口；如果交换机有问题，则更换交换机

续表

问题现象	可能原因分析	解决办法
"网上邻居"中能看到他人的计算机名，别人却看不到自己的计算机名	● 在网络上共享文件及其他资源信息，就必须安装相应的"服务器服务"，这个服务在"本地连接 属性"对话框中的"此连接使用下列项目"列表框中显示为"Microsoft 网络的文件和打印机共享"和"Microsoft 网络客户端"	● 在"本地连接 属性"对话框中查看"此连接使用下列项目"列表框中是否有"Microsoft 网络的文件和打印机共享""Microsoft 网络客户端"选项，如果没有，则单击下面的"安装"按钮安装这两项
"网上邻居"中可看到计算机名，却没有任何内容	● 能显示计算机名，说明网络连接和基本网络配置正常，问题可能出现在文件共享设置上	● 检查是否安装有"Microsoft 网络的文件和打印机共享"选项 ● 检查共享设置
别人在"网上邻居"中看到了自己的共享资源，却不能访问	● 网络连接是正常的，所看到的是即时网络现状，应从其他方面考虑 ● 实际网络连接不通畅	● 网络连接正常：通常，通过网上邻居访问其他计算机资源是以"Guest"用户访问的，因此查看"Guest"用户前面的小图标，红叉表明被禁用了，单击鼠标右键，通过快捷菜单打开即可 ● 网络连接不正常：看到的共享资源是假象

 项目总结

知识技能考核要点如表 4-9 所示。

表 4-9 知识技能考核要点

任务		考核要点	考核目标	建议考核方式
1	1-1	● 用户调查分析报告	○ 学会设计调查分析内容，撰写调查分析报告	调查分析报告
	1-2	● 需求分析的内容和目标	○ 学会需求分析和撰写需求分析报告	需求分析报告
	1-3	● 网络拓扑结构	○ 选择恰当的拓扑结构类型 ○ 设计正确的拓扑结构	拓扑结构图
2	2-1	● 文件夹共享	○ 根据操作系统环境，熟练完成共享文件夹设置	操作过程截图，文件夹以个人姓名命名
	2-2	● 共享文件夹管理	○ 熟练管理共享文件夹，避免非授权用户访问	实际操作
	2-3	● 共享文件夹访问	○ 根据具体情况，用恰当的方式访问共享文件夹	实际操作，能完成计算机间的文件共享
3	3-1	● 什么是 ICS，起什么作用	○ 知道 ICS 是什么	提问
	3-2	● 设置 ICS	○ 能正确配置，完成 Internet 连接共享	实际操作，实现共享访问网络

思考与练习

一、思考题

什么是本地打印机？什么是网络打印机？本地打印与网络打印的区别是什么？

二、填空与选择题

1. 为了控制网络用户对共享文件夹的访问，应指定不同的_____。

2. 让别人只能够浏览自己的文件，而不能修改文件，一般将包含这些文件的文件夹的共享属性的访问类型设置为_____。

    A. 隐藏　　　　B. 完全　　　　C. 只读　　　　D. 不共享

三、操作题

1. 建立一个共享文件夹"练习"，并将权限设置为"读取"，复制一篇文档，从另一台机器上对该文档进行读取、保存、删除等操作，观察结果。

2. 启动应用程序（如 Word 2000），通过网络打印机打印一篇文档。

3. 添加"HP LaserJet 6L"激光打印机，设置端口为"LPT1:"，不共享，不打印测试页，把打印机界面保存到工作文件夹中，并命名为"Printer.jpg"。

项目 5　组建办公网络

政府、事业单位及公司各部门间进行高效的信息交换、资源共享，节约硬件和软件资源，实现无纸化办公，并为员工提供准确、可靠的信息服务，提高工作效率，降低运作和管理成本，建立节约型机制，这是所追求的管理模式。

一个部门有可能在一间办公室，也可能在多间办公室，每间办公室都可被看做是一个小型局域网。小型办公局域网为基础，从而为大型办公局域网的组建奠定基础。

教学导航

知识目标	● 了解办公局域网的特点和组建原则、设备选购原则 ● 了解办公局域网的基本安全机制 ● 熟悉常用的实时交流软件 ● 熟悉网络测试命令
技能目标	● 能熟练完成办公局域网的基本配置及常见安全措施的设置 ● 熟练掌握实时交流软件的使用，能应用该软件进行沟通交流 ● 能给不同的用户分配合适的服务器空间
态度目标	● 通过资源共享的方式，节省一些相应的硬件设备，如打印机、硬盘等，从而节约成本 ● 认真分析任务目标，有整体规划意识 ● 耐心做事，做好简单的事情 ● 积极思考和分析，冷静处理突发问题
教学方法	项目教学法、分组教学法、案例教学法
考核成绩A等标准	● 正确判断计算机当前的配置情况和网络服务安装情况，正确连接各硬件设备 ● 按要求正确设置网络安全机制 ● 拓扑结构图、用户调查表、用户需求分析合理 ● 工作时不大声喧哗，遵守纪律，与同组成员合作愉快，共同完成了整个工作任务，保持工作环境清洁，任务完成后自动整理、归还工具，关闭电源
评价方式	教师评价+小组评价
操作流程	实践任务分析→用户调查分析→拓扑结构确定，绘制拓扑结构图→选购设备→查看、配置计算机硬件→IP地址规划→配置计算机软件→连接网络硬件→配置网络→测试网络
准备工作	● 分组：每2~3个为学生一组，自主选择一人为组长 ● 每组准备2~3台没有任何配置但硬件设备齐全的计算机 ● 每组配备一台服务器，一台交换机，网线若干，水晶头若干，实时交流软件
课时建议	6课时（含课堂任务拓展）

项目描述

某公司是一家小型信息技术有限责任公司，有员工50余人，办公用计算机 45 台。随着规模的不断扩大,单机资源无法共享,文件传输需要使用 U 盘等工具复制,效率低下。由于工作内容零散、人力资源有限、成本投入等诸多因素影响,公司力求高效、经济适用的办公环境,实现办公自动化,提高办公效率。

根据办公信息化、自动化的需求,为了提高各部门间的办公效率,促进信息交流,适应现代化办公的要求,降低硬件投入成本,需要组建办公局域网。

 **项目分解**

任务 1 的任务卡如表 5-1 所示。

表 5-1　任务 1 任务卡

任务编号	005-1	任务名称	组建办公局域网需求分析与结构设计	计划工时/min	45
工作情境描述					
本项目针对的是一家小型信息技术公司。该公司覆盖两栋建筑物,有 45 台办公用计算机,都能上因特网。公司有多个部门,不同部门之间的访问要有限制。公司有自己的内部网页与外部网站,还有 OA 系统					
操作任务描述					
组建网络前,首先应进行组建需求分析,设计合理的网络结构,然后考虑建筑物结构与办公应用要求。 ① 对办公网络和环境及建筑物情况进行详细了解,完成调查分析 ② 分析局域网组建需求,撰写需求分析报告 ③ 设计网络结构,设计网络拓扑结构					
操作任务分析					
通过对项目进行具体分析,了解目前状况,首先应当完成需求分析,设计出网络结构。 ① 用户调查分析:可以通过面对面的沟通或者电话拜访等方式详细了解网络情况,并做好记载,形成详细的调查分析报告 ② 撰写需求分析报告:在调查分析的基础上,获取网络组建所需的技术信息,形成需求分析报告,再次与用户沟通确认 ③ 网络结构设计:按照用户需求,设计出网络结构,向用户详细阐述设计思想和设计目的,征得用户同意,在有必要的情况下需要进行修改					

任务 2 的任务卡如表 5-2 所示。

表 5-2　任务 2 任务卡

任务编号	005-2	任务名称	连接与配置办公局域网	计划工时/min	135
工作情境描述					
这家信息技术有限公司规模不大,组建内部网络尽可能在达到性能的前提下节约成本,通过 ADSL 宽带接入,要求所有办公用机都能共享上网。文件和数据可在公司内部共享,通过 OA 传送数据。为了方便交流等,需要实时通信					
操作任务描述					
就公司实际情况来看,既要完成内部通信,又要能与因特网连接,还要能共享资源,满足自动化办公需求,保证公司正常运转。每个个人空间为 10 GB,公共空间为 500 GB。					

续表

操作任务分析
从描述信息可发现，所要构建的局域网通过 ADSL 宽带共享上网，而且公司内部需要实现高效办公自动化。任务分解如下： ① 规划 IP 地址 ② 选购网络设备 ③ 组建与配置网络 ④ 安装与配置实时交流软件 ⑤ 给每个用户分配 10 GB 个人专用空间，给所有用户分配 500 GB 公共空间 ⑥ 网络测试

 知识准备

【知识】 结构化布线

结构化布线系统（Premises Distribution System，PDS）是指按标准、统一和简单的结构化方式编制和布置各种建筑物（或建筑群）内各种系统的通信线路，包括网络系统、电话系统、监控系统、电源系统、照明系统等。因此，综合布线系统是一种标准通用的信息传输系统。

结构化布线的各子系统如图 5-1 所示。

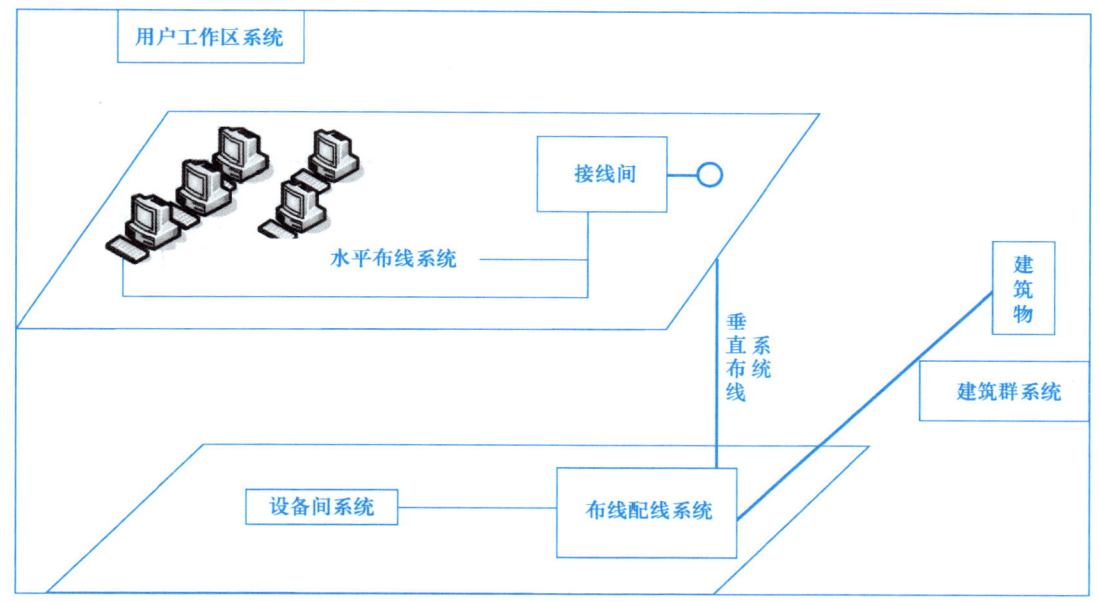

图 5-1　结构化布线的各子系统

 **任务实施**

任务实施流程如表 5-3 所示。

表 5-3　任务实施流程

工 具 准 备		
工具/材料/设备名称	数量与单位	说　　明
独立或集成网卡	1 个/台计算机	网卡接口与计算机插槽匹配
网卡驱动程序	1 个	与网卡匹配
螺丝刀（十字+一字）	1 把/人	拧紧或拧松螺钉
打印机	1 台/组	共享打印机
计算机	3 台/组	
服务器	1 台/组	硬盘容量 1 TB，内存 1GB，安装刻录机和 UPS

参 考 资 料

① 充分利用互联网上的海量资源
② 拓扑结构
③ IP 地址分类、规划要求、划分方法
④ 需求分析报告、用户调查报告样本
⑤ Visio 软件的帮助文件或使用文档
⑥ 实时交流软件的使用教程
⑦ 服务器空间分配方法与目标
⑧ 材料和设备清单（空表）

实 施 流 程

① 阅读【知识准备】中的知识介绍，如果不够，可通过查找参考资料学习相关知识
② 了解项目背景
③ 分解、规划、布置任务，并让小组中的每个成员都知晓各自的任务及整体任务目标
④ 填写材料和设备清单，准备和领取实验工具与材料
⑤ 根据【任务实施】中的任务先后顺序与步骤完成具体的安装或配置任务，在完成每个小任务后测试任务的完成情况，保证 100% 完成任务
⑥ 选购网络设备
⑦ 连接网络硬件，组建并配置办公网络
⑧ 给不同的网络用户分配合适的服务器空间，并设置相应的使用权限
⑨ 待所有任务完成后，测试整体任务，以核实能否实现计算机间的通信、OA 系统应用

任务 1　办公局域网需求分析与结构设计

任务 1-1　用户调查分析

用户调查是需求分析的重要环节，可以直接与办公室主任、经理及成员进行面对面的调查，也可以通过电话或其他方式进行调查，并填写表 5-4 所示的调查报告表。

表 5-4 调查报告表

调 查 内 容	调 查 选 项
填写说明：在符合项后画√	
公司办公室地址	
公司网络覆盖情况	光纤网络（　　）　　双绞线网络（　　）其他（　　）
办公室设备情况（填写数字）	共（　　）台计算机，其中笔记本电脑（　　）台，台式机（　　）台；打印机（　　）台 其他办公设备，（　　）个办公室组成一个网络，最大通信距离为（　　）米，数据传输速率为（　　），协商查看办公室物理布局图
已经选择或准备选择的网络运营商	中国电信（　　）；中国移动（　　）；中国联通（　　）；其他（　　） 说明：如为其他，请写明具体的运营商
目前已有连接设备	无线路由器（　　）；交换机（　　）；普通路由器（　　）；没有（　　）；其他（　　） 说明：如为其他，请写明具体的设备名称及型号
连接设备的品牌	思科（　　）；TP-LINK（　　）；D-LINK（　　）；中兴（　　）；其他（　　） 说明：如为其他，请写明具体的设备品牌
网络安全要求	上网安全（　　）；信息安全（　　）
应用要求	共享访问 Internet（　　）；共享打印机（　　）；文件共享（　　）
公司规模（填写数字）	（　　）人，（有　无）大规模扩展计划
是否同意以上内容	情况属实（　　） 说明：调查人和被调查人签名确认

任务 1-2　需求分析

组建办公局域网，首先详细分析办公局域网的需求，然后根据不同的公司和企业性质、规模大小等条件差异，确定网络组建要求。

1. 组网原则

① 功能性：满足用户需求的网络功能。

② 开放性、可扩展性：要求采用开放的技术和标准选择主流的操作系统及应用软件，保障系统能够适应未来几年公司的业务发展需求，便于网络的扩展和公司的结构变更等。

③ 可管理性：系统中应提供尽量多的管理方式和管理工具，便于系统管理员在任何位置都能方便地管理整个系统。

④ 高稳定性与可靠性：系统的运行应具有高稳定性，保障全天 24 小时的高性能无故障运行。

2. 组网需求分析

步骤 1：辨别目标和约束，获悉组网相关信息。

① 目前，办公局域网主要覆盖两栋建筑物，办公室数目不多。

② 与 Internet 的连接采用电信网络，电信的接口已经安装在办公室的墙

壁上，且可以使用。

③ 该公司有 45 台计算机、一台打印机、一个 ADSL 调制解调器（没有路由功能）及对应的连接线。

④ 为了保证办公室的美观，同时方便网络和电源连接，办公桌尽量沿墙摆放。

⑤ 公司接入 Internet 的速率为 8 Mbit/s。

⑥ 公司目前没有招聘新员工的计划，但业务扩展后可能会增加员工。

⑦ 在价格浮动不到 8% 的情况下，在确保网络性能的情况下，要保证能随时上网。

⑧ 该局域网中的计算机主要用于办公，不需要经常移动。

步骤 2：明确用户的功能要求，了解局域网的基本应用

① 共享上网、共享硬件设备。

a. 如果打印机、传真机、扫描仪等硬件设备都可以通过局域网共享，以供网络中所有的用户使用，则可以节省大量硬件设备的投资。

b. 整个办公网络用一个账号上网，则可免去申请网络账号的费用。

② 文件集中管理及共享资源。

a. 出于安全考虑，要求把工作文件存放在网络中的一台服务器上集中管理。一方面便于查看、管理和备份，另一方面也可减少数据丢失、损坏的几率，提高数据的安全性。

b. 为了保证应用程序、通知、政策法规、技术资料等传输的快捷和方便，以提供给多人在需要的时候使用，可以共享这些资料。

③ 因业务需要，上网的时间可能比较集中。

④ 根据公司业务发展和公司规模的变化，公司网络规模需要扩展。

⑤ 该办公室的所有计算机都通过电信接口上网，即 ADSL 方式。

⑥ 公司能够给每个员工分配一定数量的私有空间，用于备份数据。

⑦ 公司能够给所有员工分配不限数量的公用空间，用于备份数据。

步骤 3：从技术角度分析网络的功能能否满足用户需要。

① 局域网连接方式。因为主要应用于办公室内的办公，移动性不强，因此放弃无线组网的方式，而采用有线连接的方式。

② 技术选择。通常的解决方案有 3 种，如表 5-5 所示。

方案一：选择一台性能较好的计算机当做服务器，安装两块网卡（一块网卡连接 Internet，另一块网卡连接交换机），然后安装一个代理软件（如 WinGate），其他计算机连接到交换机上，通过这台服务器上网。

方案二：选择一台路由器连接 Internet 和交换机，将所有计算机连接在交换机上，通过路由器上网。

方案三：用带路由功能的 ADSL Modem 连接 Internet 和交换机，将所有计算机连接在交换机上，通过带路由功能的 ADSL Modem 上网。

表 5-5 上 网 方 式

方　　案	方　案　一	方　案　二	方　案　三
接入 Internet 方式	ADSL 方式拨号上网		
互连设备	代理服务器+交换机	路由器+交换机	带路由功能的 ADSL Modem+交换机
上网情况	代理服务器关机的情况下不能上网	随时能上网	随时能上网
成本	如果没有现成的计算机，则需要购买新计算机来做代理服务器，在计算机多的情况下，成本较低	购买小型路由器	购买带路由功能的 ADSL Modem

通过比较 3 种方案中增加设备的情况，以及通过查询增加设备的价格和性能可发现，购买一个小型路由器只需 100 元左右，增加费用不超过总费用的 8%，且性能可得到提高。如果购买带路由功能的 ADSL Modem，一方面，其性能没有单独的路由器好，另一方面可造成已购买的不带路由功能的 Modem 的闲置。如果采用代理服务器的方案，则需要购买计算机，增加成本较高，且代理服务器关闭时，会造成不能上网，不是很方便。因此，选用第二种方案。

③ 设备选择。采用第二种组建方案，也就意味着局域网中的主要设备是路由器和交换机。这些设备在技术上具有先进性、通用性、可扩展性、可升级性，同时便于管理、维护。

考虑到设备的兼容性、稳定性和转发速率，在满足性能指标和成本因素的情况下，尽量选择同一品牌的交换机和路由器。目前公司拥有 45 台计算机，可以选择 48 口的交换机。

步骤 4：拓扑结构需求分析。

该局域网需连接的设备总量不超过 50 台，覆盖两栋楼，为了方便计算机的添加和删除，选择星形拓扑结构或混合型拓扑结构比较方便组建和管理网络。

步骤 5：网络扩展性。

设计网络时，应保证网络在 3~5 年内不落后，一方面，应考虑交换机有剩余的端口，另一方面，在墙内预埋网线和墙上安装信息插座时要考虑扩展性，以免在布线工程完成后因扩展而需要走明线，这样不但会影响办公室的布局和美观，还留下了安全隐患。

整理上述需求，撰写需求分析报告，并交给公司的经理或负责人确认。

任务 1-3　网络结构设计

该局域网的结构很简单，用 Visio 软件能很快完成拓扑结构图的绘制（拓扑结构图的绘制步骤参照基础篇的项目 1）。设计并绘制如图 5-2 所示的拓扑结构图。

该公司内部的网络使用交换机连接，每栋楼放置一台 48 口的交换机，每栋楼中的服务器和计算机终端都连接到交换机上。

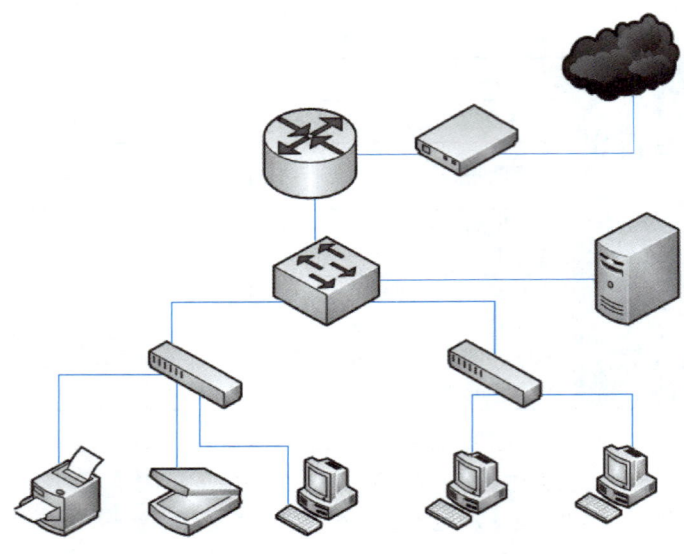

图 5-2　局域网拓扑结构图

任务 2　连接与配置办公局域网

任务 2-1　IP 地址规划

IP 地址规划

微课
IP 地址规划

规划 IP 地址分配是一个结构化过程，应妥善规划和记录网络内部地址的分配才能防止地址重复、控制访问、监控安全和性能。需要规划的地址包括用户使用的终端设备、服务器和外围设备的 IP 地址，以及可以从 Internet 访问的主机及中间设备的 IP 地址。

在基于 TCP/IP 的网络中，每一台设备都需要以 IP 地址来标识网络位置，因此，在规划网络方案时，首先要为网上的所有设备包括服务器、客户机、打印服务器等分配唯一合法的 IP 地址，这就是 IP 地址规划。组建办公局域网要用到两种 IP 地址：一种为合法 IP 地址（广域网端口地址）；另一种为私有 IP 地址（与本地网络点相连的网关地址）。在本项目中，整个办公网的 IP 地址段为 192.168.0.1～192.168.0.254，办公网通过路由器连接到因特网中，路由器的 IP 地址为 192.168.0.1。

首先需要考虑如下几个方面。

① 准备连接到网络的设备是否多于 ISP 为该网络分配的公有地址数。

目前需要连接的计算机有 45 台，通信服务器一台（用于提供共享连接，使局域网工作站能共享 Internet），打印服务器每栋楼一台（安放在大楼一层，便于公共打印），文件服务器一台（用于存放公司的所有文件）。因此，该办公局域网需连接的终端设备有 48 台。申请了一个公有地址，公有地址数少于连接的网络设备，需要给内部网络中的设备分配私有地址。

② 是否需要从本地网络外部访问这些设备。

本地网络需要查询信息、联系业务，就需要保持与因特网连接通畅。

③ 分配了私有地址的设备要访问 Internet，网络能否提供网络地址转换（NAT）服务。

任务 2-2　选购网络设备

根据前面的需求分析，并对办公室实地勘察后，以一个大办公室为例，绘制物理布局图。

步骤 1：绘制物理布局图。

① 分析：该办公室的面积为 5 m×10 m，有一扇门，沿墙摆放 14 台计算机。

② 绘制的物理布局图如图 5-3 所示。

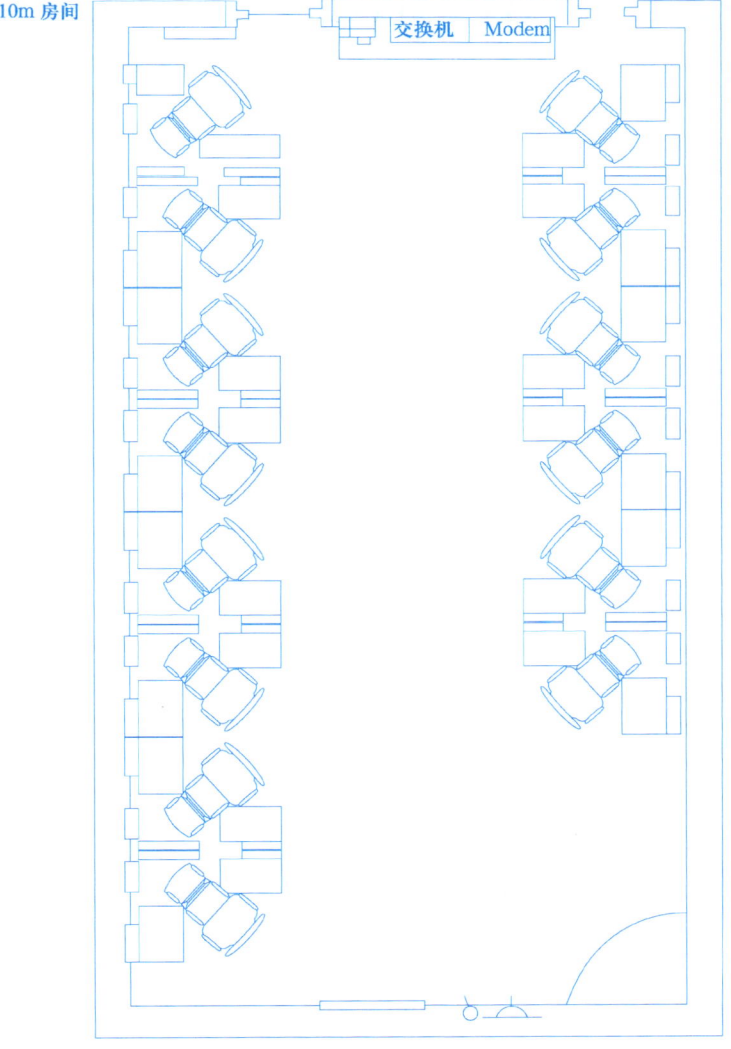

图 5-3　物理布局图

步骤 2：选购网络设备

① 交换机选购。

在该局域网的组建中，需连接 45 台计算机，3 台服务器，还需一个端口连接路由器，网络需要覆盖两栋建筑物。根据交换机的端口数和价格，决定选择两台 48 口的交换机，这样既满足了当前的连接要求，又为以后的扩展预留了空间，若以后有扩展，只需要把网线插入交换机其余端口即可。

另外，整个局域网规模不大，功能需求不多，可选择比较流行、性能较好的 D-LINK DES-1048 产品，其外观结构如图 5-4 所示。该产品具体参数如表 5-6 所示。

表 5-6　产品参数列表

参　数	应用类型	背板带宽（Gbps）	传输速率（Mbps）	固定端口数	网络报价/元	接口类型	传输方式
值	工作组级交换机	9.6	10/100	48	1300	RJ-45	存储转发

② 路由器选购。

路由器是直接连接内网和外网的桥梁，由于采用的是 ADSL 宽带接入，因此需要购买支持 ADSL 宽带接入的路由器。目前，市场上的大部分路由器都支持 xDSL 接入（包含 ADSL 宽带接入），因此只需要考虑路由器的性能和功能即可，可采用友讯网络的 DI-704UP 宽带路由器。该路由器的外观结构如图 5-5 所示。

图 5-4　交换机产品外观

图 5-5　路由器产品外观结构

该路由器提供了 4 个 10/100 Mbit/s 以太网端口和 1 个广域网端口。每个广域网端口均支持 MDI/MDIX 自适应、内置防火墙，提供基于 MAC 地址、IP 地址、URL 或域名的过滤，允许多个并发的 IPSec 和 PPTP VPN 会话通过，提供一个 USB 1.1 打印机接口，并具有内置打印服务器功能，基于 Web 的配置，是小型办公网络不错的选择。其报价在 350 元左右，稳定性高，支持打印机连接和内置打印服务器，便于网内用户使用。

③ 布线介质选择。

在该局域网中连接的是普通办公用户，可使用普通的双绞线。网络设备摆放在办公室中心，连接计算机的网线不用很长，用户可根据实际情况选择。

楼内综合布线的垂直子系统采用多模光纤，每层楼到一层机房使用两条 12 芯室内多模光纤连接。建筑之间通过两条 12 芯的室外单模光纤连接。要求所有的信息点接入网络，并关闭目前不用的信息点。

④ 机柜。

在摆放路由器和交换机的位置安装一个便于散热的柜子，将路由器和交换机摆放在里面，以便于散热和查线。如果其散热困难，温度太高，很容易造成网络的不稳定。

任务 2-3 组建与配置网络

局域网一般由网络硬件和网络软件两大部分组成。网络硬件主要包括网络服务器、工作站、外设、路由器以及网间互连线路等。网络软件主要是指网络操作系统和满足特定应用要求的网络应用软件。

1. 组建网络（硬件连接）

网络设备购置好后，只要将各个设备连接起来就构成了一个网络。

（1）连接 ADSL Modem 与 Internet

根据拓扑结构图，将 ADSL 设备附带的 Line 线接入电信接口。

（2）连接 ADSL Modem 与路由器

将 ADSL 设备附带的网线一端接入 ADSL 的 Ethernet 口，另一端接入路由器的 WAN 口。并将 ADSL Modem 接上电源，且暂不开启电源。

（3）连接路由器与交换机

将交换机连接到路由器的 LAN 口。

（4）连接交换机与计算机

把计算机全部接入交换机的各个端口，在连接时，做好连接标记，以备今后进行故障检测与定位。

2. 配置网络

（1）设置 ADSL 拨号

详见基础篇项目 2 中的 ADSL 设置。

（2）设置路由器的路由功能

步骤 1：打开一台主机，将其 TCP/IP 属性按图 5-6 所示进行设置。

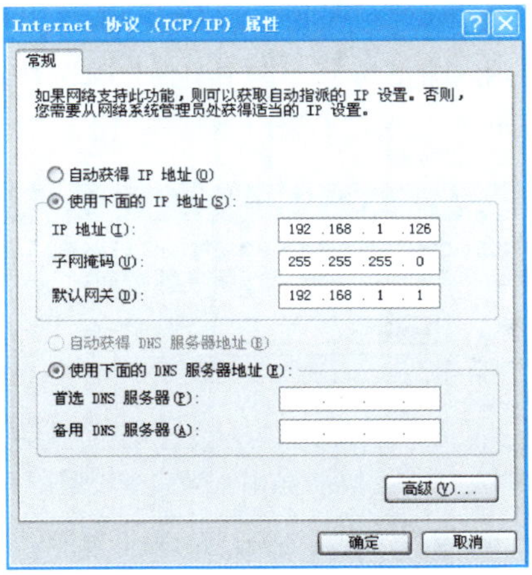

图 5-6 TCP/IP 属性设置

步骤 2：打开浏览器，在浏览器的地址栏中输入"http://192.168.1.1"，如图 5-7 所示，单击"转到"按钮。

步骤 3：此时打开"连接到 192.168.1.1"对话框，在"用户名"组合框和"密码"文本框中输入"admin"，如图 5-8 所示。

图 5-7　输入地址

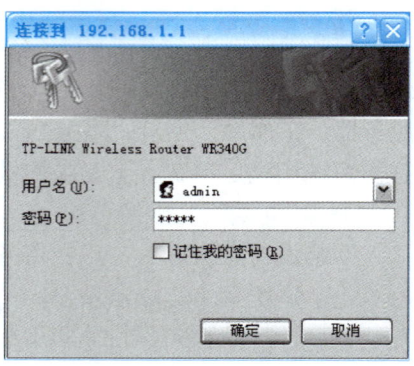
图 5-8　"连接到 192.168.1.1"对话框

注意：192.168.1.1 是路由器基于 Web 管理方式的默认地址（具体的地址信息可查看设备说明书）。其默认用户名和密码都为 admin。当忘记了用户名和密码时，可以将路由器复位，采用默认用户名和密码登录进去后再修改密码，然后保存。

步骤 4：单击"确定"按钮，打开路由器管理界面，出现设置向导，其连接方式选择界面如图 5-9 所示。用户根据设置向导一步一步进行设置即可。

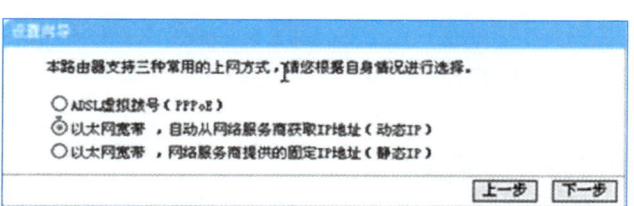
图 5-9　连接方式选择界面

步骤 5：选择"ADSL 虚拟拨号（PPPoE）"单选按钮，单击"下一步"按钮，打开如图 5-10 所示的上网口令和上网账号设置界面。

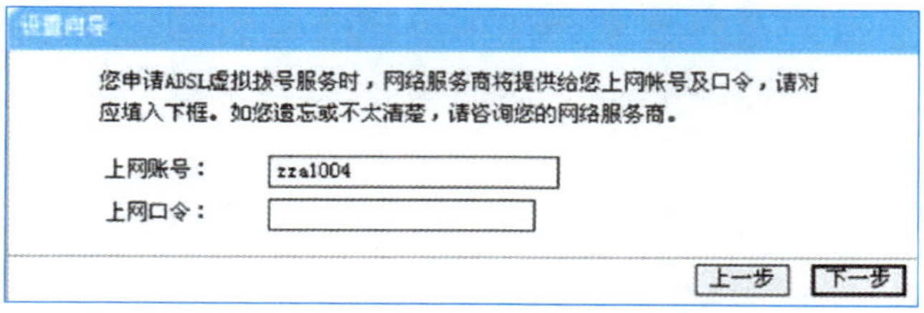

图 5-10　上网账号和上网口令设置界面

注意：此时的"上网账号"和"上网口令"既不是 admin，也不是用户设置的密码，而是在电信部门申请 ADSL 宽带接入时登记的那个账号和口令。

在"上网账号"和"上网口令"文本框中输入 ADSL 拨号的用户名和密码，存储后重新启动路由器，在 Information 选项中，单击 Connect 按钮，连接成功。

（3）个人计算机 TCP/IP 属性设置

TCP/IP 属性的详细设置过程参见基础篇的项目 1。

将局域网内每台计算机的 IP 地址和 DNS 服务器地址设置为自动获取，如图 5-11 所示。

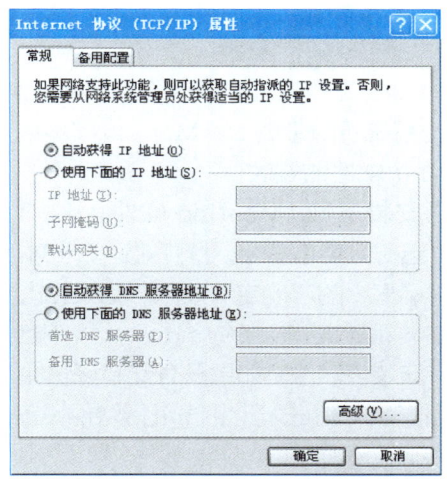

图 5-11　TCP/IP 属性设置

任务 2-4　实时交流软件的安装与配置

在公司的运转过程中，企业决策部门需要通过网络迅速地将有关决定和文件发送给各相关部门，各部门的报表等资料需要及时反馈给决策部门，公司内部的信息沟通要可靠、快捷。例如，办公室网络的项目组需要分配任务、协商解决问题等，但又不可能随时召集大家现场开会，就可以通过 Microsoft NetMeeting 来实现网络中各计算机之间的通信。当然，也可以通过因特网连接远程用户，就好像坐在一起讨论问题一样。

1. Microsoft NetMeeting 软件介绍

Microsoft NetMeeting 为全球用户提供了一种通过 Internet 进行交谈、召开会议及共享程序的全新方式。

（1）NetMeeting 的功能

① 通过 Internet 或 Internet 向用户发送呼叫，与用户交谈。

② 被呼叫的用户与其他用户共享同一应用程序。

③ 在联机会议中使用白板画图。

④ 检查快速拨号列表，看看哪些朋友已经登录。

⑤ 在自己的 Web 页上创建呼叫链接，向参加会议的每位用户发送文件。

（2）使用 NetMeeting 进行视频交流需准备的设备

① 一台能上网的计算机。

② 一个麦克风（简称 MIC，如果没有，就不能将自己说的话传出去）。

③ 一个摄像头（简称 CAM，如果没有，就不能将自己的影像传出去）。

④ 一个音箱（如果没有，就不能听到对方说的话）。

摄像头拍摄的视频信息可以通过因特网传送到对方的屏幕上。NetMeeting 是 Internet Explore 的套件之一，如果没有安装 NetMeeting，可到网上下载后安装。

2. Microsoft NetMeeting 软件安装

一些公司禁止使用 QQ 等聊天工具，这给大家网上沟通增加了障碍，此时可以使用微软公司操作系统所附带的 NetMeeting 软件。以 Windows XP 系统为例说明 NetMeeting 软件的安装。

步骤 1：检测是否安装了 NetMeeting 软件。

选择"开始"→"运行"菜单命令，打开"运行"对话框，在对话框中输入"conf"，然后单击该对话框中的"确定"按钮。如果弹出"NetMeeting"对话框，说明该软件已经安装；如果弹出"Windows 找不到文件'conf'"的对话框，则说明系统中没有安装该软件。如果没有安装该软件，则需进入步骤 2，完成软件安装。如果已经安装，则进入步骤 3 进行软件设置。

步骤 2：安装软件。

到网上下载 NetMeeting 软件，通过双击打开安装文件，进入软件安装界面，根据向导提示一步一步进行操作，直到看到"NetMeeting 已成功安装"的界面，此时整个安装过程完成。

步骤 3：设置软件。

① 在"运行"对话框中输入"conf"，然后单击该对话框中的"确定"按钮，打开如图 5-12 所示的"NetMeeting"对话框。

② 单击"下一步"按钮，打开如图 5-13 所示的界面，要求输入个人信息，在各对应的文本框中输入要求的内容即可。

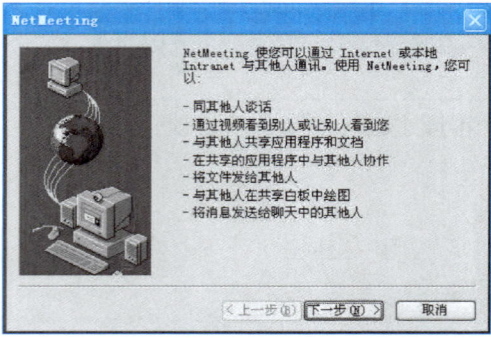

图 5-12 "NetMeeting"对话框

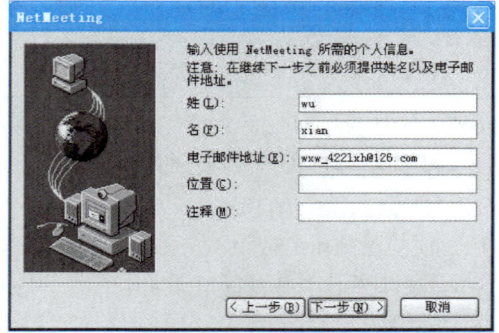

图 5-13 个人信息输入界面

③ 输入完毕后，单击"下一步"按钮，打开如图 5-14 所示的界面，在这里设定 NetMeeting 的目录服务器。另外，在服务器中是否隐身可由个人选择。

④ 单击"下一步"按钮，打开如图 5-15 所示的界面，这里只设置使用的网络即可。根据网络连接的实际情况进行选择，一般，办公室网络都会采用局域网连接，当然也有的小型公司采用电信的 ADSL 接入。

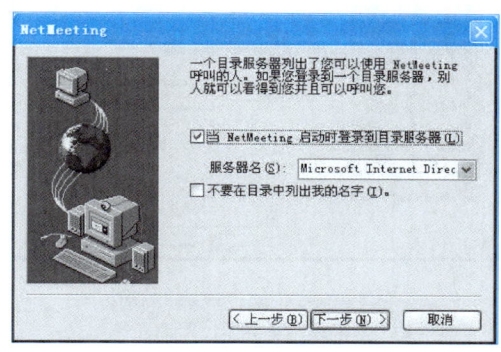

图 5-14　设定目录服务器界面

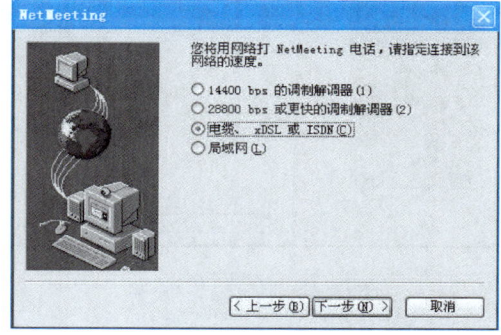

图 5-15　设置网络界面

⑤ 单击"下一步"按钮，打开如图 5-16 所示的界面，以确定是否在桌面和快捷启动栏设置快捷方式，根据个人使用习惯选择即可。

⑥ 单击"下一步"按钮，打开如图 5-17 所示的音频调节向导，根据提示信息进行相应操作即可。

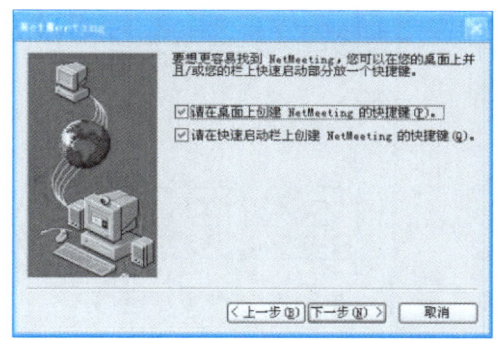

图 5-16　设置快捷键方式界面

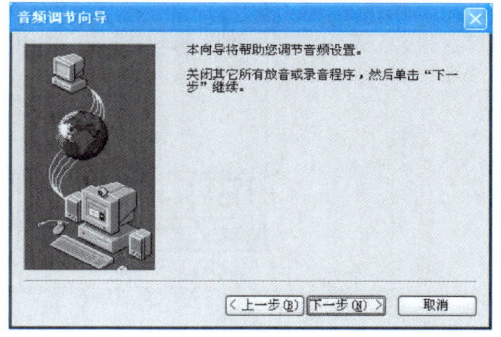

图 5-17　音频调节向导

⑦ 单击"下一步"按钮，弹出如图 5-18 所示的音量调节界面，选择音频设备后，调节音量。

⑧ 单击"下一步"按钮，打开如图 5-19 所示的录音音量调节界面，调节录音音量。

⑨ 单击"下一步"按钮，直到整个向导完成，则该软件设置完毕。打开如图 5-20 所示的软件工作界面。

在该界面上，可以使用菜单命令实现呼叫、白板、会议等功能。单击"呼叫"菜单，会弹出如图 5-21 所示的"呼叫"下拉菜单，在下拉菜单中选择"新呼叫"命令,打开如图 5-22 所示的"发出呼叫"对话框,在"到"组合框中输入需要呼叫计算机的 IP 地址,在"使用"组合框中选择合适的呼叫方式,然后单击"呼叫"按钮。

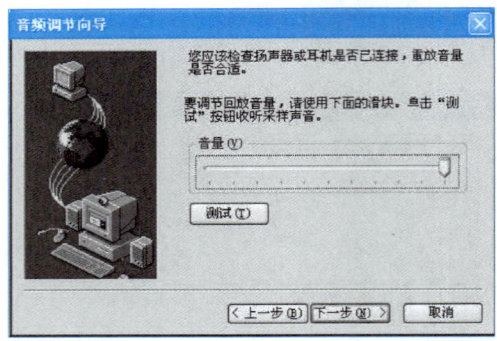

图 5-18　音量调节界面　　　　　　　图 5-19　录音音量调节界面

　　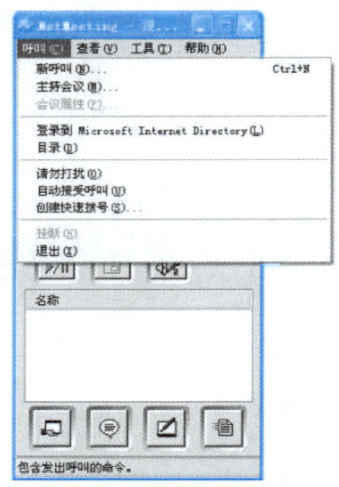

图 5-20　NetMeeting 软件工作界面　　图 5-21　"呼叫"下拉菜单

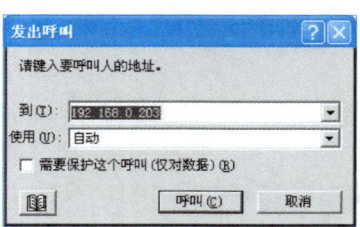

图 5-22　"发出呼叫"对话框

单击"呼叫"按钮后,打开如图 5-23 所示的正在等待响应的对话框。

如果呼叫的计算机产生响应,即可完成呼叫;如果呼叫的计算机没开机或不能连接网络(局域网或 Internet),则会打开如图 5-24 所示的对话框。

图 5-23 正在等待响应对话框

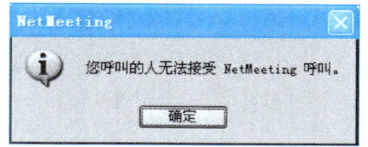
图 5-24 呼叫不成功对话框

连接对方后，可以使用软件最下方一行中的快捷按钮进行文件传输、文字传输和画板作图等。

如果用户是会议主持者，则需要选择"呼叫"→"主持会议"菜单命令，打开如图 5-25 所示的对话框。在该对话框中可输入"会议名称"，如果不希望非与会成员闯进来，还可以设置会议密码，只有知道密码的成员才可以进到会议中来，保证了会议的安全性。还可以对呼叫方式和会议工具进行选择。如果选择"只有您可以发出拨出呼叫"复选框，则会议成员必须由用户来邀请，其他成员无权呼出。

各工具快捷方式如图 5-26 所示。

图 5-25 "主持会议"对话框　　　　图 5-26 "工具"快捷方式

选择"工具"→"共享"菜单命令，可使 NetMeeting 的每个用户直接操作该共享的文件或应用程序。在选择需要共享的文件和程序后，单击"共享"按钮，然后单击"允许控制"按钮，选择"自动接受控制请求"复选框，使得对方拥有请求控制权，在得到控制权后，用户就可以编辑、修改共享文件。在"共享"的控制权使用完后，单击"控制"按钮，然后单击"释放控制"按钮，对方才能使用。

NetMeeting 除了能共享文件、应用程序外，还可以通过"远程桌面共享"让用户控制远程的计算机。具体操作步骤如下。

步骤 1：在 NetMeeting 中，选择"工具"→"远程桌面共享"菜单命令。

步骤 2：打开如图 5-27 所示的远程桌面共享向导欢迎界面。当 NetMeeting 停止运行时，可以收听"远程桌面共享"呼叫。

步骤 3：单击"下一步"按钮，打开如图 5-28 所示的远程桌面共享向导的提示账户要求界面，提示只有使用管理员账户才能使用。

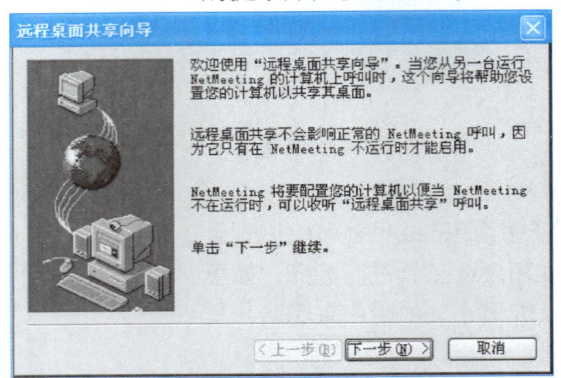

图 5-27　远程桌面共享向导欢迎界面　　　　图 5-28　提示账户要求界面

步骤 4：单击"下一步"按钮，打开如图 5-29 所示的"远程桌面共享"对话框，开启另一种安全保护。

步骤 5：单击"下一步"按钮，打开如图 5-30 所示的远程桌面共享完成界面。

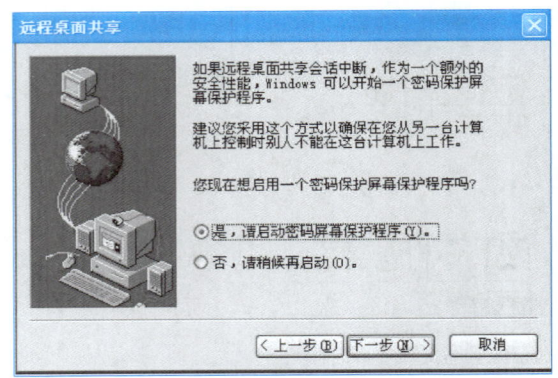

图 5-29　"远程桌面共享"对话框　　　　图 5-30　远程桌面共享完成界面

步骤 6：单击"完成"按钮，远程桌面共享设置完成。在桌面右下角会出现远程桌面共享的图标，选中该图标，单击鼠标右键，弹出如图 5-31 所示的快捷菜单。

步骤 7：选择"启动远程桌面共享"命令，在远程计算机上进行呼叫，如果呼叫成功，则要求输入远程访问的用户名和密码，用户名为管理员的用户名，单击"确定"按钮后，就可以看到远程计算机的共享桌面，即可以实现远程控制。这对于远程

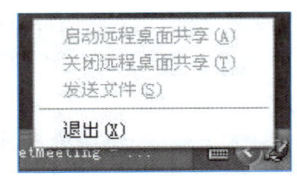

图 5-31　启动远程桌面共享快捷菜单

项目协作、故障排除等非常方便。

任务 2-5 测试网络

1. 测试网络连通性

① 测试个人计算机 TCP/IP 的安装是否正确。
② 测试个人计算机网卡是否工作正常。
③ 测试计算机之间的连通性，即个人计算机之间是否能相互访问。
④ 测试个人计算机是否能正常上网。
⑤ 测试个人计算机能否共享打印机服务。

2. 实时交流软件应用测试

检查所安装的实时交流软件能否正常运行及能否实现实时交流。

实施评价

办公局域网能实现公司或部门内部的资源共享，简化数据交换的操作。同时可以实现扫描仪、打印机等硬件设施的共享，节省办公成本。

本项目的主要训练目标是，让学习者学会办公局域网的结构设计、合理分配和使用 IP 地址。

任务实施情况小结如表 5-7 所示。

表 5-7 任务实施情况小结

序号	知识	技能	态度	重要程度	自我评价	老师评价
1	● 需求分析内容与目标 ● 拓扑结构	○ 与用户恰当沟通 ○ 准确完成需求分析 ○ 设计合理的拓扑结构	◎ 耐心解释 ◎ 细致分析、条理清楚	★★★		
2	● 私有IP地址和公有IP地址 ● 实时交流软件 ● 网络设备的性能参数	○ 根据网络规模大小选择IP地址网段 ○ 熟练配置互联网络设备 ○ 成功安装和配置实时交流软件	◎ 认真分析操作环境 ◎ 积极思考并努力解决问题	★★★ ★★		

任务实施过程中已经解决的问题及解决方法与过程

问题描述	解决方法与过程
1.	
2.	

任务实施过程中未解决的主要问题

任务拓展

拓展任务　服务器空间分配

1. 任务拓展卡

任务拓展卡如表 5-8 所示。

表 5-8　任务拓展卡

任务编号	005-3	任务名称	服务器空间分配	计划工时/min	45
任 务 描 述					
为了便于办公室中的资源共享和数据备份，局域网中专门使用了一台服务器，给每个员工分配 10 GB 的私有空间及 500 GB 的公用空间。可通过磁盘配额来限定用户的私有空间大小，但磁盘格式必须为 NTFS 格式					
任 务 分 析					
在不同的资源需要不同存储空间的基础上，给员工一定的私有空间，用于存放个人的资料。另外，共同使用或需要保存备档的资料可存放在办公室的公用空间，以方便随时调阅，主要任务如下： ① 分配私有空间 ② 分配公共空间 ③ 设定权限					

2. 任务拓展完成过程提示

（1）文件系统转换

步骤 1：查看文件系统格式，如果为 FAT32 格式，则需转换为 NTFS 格式。

步骤 2：转换格式。

① 系统安装完成后，在"我的电脑"窗口中，用鼠标右键单击驱动器，从弹出的快捷菜单中选择"格式化"命令，打开如图 5-32 所示格式化对话框。

② 在"文件系统"下拉列表中选择 NTFS 格式，然后单击"开始"按钮，即可将该分区格式化为 NTFS 格式。

或直接在 DOS 提示符下输入 "convert 卷标/FS：NTFS"，按 Enter 键，则可将文件系统转换为 NTFS 格式。

（2）分配私有空间

分配私有空间可以分两步来完成，首先创建一个私有空间，然后限制空间的大小。

下面创建 01 用户的私有空间。

① 在磁盘分区上创建一个文件夹，将其命名为 Backup01，用于存放用户 01 的所有数据，即 01 的私有空间。

创建用户的私有空间

微课
创建用户的私有空间

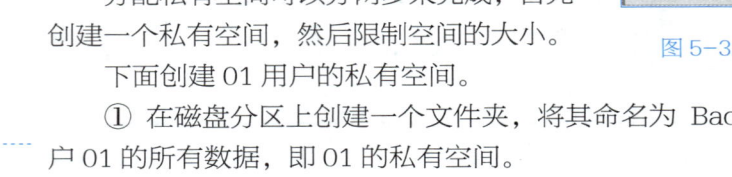
图 5-32　格式化对话框

② 在该文件夹上单击鼠标右键，从弹出的快捷菜单中选择"共享"命令，打开"Backup01 属性"对话框。

③ 选择"共享"选项卡，选择"共享该文件夹"单选按钮，默认共享名为 Backup01。选择"允许的用户数量"单选按钮，将用户设置为一个，表示只有一个用户可以访问该文件夹，如图 5-33 所示。

④ 单击"权限"按钮，打开如图 5-34 所示"Backup01 的权限"对话框，单击"添加"按钮，打开"选择用户、计算机或组"对话框，选择用户 01，然后单击"添加"按钮，添加 01 用户。

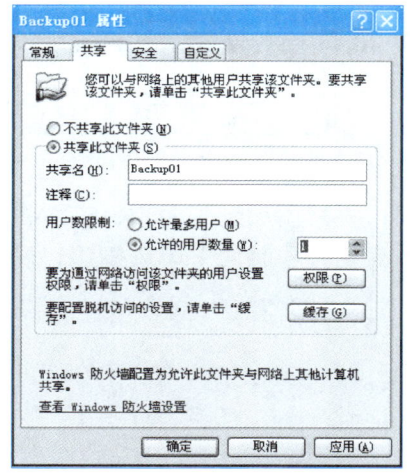

图 5-33 设置共享　　　　　图 5-34 "Backup 01 的权限"对话框

⑤ 单击"确定"按钮，将选中用户添加到共享权限的"组或用户名称"列表框中，并设置其权限为"完全控制"。如果共享权限的"组或用户名称"列表框中还包含其他用户，可选中后单击"删除"按钮将其删除，以确保只有用户 01 具有访问权限，如图 5-35 所示。

⑥ 设置完毕，单击"确定"按钮，返回"Backup01 属性"对话框。

⑦ 选择"安全"选项卡，在"组或用户名称"列表框中添加用户 01，设置其权限为"完全控制"，并删除其他用户，如图 5-36 所示。

⑧ 设置完毕，单击"确定"按钮，这时，只有用户 01 可以访问该文件夹了。下面介绍限制私有空间大小。

为用户分配完私有空间后，还需要对其使用的空间大小做限制，步骤如下。

① 打开"我的电脑"窗口，右击 NTFS 格式的驱动器，从弹出的快捷菜单中选择"属性"命令，打开磁盘属性对话框。

② 选择"配额"选项卡，选择"启用配额管理"和"拒绝将磁盘空间给超过配额限制的用户"复选框，如图 5-37 所示。

③ 单击"配额项"按钮，打开磁盘的配额选项对话框。选择"配额"→"新建配额项"菜单命令，打开"选择用户"对话框。

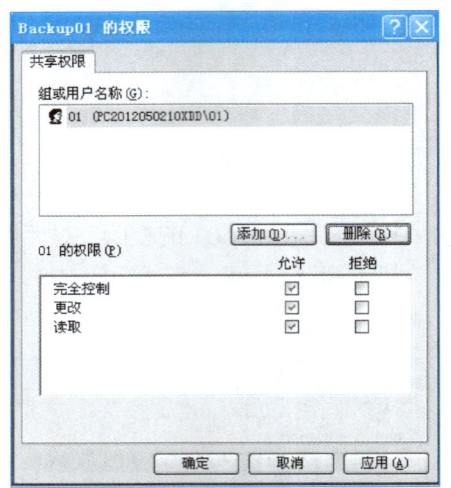

图 5-35　设置访问权限　　　　图 5-36　设置安全权限

④ 选择用户 01，单击"添加"按钮，将其添加到列表中，这时将弹出"添加新配额项"对话框，选择"将磁盘空间限制为"单选按钮，设置空间大小为 10 GB，如图 5-38 所示。

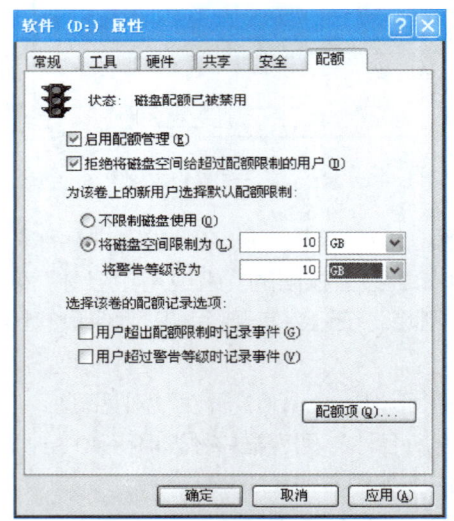

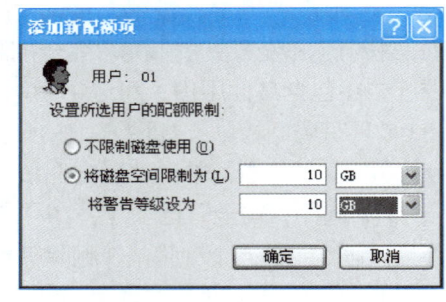

图 5-37　启用磁盘配额　　　　图 5-38　设置磁盘空间大小

⑤ 单击"确定"按钮，将用户添加到配额项目窗口中，如图 5-39 所示。这时，用户 01 只能完全控制该驱动器中的文件夹 Backup01，且空间大小为 10 GB，当超过该限制时，将显示拒绝访问。

下面介绍分配公用空间的操作。

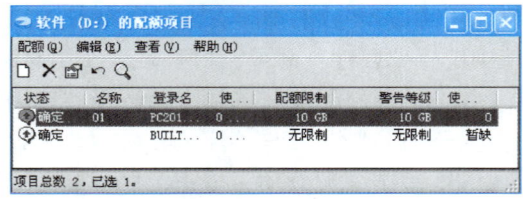

图 5-39　将用户添加到配额项目

公用空间的分配方法相对于私有空间的分配方法要简单得多，只需要建立一个文件夹，并将其设置为完全共享即可。默认情况下，所有用户（Everyone）都具有完全控制权限。但是，该文件夹不要建立在经过磁盘配额（即分配私用空间）后的驱动器中，因为经过磁盘配额后，限制了用户完全控制磁盘空间的大小。

项目总结

知识技能与考核要点如表 5-9 所示。

表 5-9　知识技能考核要点

任务		考核要点	考核目标	建议考核方式
1	1-1	● 用户调查分析报告	○ 学会设计调查分析的内容，撰写调查分析报告	调查分析报告
	1-2	● 需求分析内容和目标	○ 学会需求分析和撰写需求分析报告	需求分析报告
	1-3	● 网络拓扑结构	○ 选择恰当的拓扑结构类型 ○ 设计正确的拓扑结构	拓扑结构图
2	2-1	● IP 地址规划	○ 分清楚私有地址与公有地址 ○ 根据公司规模合理分配 IP 地址	IP 地址网段及分配方法
	2-2	● 选购网络设备	○ 熟悉网络设备品牌和参数 ○ 选择符合网络设计要求的设备	选购的设备名称、参数、型号等
	2-3	● 组建网络	○ 根据拓扑结构图连接好网络	实际操作
	2-4	● 实时交流软件安装与配置	○ 选择合适的实时交流软件 ○ 下载、安装、配置实时交流软件	安装截图
	2-5	● 测试网络	○ 连通性测试 ○ 应用测试	测试结果截图

思考与练习

一、思考题

1. 简述结构化布线的标准和组成部分。
2. 简述 IP 地址分配原则。

二、练习题

1. 关于 ADSL 接入技术，下面的论述中不正确的是_____。

   A．ADSL 采用不对称的传输技术

   B．ADSL 采用了时分复用技术

   C．ADSL 的下行速率可达 8Mbit/s

   D．ADSL 采用了频分复用技术

2. 阅读以下说明，回答问题 1 至问题 3。

   某网络拓扑结构如图 5-40 所示，网络中心设在图书馆，均采用静态 IP 接入。

   【问题 1】由图 5-40 可见，图书馆与行政楼相距 350 m，图书馆与实训中心相距 650 m，均采用千兆连接。那么，①处应选择的通信介质是____(1)____，②处应选择的通信介质是____(2)____，选择这两处介质的理由是____(3)____。

（1）、（2）备选答案如下（每种介质限选一次）。

　　A. 单模光纤　　B. 多模光纤　　C. 同轴电缆　　D. 双绞线

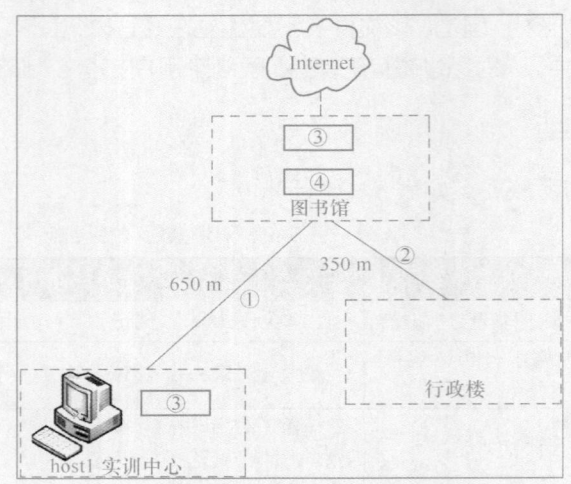

图 5-40　某网络拓扑结构图

【问题 2】从表 5-10 中为图 5-40 中的③～⑤选择合适的设备，填写设备名称（每个设备限选一次）。

表 5-10　备 选 设 备

设 备 类 型	设 备 名 称	数　　量
路由器	Router1	1
三层交换机	Switch1	1
二层交换机	Switch2	1

【问题 3】该网络在进行 IP 地址部署时，可供选择的地址块为 192.168.100.0/26，各部门的计算机数量、图书馆的 IP 分配范围分别如表 5-11 所示。要求各部门处于不同的网段，请将其中_____（4）_____、_____（5）_____处空缺的主机地址和子网掩码写出来。

表 5-11　各部门的计算机数量、可分配的地址范围和子网掩码

部　　门	主机数量/台	可分配的地址范围	子 网 掩 码
实训中心	30		
图书馆	10	192.168.100.1～（4）	（5）
行政楼	10		

为 host1 配置 IP 属性参数。IP 地址为_____（6）_____（给出一个有效地址即可），子网掩码_____（7）_____。

三、操作题

1. 了解宿舍内的物理布局和布线情况，组建一个宿舍网，保证宿舍内的计算机能共享信息及上网。

2. 参观企业办公局域网，并绘制拓扑结构图。

项目 6　组建实训室局域网

学校的实训室机房与办公室、家庭、宾馆、餐厅等场所存在很大的区别，其中一方面就是受众多，有计算机专业的学生，也有非计算机专业的学生。另外，还要符合现代信息技术教育的要求，上一节课需要使用 Windows 操作系统，下一节课却要使用 Linux 操作系统或者其他，使用环境相差大。同时，计算机专业的课程有网络的，也有软件的，还有多媒体的等。因此，应用需求与环境要求千差万别，不可能配置成一成不变的网络环境，既要保证机房的通用性，又要满足不同的专业需求。

教学导航

知识目标	● 了解实训室局域网与其他局域网的不同之处 ● 了解组建实训室局域网的作用与目标 ● 知道主要的网络测试方法 ● 知道 DHCP 的定义，掌握 DHCP 的作用、租约及参数
技能目标	● 熟悉 DHCP 服务器的配置与维护 ● 熟练掌握快速恢复多机系统的方法 ● 熟练设置 Internet 连接共享 ● 熟练掌握远程管理实训室计算机的方法
态度目标	● 通过实训室局域网的使用，了解网络安全的必要性，树立安全观念 ● 认真分析任务目标，做好整体规划，树立全局观念 ● 耐心做事，做好简单的事情
教学方法	项目教学法、分组教学法、理论实践一体化、实物教学法
考核成绩 A 等标准	● 正确判断计算机当前的配置情况和网络服务安装情况 ● 在规定时间内完成 DHCP 服务的安装，并能在局域网内实现动态地址分配 ● 各项目组的任务都在规定的时间内完成，达到了任务书的要求 ● 工作时不大声喧哗，遵守纪律，与同组成员协作愉快，共同完成了整个工作任务，保持工作环境清洁，任务完成后自动整理、归还工具，关闭电源
评价方式	教师评价+小组评价+个人评价
操作流程	任务分析→查看、配置计算机硬件→配置计算机软件→连接网络硬件→配置网络→测试验收
准备工作	● 分组：每 2~3 个学生为一组，自主选择一人为组长 ● 给每个组准备 2~3 台没有任何配置的、硬件设备齐全的计算机，让学生将这些计算机组成一个简单网络；准备系统盘
课时建议	8 课时（含课堂任务拓展）

项目描述

实训室中的计算机已使用了 5 年，一批计算机反应速度慢，时常出现问题，需要不断维修。因此,学校决定新建一个机房,将该机房中原来仍然可用的计算机作为其他机房的备用机器,机房通过原有的交换机与 Internet 连接。

新机房供网络专业使用,但在机房紧张的时候也要从中完成计算机基础应用的实习实训。为了防止病毒交叉感染,机房的计算机封闭了 U 盘接口,所有课堂训练和拓展训练的练习及教师布置的作业都通过服务器上传和下发。如果出现问题,整个实训室的计算机能够快速恢复使用。

 项目分解

任务 1 的任务卡如表 6-1 所示。

表 6-1 任务 1 任务卡

任务编号	006-1	任务名称	组建实训室网络需求分析与结构设计	计划工时	45 min
工作情境描述					
实训室需要更新设备,充分利用性能还不错的旧计算机和交换机,在需要的时候,整个实训室的计算机都能共享上网。这个实训室分配给网络专业的学生使用,需完成局域网组建、服务配置与管理等实验。另外 Linux、Windows 系统等课程都在该实训室上					
操作任务描述					
组建网络,首先应进行组建需求分析,设计合理的网络结构,然后充分考虑实际情况。 ① 对实训室网络组建的要求、必要性和目标进行详细了解,完成调查分析 ② 分析局域网组建需求,撰写需求分析报告 ③ 设计网络结构,设计网络拓扑结构					
操作任务分析					
通过对项目进行具体分析,了解了目前的情况,首先应当完成需求分析,设计好网络结构。 ① 用户调查分析:详细了解实训室的位置、空间、网络连接、设备使用等情况,并做好记载,形成详细的调查分析报告 ② 撰写需求分析报告:在调查分析的基础上,获取网络组建所需的技术信息,形成需求分析报告,再次与用户沟通确认 ③ 网络结构设计:按照用户需求,设计出网络结构,向用户详细阐述实训室局域网的设计思想和设计目的,征得用户同意,在有必要的情况需要进行修改					

任务 2 的任务卡如表 6-2 所示。

表 6-2 任务 2 任务卡

任务编号	006-2	任务名称	连接和配置实训室局域网	计划工时	270 min
工作情境描述					
完成用户需求调查和结构设计后,按照拓扑结构图和实训室物理布局连接好网络。首先是物理连接,通过传输介质将所有需要的设备连接起来。网线已经连接到该实训室,实训室内具体设置要求如下: ① 教师将实训指导书和实训要求文档存放到服务器上,学生共享服务器下载文件 ② 平均每天有 3 个班级在此实训室上课,有的需要 Windows XP 系统,有的需要 Windows 2003 或 Linux 系统,甚至需要同时运行多个系统 ③ 每个班上课的环境都是全新的,不要把上次课的操作结果保留在计算机上 ④ 为了避免 IP 地址冲突和地址不够用的问题,实训室内实现动态地址分配 ⑤ 晚上,实训室需要开设第二课堂,允许学生上网					

操作任务描述

实训室设备连接和配置包括如下几项任务。
① 学生通过服务器上传和下载文件
② 在该实训室中，需要使用的操作系统比较多，不可能每次上课的时候都重新安装，因此，每个计算机都应该有多个操作系统，或者是安装有不同操作系统的虚拟机
③ 组建小型网络需要多台计算机，但有可能设备不够
④ 实训室中的设备比较多，如果每次都手动配置 IP 地址，则工作量比较大，动态分配可以减少工作量；管理员不在实训室时也可以管理实训室的服务器
⑤ 在需要的时候，每台计算机都要上网，在不必要的时候网络要关闭，以免影响上课
⑥ 每个人的操作都有可能生成一些文件，为了节约存储空间、避免文件交叉感染，不要让这些文件存留在计算机上

操作任务分析

实训室机房的局域网络不同于办公室局域网，一是使用的人员变化频繁，二是不同班级的学生对设备环境有不同的需求，三是操作结果不能影响其他班级的上课，具体任务分解如下：
① 快速恢复多机系统
② 配置 DHCP 服务器
③ 远程管理实训室网络
④ 共享上网

知识准备

【知识 1】 动态主机配置协议 DHCP

动态主机配置协议（Dynamic Host Configuration Protocol，DHCP）是基于 C/S 模式的，能将 IP 地址动态分配给网络主机，解决网络中主机数目较多或变化比较大时手动配置的困难，用于减小网络客户机 IP 地址配置的复杂度和管理开销。

【知识 2】 DHCP 租约

DHCP 服务器向客户机出租的 IP 地址一般都有一个租约期限，期满后，DHCP 服务器便收回出租的 IP 地址。如果客户机要延长 IP 租约，就必须更新其 IP 租约。DHCP 客户机启动或 IP 租约期限过半时，会自动向 DHCP 服务器发送更新其 IP 租约的信息。

任务实施

任务实施流程如表 6-3 所示。

表 6–3　任务实施流程

工具与材料准备		
工具/材料名称（型号与规格）/条件	数量与单位	说　　明
网线	若干根	连接网络设备
计算机	每组台式机两台	便于分组与任务实施
服务器	1 台/组	存储文件
虚拟机	1 台/组	安装好不同的操作系统
还原卡	1 块/台	

参考资料或资讯准备
① 调查分析报告样本 ② 需求分析报告样本 ③ DHCP 服务的安装说明 ④ 操作系统安装需准备的条件 ⑤ 材料和工具清单（空表） ⑥ 服务器设备说明书 ⑦ Internet 共享设置说明

实施流程
① 教师完成相应的说明与引导，准备好本次任务完成所需要的工具、材料和环境，然后布置任务 ② 学习者根据布置的任务内容，阅读【知识准备】中的知识介绍，如果不够，可利用网络查找资料，学习相关知识 ③ 学习者规划需完成的任务（需求分析与结构设计——连接与配置网络——设置 Internet 连接共享——配置 DHCP 服务器——快速恢复多机系统——远程管理服务），做好分工，明确小组长及成员的任务 ④ 填写材料和工具清单，到教师或负责人处领取，准备好工具与材料 ⑤ 根据【任务实施】中任务的先后顺序与步骤完成具体的安装或配置任务，在完成每个小任务后测试任务的完成情况，保证任务 100% 完成 ⑥ 待所有任务完成后，测试整体任务是否成功，上交分析报告、测试结果图等，分析报告应按照正规格式书写 ⑦ 归还工具和材料，将工具摆放整齐；清理工作台，将所有设备恢复原位 ⑧ 关闭电源，摆放好桌椅

任务 1　组建实训室局域网需求分析与结构设计

任务 1-1　用户调查分析

用户调查是需求分析的重要环节，可以直接与用户进行面对面的调查，也可以通过电话或其他方式进行调查，填写如表 6-4 所示的调查报告。

表 6-4　调查报告表

调查内容	调查选项
填写说明：在符合项后画√	
实训室名称	
实训室网络接入情况	是（　　　）　光纤网络（　　　　）双绞线网络（　　　　　）
实训室有几台计算机	共（　　　）台，是（　　　　）型号的
实训室的主要功能	
使用该实训室的专业、课程及主要训练内容	
互联设备的品牌	请填写设备的型号等具体内容
网络安全要求	上网安全（　　　　），信息安全（　　　）
应用要求	共享访问 Internet（　　　），远程管理（　　　），自动获取 IP 地址（　　　　）
是否同意以上内容	情况属实（　　　） 说明：调查人和被调查人签名确认

任务 1-2　需求分析

实训室与办公室的区别很大，如果是通用机房，则一般侧重于计算机基础操作及应用，对操作系统的需求多，以满足不同专业不同应用的需求；对应用软件的需求也多，如 Office、WinRAR 等。如果是专业机房，就需要满足专业需求，如网络专业的机房，侧重于网络组建与配置。由于网络专业的设备都非常昂贵，因此希望在刚接触或不熟练的时候使用模拟软件、仿真软件熟悉命令和工作界面，等到练熟了再使用真实机，有利于保护真实设备。

步骤 1：辨别目标和约束。

① 该局域网位于一个实训室，不涉及其他的房间，是通用实训室。

② 已经从校园网拉了一根网线连接该实训室。

③ 该实训室有 48 台计算机，在上课时，为了避免不同学生的进度不一样或者开小差，整个实训室的计算机由教师统一控制。

④ 需要一台服务器存放文件。

⑤ 为了减轻管理员的工作强度，希望能动态获取 IP 地址。

⑥ 实训室中的所有计算机在需要的时候都能够上网。

⑦ 上一节课的操作结果不能影响下一节课。

⑧ 课程与课程之间所需的操作系统不同，即有可能这堂课需要 Windows 2003 系统，下一堂课就需要 Linux 系统或者其他操作系统。

⑨ 该局域网的计算机主要用于上课，因此基本不需要移动。

步骤 2：明确用户的功能要求。

① 实训室的所有计算机都通过代理服务器共享上网。

② 为了节约资源，学生的练习如果能通过电子文档完成的，就不再通过纸

质形式，既方便保管又方便查询。教师需要分发给学生的文件和资料及学生需上交的资料都存放在固定位置，以方便学生随时访问和查询。

步骤 3：分析技术目标和约束。

① 局域网连接方式：因为网络主要应用于实验室上课，移动性不强，因此不考虑无线连接方式，直接有线连接就行。

② 技术选择：为了节约成本，不考虑购买专门的服务器，选一台性能较好的计算机作服务器。装两块网卡，一块网卡连接校园网，另一块网卡连接实训室的交换机。然后安装一个代理软件（如 WinGate），其他所有计算机都连接到交换机上，通过这台服务器上网。

③ 设备分析：局域网中的主要设备是代理服务器、交换机、计算机。

步骤 4：拓扑结构需求分析。

根据项目情况，设备和信息插座全部处于同一个房间，物理范围不大。只有 48 台计算机，规模不大。同时，考虑到维护和管理的方便性，可选星形拓扑结构。

步骤 5：网络发展需求——扩展性。在本设计中主要考虑交换机的扩展能力。

任务 1-3 网络结构设计

综合需求分析和实训室结构，选择星形拓扑结构，拓扑结构如图 6-1 所示，拓扑结构图的绘制可参照基础篇的项目 1。

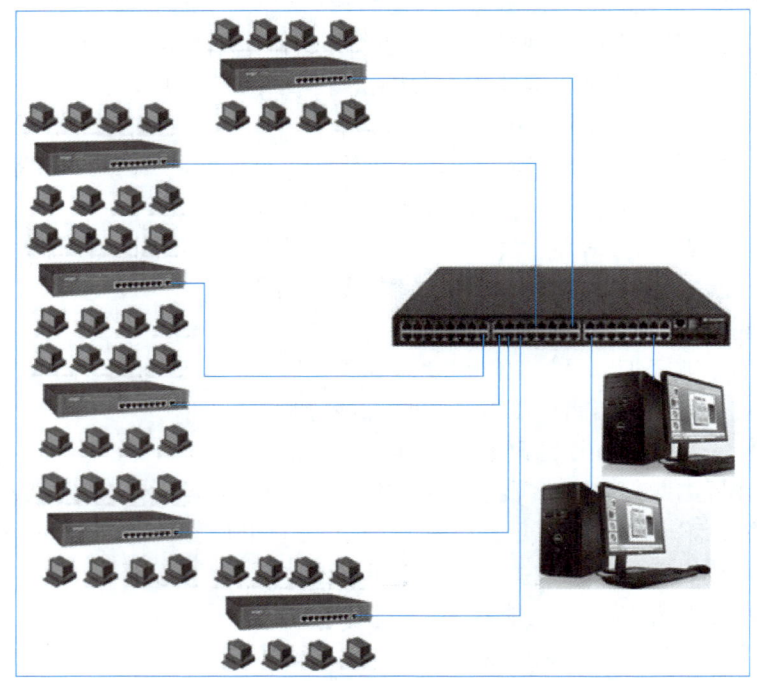

图 6-1 网络拓扑结构

任务 2　连接与配置实训室局域网

根据拓扑结构图连接各硬件设备，组成一个实训室局域网。

任务 2-1　选购并安装网络硬件设备及相应的软件

选购网络设备，首先应了解需注意的几个问题。该局域网中的主要设备是交换机，应充分考虑设备的扩充能力和技术升级。

（1）明确需要哪些网络设备

根据需求分析，确定所构建的网络需要哪类网络设备，包括网络连接类的和网络接口卡等。网络连接类的设备如路由器和交换机等。

（2）对比并分析网络设备

针对选择的网络设备类型，对不同厂家的同种类型的设备进行对比并分析，应考虑产品的质量、兼容性、厂家的售后服务及其他用户对该类产品的评价等。

（3）尽量选择同一厂商的设备

不同厂商的设备可能会造成网管上的不统一，甚至出现不兼容等现象。另外，在技术服务等方面会存在许多不同，因此，尽量选择同一厂商的设备。

步骤：选购网络设备。

① 交换机选购。

层次确定：选购的交换机用于在实训室中连接计算机和服务器，因此，可以使用中低端产品，二层交换机就行。

应用要求：不同的网络应用决定着所需设备的性能。性能越高的交换机价格也就越高，因此，不要盲目追求高性能，而应当根据网络应用、数据流量等诸多因素，选择最适合网络应用的、最具性价比的交换机。实训室网络的应用不仅仅是进行数据通信，还包括语音和视频。选择性能较好的二层交换机就能满足要求。

端口要求：对端口的选择包括两个方面，一是端口数量，二是端口类型。在选择端口数量时，应当掌握两个基本原则：一是保持端口的适当冗余，根据接入计算机的数量确定端口，并为未来接入的用户预留适当数量的端口，二是高密度。由于交换机之间的互联会导致端口的浪费，因此，应当尽量选择 24 或 48 端口的交换机。

交换机的端口有 3 种类型，即光纤端口、双绞线端口和 GBIC 或 SFP 插槽。为了增加连接的灵活性，适应更加复杂的网络环境，光纤端口已经逐渐被 GBIC 或 SFP 插槽所取代。工作组交换机用于连接普通计算机，因此可以选用双绞线端口。本项目中可选用 3 台 24 口的交换机，也可选择一台 24 口的和 6 台 8 口的交换机，或者更多其他的组合。

② 操作系统选择。

在实训室中，进行不同的实训，可能需要的操作系统不一样，常用的包括 Windows XP、Windows 2008 Server、Linux。在计算机内存满足的情况下，可在同一台计算机上的不同的分区中安装不同的操作系统，不过要注意安装的顺序，以免高版本的文件覆盖低版本的文件，导致只剩下最好一个安装的操作系统。一般在作为服务器的计算机上或专用服务器上安装 Windows 2008 Server。

如果计算机的性能较好，也可以考虑在计算机上安装虚拟软件，在一台真实计算机上虚拟出若干台装有不同操作系统的计算机，有利于大型网络的组建，减少成本的投入。

任务 2-2　设置 Internet 连接共享

实训室局域网络中的计算机比较多，在未连接 Internet 时，局域网内可以通过 TCP/IP 协议实现内部访问。但如果需要连接 Internet，就应该给每台计算机配置一个公用 IP 地址，申请独立的外网 IP 地址不仅需要支付费用，而且 IPv4 的 IP 地址非常匮乏。为了节省 IP 地址和减少成本支出，可选用代理服务器来解决。

1. 环境准备

① 硬件环境：一台可正常连接 Internet 的计算机作为服务器（64 MB 以上的内存，硬盘容量越大越好）；普通计算机。

② 软件环境：Windows Server 2008 操作系统、TCP/IP、WinGate 服务器软件。

视频
WinGate

2. 任务要求

① 在 Windows Server 2008 系统中安装 WinGate 服务器。
② 配置 WinGate 服务器。

3. 配置 Internet 连接共享

WinGate 软件的版本很多，可到 www.wingate.com 站点上去下载。本实训使用 WinGate 6.2.1 版本，目前的最新版本为 WinGate 7.2.8。

（1）WinGate 服务器的安装

① 双击 WinGate 安装文件，打开协议界面，选择"I agree"选项，打开 WinGate 欢迎界面。

② 选择 WinGate 的安装类型。如果在网络的其他计算机上没有发现 WinGate，安装程序会建议配置这台计算机为服务器。在选为服务器的计算机上选择"服务器"安装类型，如果还没确定，也要先选择"服务器"类型，如图 6-2 所示。

③ 单击"Continue"按钮，然后注册、选择安装方式、选择安装路径（如图 6-3 所示）等，一直单击"Next"按钮，直到安装完成。

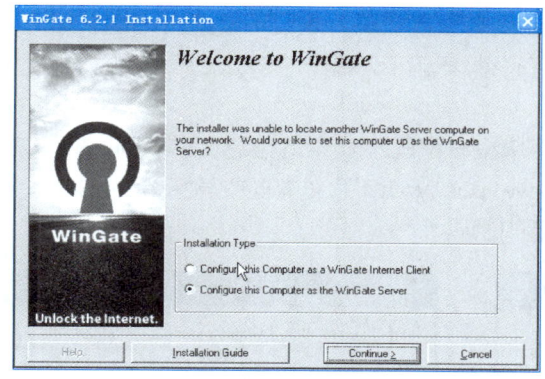 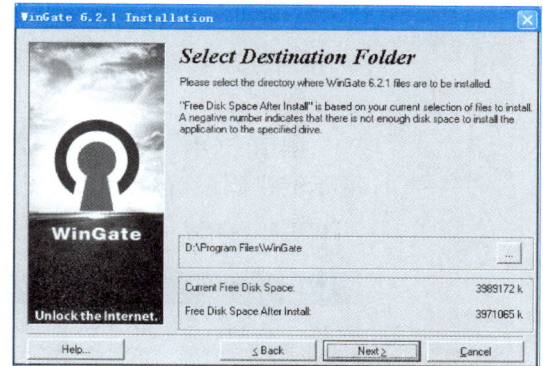

图 6-2　选择安装类型　　　　　　图 6-3　选择安装路径

在安装过程中有一个 Activate 项，可选择在线激活方式，也可选择不在线激活方式。

④ 安装成功。

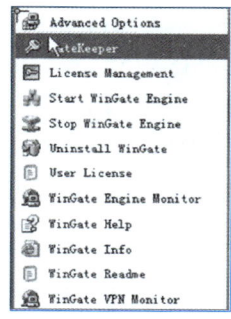

安装完成后需要重启计算机。在计算机桌面下方有代理服务器图标显示，表明 WinGate 已经安装。同时程序菜单如图 6-4 所示。

在该图中可发现，其中起主要作用的是 WinGate Engine 和 GateKeeper。启动 WinGate 程序是通过选择"Start WinGate Engine"命令实现的，关闭则通过选择"Stop WinGate Engine"命令实现的。而 GateKeeper 是用户的界面，选择该命令，打开如图 6-5 所示的 GateKeeper 登录界面。

图 6-4　安装成功后的程序菜单

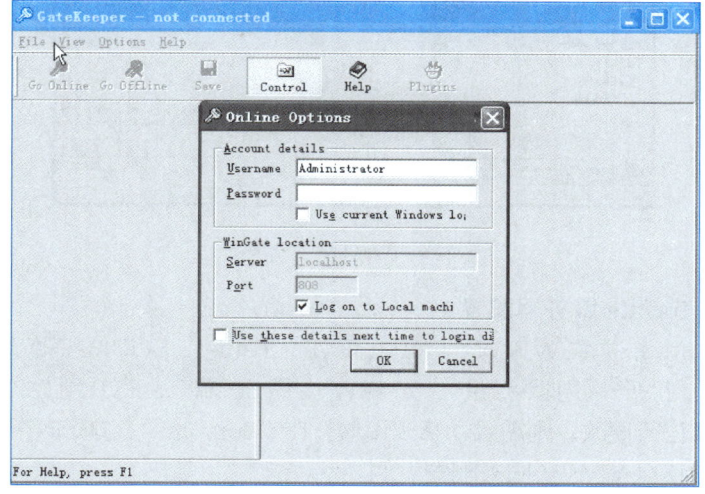

图 6-5　登录界面

在该登录界面，先不输入密码，直接单击"OK"按钮，打开如图 6-6 所示的对话框。该对话框提示"你还没有设置密码,是否不设置密码继续运行"。单击"OK"按钮,表明不设置密码继续运行,单击"Cancel"按钮,表明需要设置密码。

单击"OK"按钮后会提示用户没有密码不安全的信息,并打开如图 6-7 所示的密码设置对话框,在"New password"文本框中输入新的密码,在"Confirm new"文本框中确认新的密码。

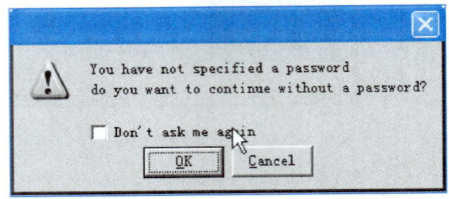
图 6-6　密码输入提示对话框

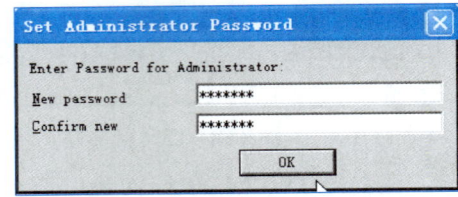
图 6-7　密码设置对话框

单击"OK"按钮,打开如图 6-8 所示的 WinGate 主界面,左侧窗格中显示"System"、"Services"、"Users"选项卡,右侧窗格中动态显示使用 WinGate 访问 Internet 的情况,可通过该窗口随时中止用户的访问连接。

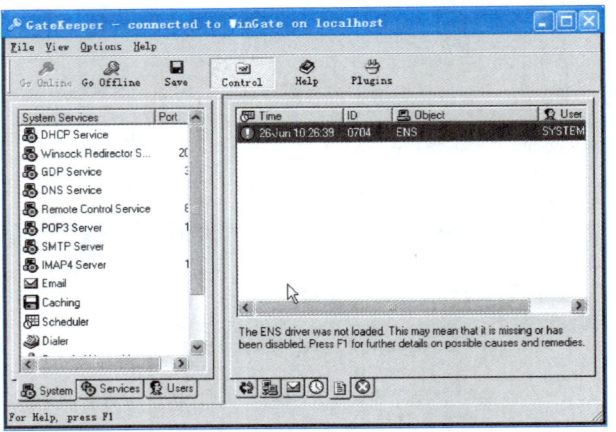
图 6-8　WinGate 主界面

(2)WinGate 服务器配置

WinGate 能提供 WWW、POP3、FTP、Telnet、SOCKS 等代理服务。默认情况下,各服务采用默认端口,如 WWW 用 80 端口,FTP 用 21 端口等。如果要对端口进行更改,则需手动修改设置。在"Services"选项卡中可配置所有服务,本项目以 WWW 服务配置为例。

在"Services"选项卡中选中"WWW Proxy server"选项并双击,打开如图 6-9 所示的"WWW Proxy server properties"对话框,各选项设置如下。

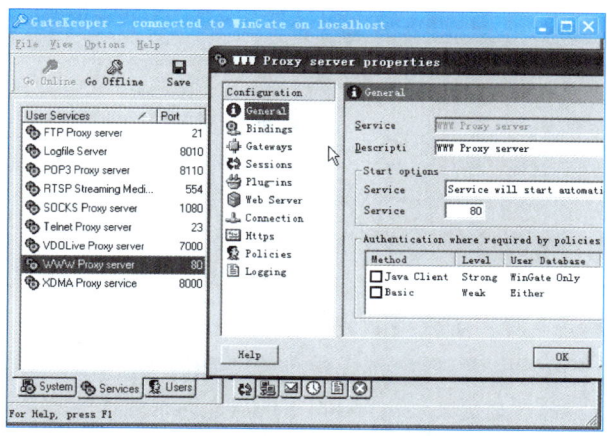

图 6-9　WinGate 服务器的配置界面

①"Bindings"选项：设置接收代理服务请求的网络接口，通常是代理服务器连接内部网络的接口。

②"Connection"选项：该选项界面如图 6-10 所示，默认为直接连接。除此之外，还有设置代理服务与 Internet 的连接方式、通过其他服务器级联、SOCK4 连接、SSL 连接等。

③"Policies"选项：WinGate 提供了 4 种不同层次的用户管理模式，即完全开放模式（User may be unknown）、授权用户模式（User must be authenticated）、默认模式（Assumed Users）、用户模式（Group）。具体的用户管理是通过"Users"选项卡来配置的。

（3）WinGate 客户端配置

配置方法一如下。

步骤 1：安装客户端。

内网中的计算机使用 WinGate 登录 Internet，安装 WinGate 客户端程序的方法与 WinGate 服务器相同，只要选择"客户端"类型即可，如图 6-11 所示。

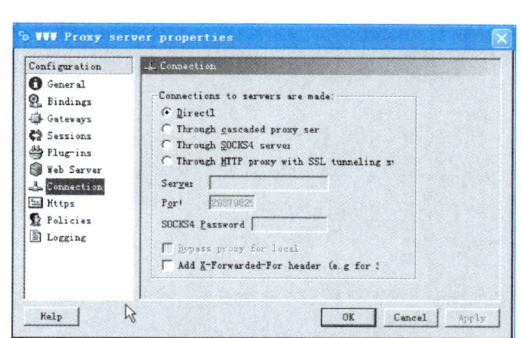

图 6-10　"Connection"选项界面

图 6-11　WinGate 客户端的安装类型选择

安装完成后，在程序窗口中显示如图 6-12 所示的菜单项。

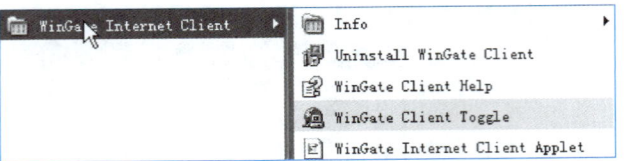

图 6-12　WinGate 客户端安装成功后的菜单项

步骤 2：配置客户端。

① WinGate 客户端主界面如图 6-13 所示。

② 选择"WinGate Servers"选项卡，如图 6-14 所示。

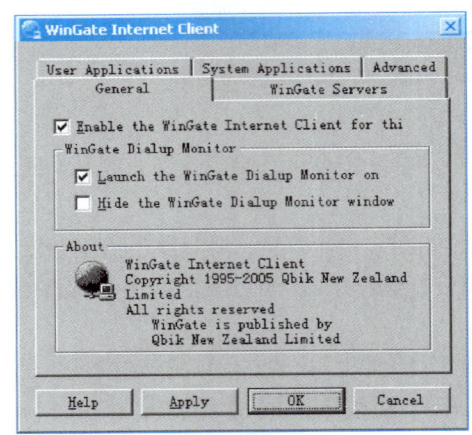

图 6-13　WinGate 客户端主界面

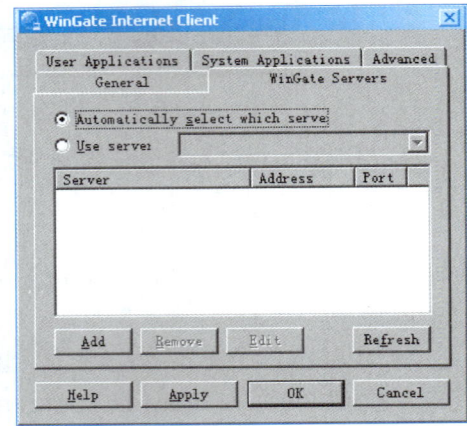

图 6-14　"WinGate Servers"选项卡

如果局域网内只有一个 WinGate 服务器，可选择第一个单选按钮，启动搜寻服务器。如果有两个以上，可选择第二个单选按钮，手动选择服务器。此时可单击"Add"按钮添加服务器，单击"Remove"按钮删除列表中的服务器，设置好后单击"Apply"按钮执行。

③ 打开如图 6-15 所示的"Application Scope"对话框，可选择本地硬盘上的信息如何被访问。

第 1 个单选项：使文件只能在局域网内被访问。

第 2 个单选项：可将文件发到因特网，但不能从因特网上直接进入访问。

第 3 个单选项：可使文件以任意形式被访问（不论是因特网还是局域网）。

④ 单击如图 6-16 所示的"Advanced"标签，在更改了网络配置时使用，重新刷新与服务器的连接参数。这样，客户端就设置完毕了。

配置方法二如下。

这种方法可以不安装客户端，直接配置计算机的各种 Internet 程序代理服务，填写代理服务器的 IP 地址和端口，就可实现 Internet 共享。

代理服务的运行一般是透明的，用户根本感觉不到代理服务的存在。在实际应用中，Web 服务的代理比较常见，下面以此为例说明配置过程。

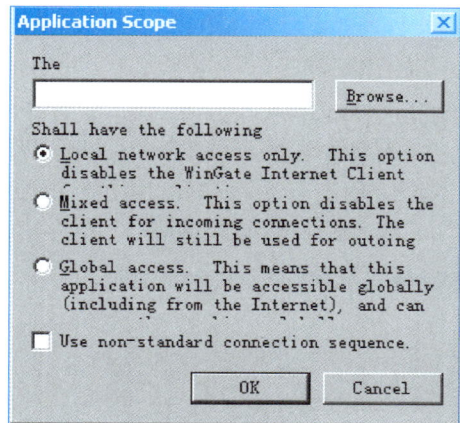
图 6-15 "Application Scope"对话框

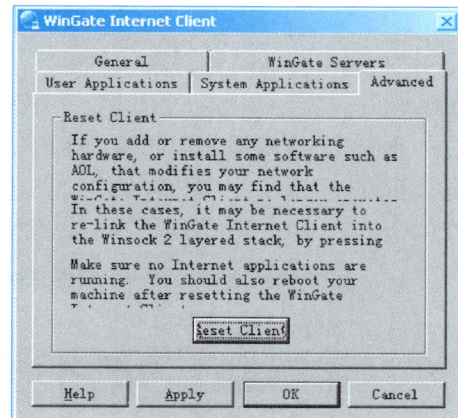
图 6-16 "Advanced"选项卡

启动浏览器后选择"工具"→"Internet 选项"菜单命令，在打开的对话框中选择"连接"选项卡，单击"局域网设置"按钮，打开"局域网（LAN）设置"对话框，选中"代理服务器"列表框中的"为 LAN 使用代理服务器（X）（这些设置不会应用于拨号或 VPN 连接）"复选框，在"地址"文本框中输入 IP 地址，在"端口"文本框中输入端口号，然后单击"确定"按钮，就可以让所有用户共享 Internet 了，客户端设置界面如图 6-17 所示。

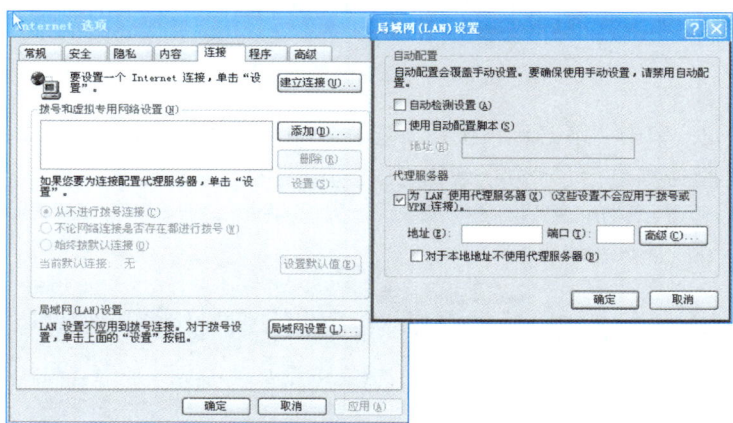
图 6-17 客户端设置界面

任务 2-3　配置 DHCP 服务器

1. 安装 DHCP 服务

本任务是在 Windows Server 2008 环境下完成的。

（1）安装前的准备工作

① DHCP 服务器本身必须采用固定的 IP 地址。

② 规划 DHCP 服务器的可用 IP 地址。

视频
安装 DHCP 服务

（2）安装 DHCP 服务

可以通过选择"服务器管理器"或"初始化配置任务"应用程序，打开添加角色向导来安装 DHCP 服务。安装 DHCP 服务的具体操作步骤如下。

步骤 1：在服务器中选择"开始"→"服务器管理器"菜单命令，打开"服务器管理器"窗口，选择左侧的"角色"选项，单击右侧的"添加角色"链接，在弹出的如图 6-18 所示的界面中选择"DHCP 服务器"复选框。

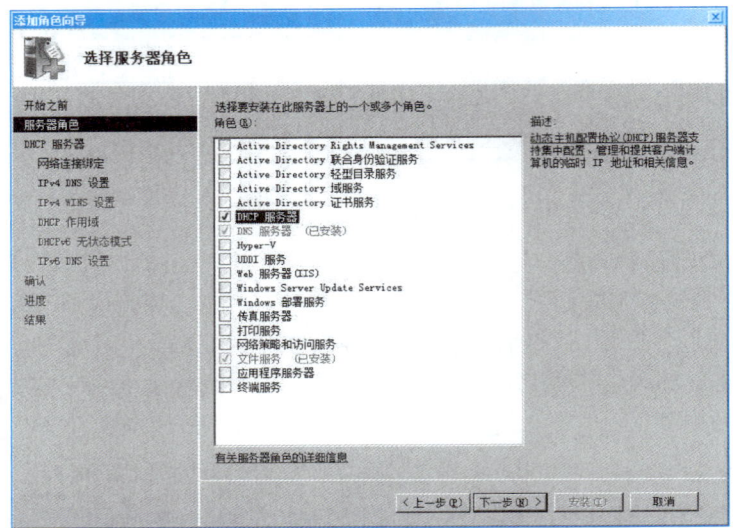

图 6-18 "选择服务器角色"界面

步骤 2：单击"下一步"按钮，打开如图 6-19 所示的界面。在该界面中对 DHCP 服务器进行了简要介绍，在此可以查看相关的信息。

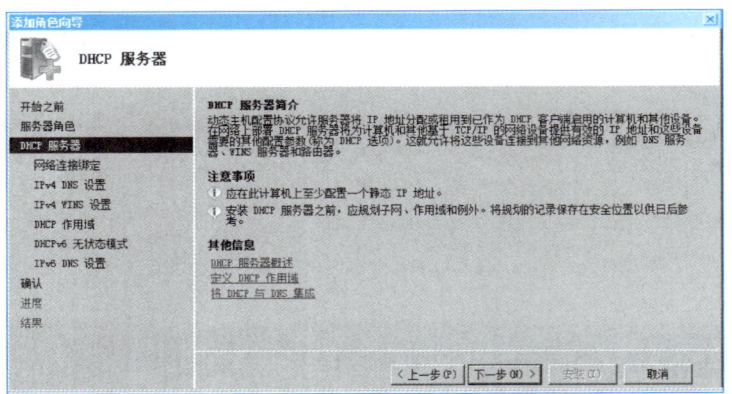

图 6-19 "DHCP 服务器"界面

步骤 3：单击"下一步"按钮，系统会检测到当前系统中已经具有静态 IP 地址的网络连接，每个网络连接都可为单独子网上的 DHCP 客户端提供服务，界面如图 6-20 所示，在此选择需要提供 DHCP 服务的网络连接。

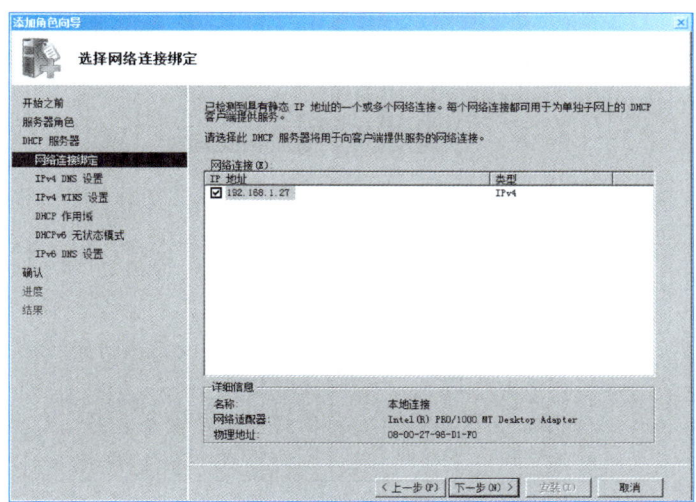

图 6-20 "选择网络连接绑定"界面

步骤 4：单击"下一步"按钮，打开如图 6-21 所示的界面，如果服务器中安装了 DNS 服务，就需要设置 IPv4 类型的 DNS 服务器参数，例如输入"www.info.com"作为父域，输入"192.168.1.27"作为 DNS 服务器地址。

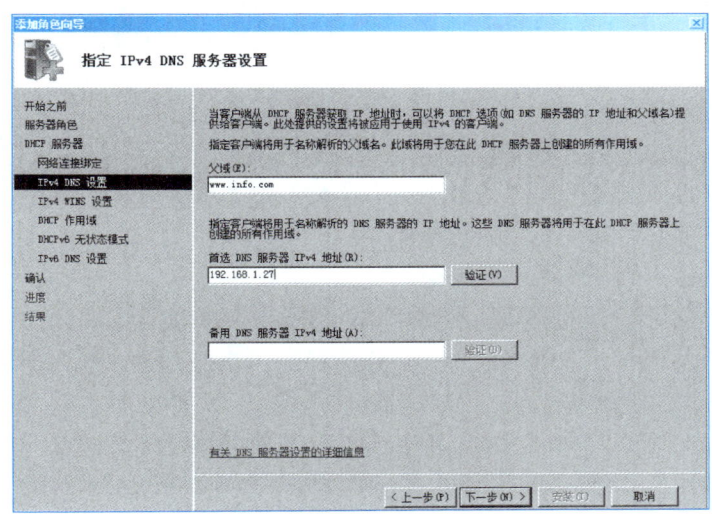

图 6-21 "指定 IPv4 DNS 服务器设置"界面

步骤 5：单击"下一步"按钮，如果当前网络中的应用程序需要 WINS 服务，则选择"此网络上的应用程序需要 WINS"单选按钮，并且要输入 WINS 服务器的 IP 地址。

步骤 6：单击"下一步"按钮，打开如图 6-22 所示的界面，通过单击"添加"按钮来设置 DHCP 作用域。

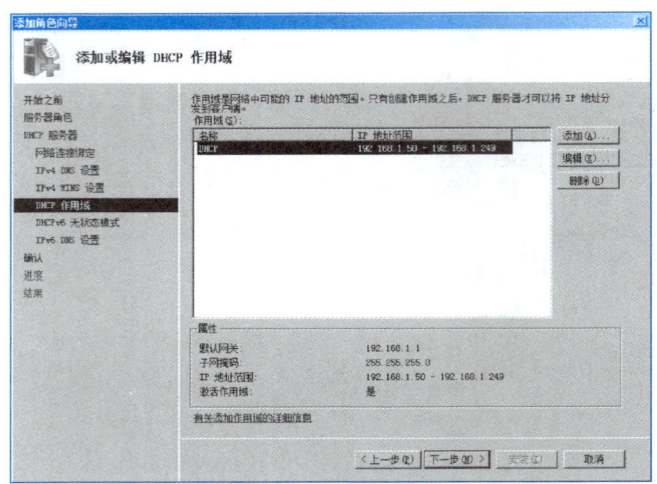

图 6-22 "添加或编辑 DHCP 作用域"界面

此时将打开如图 6-23 所示的"添加作用域"对话框，从中可设置作用域的相关参数。

首先输入作用域的名称，这是出现在 DHCP 控制台中的作用域名称。在"起始 IP 地址"和"结束 IP 地址"文本框中分别输入作用域的起始 IP 地址和结束 IP 地址，例如，本例中设置起始 IP 为 192.168.1.50，结束 IP 地址为 192.168.1.249。根据网络的需要设置子网掩码和默认网关参数。在"子网类型"下拉列表框中设置租用的持续时间。

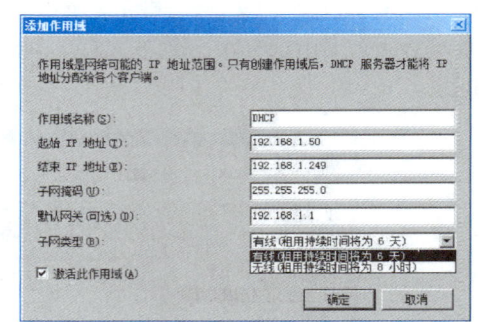

图 6-23 "添加作用域"对话框

创建作用域之后，必须激活作用域才能提供 DHCP 服务，因此选择"激活此作用域"复选框。设置完毕后，单击"确定"按钮，返回上级界面，单击"下一步"按钮继续操作。

步骤 7：Windows Server 2008 的 DHCP 服务器支持用于 IPv6 客户端的 DHCPv6 协议，此时可以根据网络中使用的路由器是否支持该功能进行设置，在如图 6-24 所示的界面中根据网络的需要将其设置为"对此服务器禁用 DHCPv6 无状态模式"。

步骤 8：单击"下一步"按钮，在如图 6-25 所示的界面中显示了 DHCP 服务器的相关配置信息，如果确认安装，则可以单击"安装"按钮，进入安装过程。

步骤 9：在 DHCP 服务器安装完成之后，可以看到如图 6-26 所示的界面，此时可单击"关闭"按钮结束安装向导。

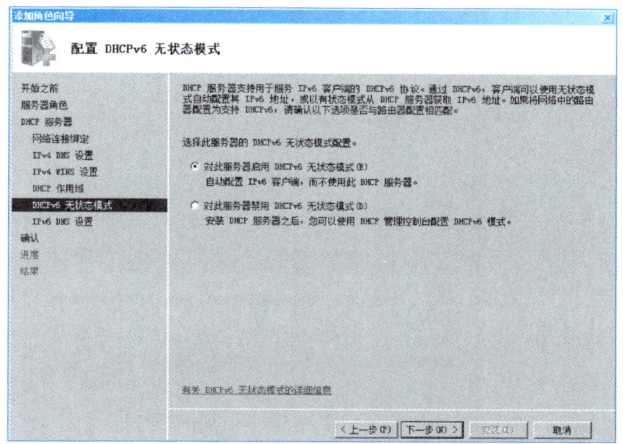

图 6-24 "配置 DHCPv6 无状态模式"界面

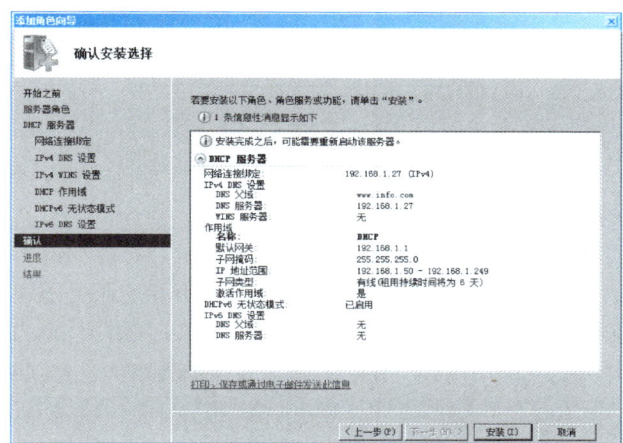

图 6-25 "确认安装选择"界面

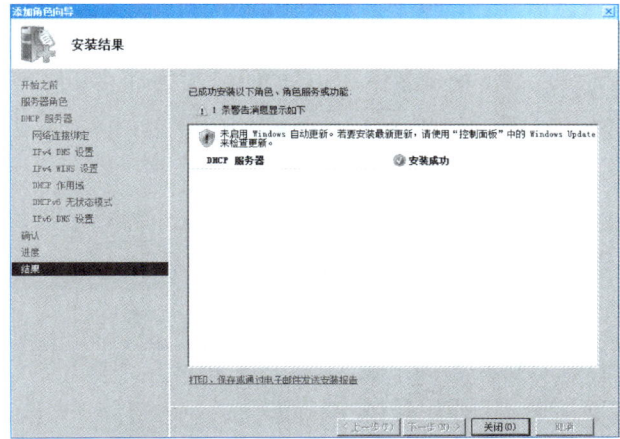

图 6-26 "安装结果"界面

步骤 10：DHCP 服务器安装完成之后，在"服务器管理器"窗口中选择左侧的"角色"选项，即可在右部区域中查看到当前服务器安装的角色类型，如果其中有刚刚安装的 DHCP 服务器，则表示 DHCP 服务器已经成功安装，界面如图 6-27 所示。

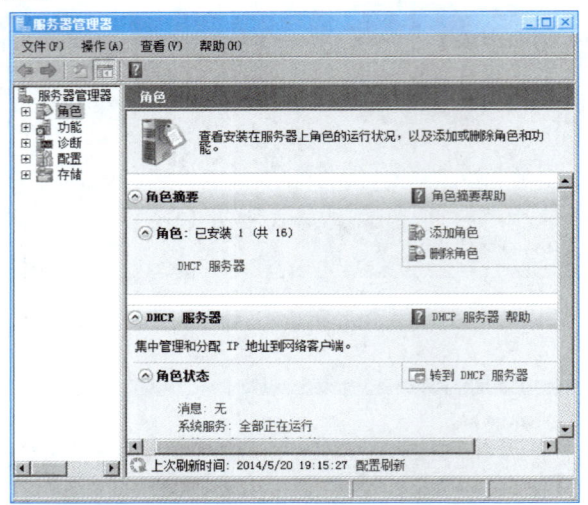

图 6-27　查看 DHCP 服务是否安装界面

2．DHCP 服务器管理

（1）DHCP 服务器的启动与停止

在安装 DHCP 服务之后，可以在如图 6-27 所示的"服务器管理器"窗口中，单击右侧的"转到 DHCP 服务器"链接，打开如图 6-28 所示的"DHCP 服务器"对话框，在其中可以启动与停止 DHCP 服务器，查看事件、相关资源和支持。

视频
DHCP 服务管理

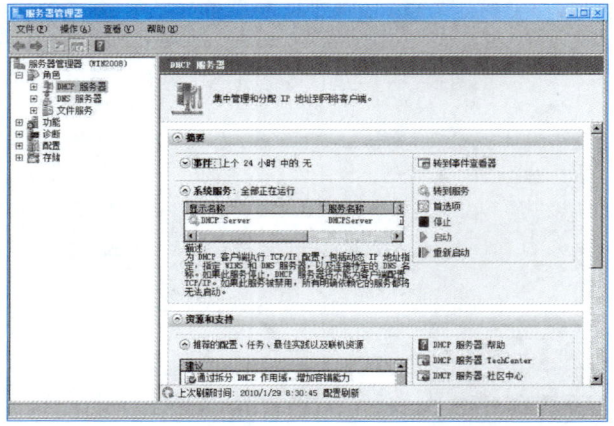

图 6-28　"DHCP 服务器"对话框

（2）修改 DHCP 服务器的配置

修改 DHCP 服务器配置的具体操作如下。

在"服务器管理器"窗口左侧的目录树中的"DHCP 服务器"下选中"IPv4"

选项，使用右键单击，并在弹出的快捷菜单中选择"属性"命令，快捷菜单如图 6-29 所示。

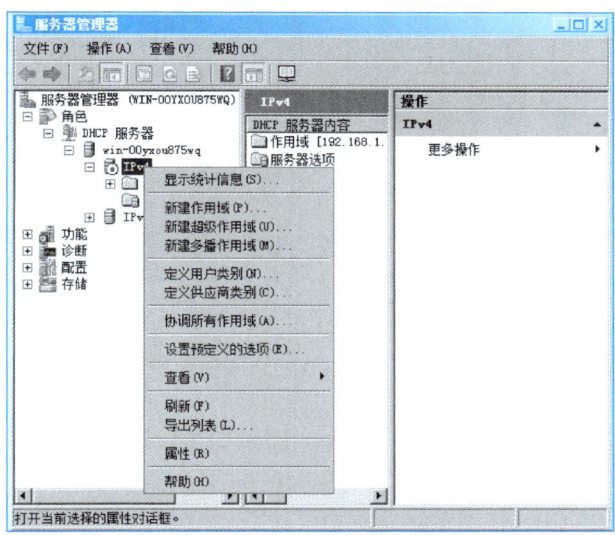

图 6-29　IPv4 选项的快捷菜单

此时打开如图 6-30 所示的"IPv4 属性"对话框，在不同的选项卡中可以修改不同的 DHCP 服务器的设置，各选项卡的设置如下。

① "常规"选项卡。

单击"常规"标签，打开如图 6-30 所示的"常规"选项卡，各项参数含义如下。

"自动更新统计信息间隔"复选框：按小时和分钟为单位，设置服务器自动更新统计信息的间隔。

"启用 DHCP 审核记录"复选框：DHCP 日志将记录服务器活动，以供管理员参考。

"显示 BOOTP 表文件夹"复选框：可以查看 Windows Server 2008 中建立的 DHCP 服务器的列表。

② "DNS"选项卡。

单击"DNS"标签，打开如图 6-31 所示的"DNS"选项卡，各参数含义如下。

"根据下面的设置启用 DNS 动态更新"复选框：表示 DNS 服务器上该客户端的 DNS 设置参数如何变化，有两种方式。选择"只有在 DHCP 客户端请求时才动态更新 DNS A 和 PTR 记录"单选按钮，表示 DHCP 客户端主动请求时，DNS 服务器上的数据才进行更新；选择"总是动态更新 DNS A 和 PTR 记录"单选按钮，表示 DNS 客户端的参数发生变化后，DNS 服务器的参数就发生变化。

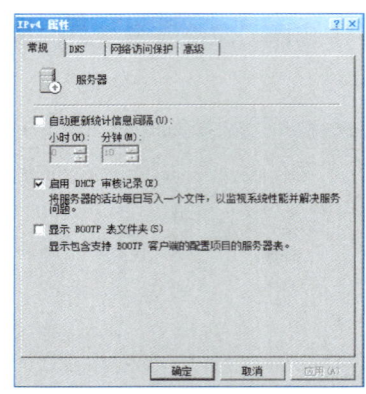

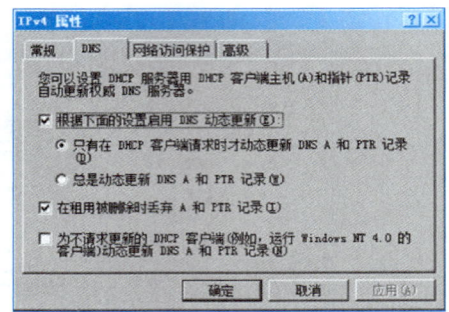

图 6-30 "IPv4 属性"对话框　　　　图 6-31 "DNS"选项卡

"在租用被删除时丢弃 A 和 PTR 记录"复选框：表示 DHCP 客户端的租约失效后，其 DNS 参数也被丢弃。

"为不请求更新的 DHCP 客户端（例如，运行 Windows NT 4.0 的客户端）动态更新 DNS A 和 PTR 记录"复选框：表示 DNS 服务器可以对非动态的 DHCP 客户端执行更新。

③ "网络访问保护"选项卡。

单击"网络访问保护"标签，打开如图 6-32 所示的"网络访问保护"选项卡，各项参数含义如下。

"网络访问保护设置"选项组：可以对所有作用域启用或禁用网络访问保护功能。

"无法连接网络策略服务器（NPS）时的 DHCP 服务器行为"选项组：有 3 个单选按钮，即"完全访问"、"受限访问"、"丢弃客户端数据包"。

④ "高级"选项卡。

单击"高级"标签，打开如图 6-33 所示的"高级"选项卡，各项参数含义如下。

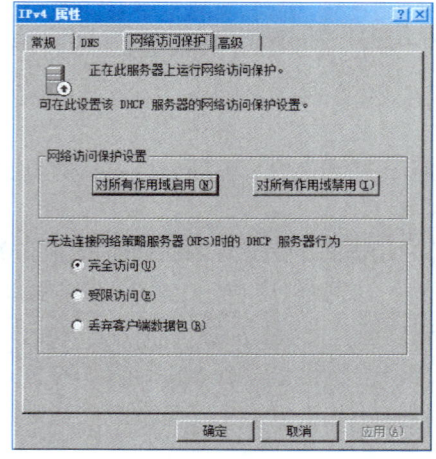

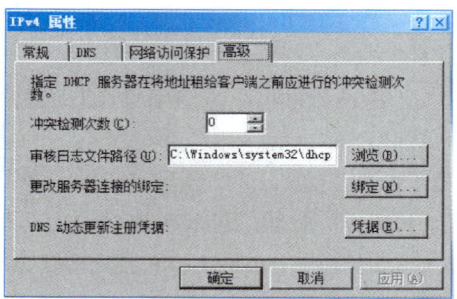

图 6-32 "网络访问保护"选项卡　　　　图 6-33 "高级"选项卡

"冲突检测次数"微调框：DHCP 服务器在给客户端分配 IP 地址之前，设置对该 IP 地址进行冲突检测的次数，最高为 5 次。

"审核日志文件路径"文本框：在此可以修改审核日志文件的存储路径。

"更改服务器连接的绑定"选项：如果需要更改 DHCP 服务器和网络连接的关系，单击"绑定"按钮，打开如图 6-34 所示的"绑定"对话框，从"连接和服务器绑定"列表框中选中绑定关系后单击"确定"按钮即可。

"DNS 动态更新注册凭据"选项：由于 DHCP 服务器给客户端分配 IP 地址，因此，DNS 服务器可以及时从 DHCP 服务器上获得客户端的信息。为了安全起见，可以设置 DHCP 服务器访问 DNS 服务器时的用户名和密码。单击"凭据"按钮，出现如图 6-35 所示的"DNS 动态更新凭据"对话框，在此可以设置 DHCP 服务器访问 DNS 服务器的参数。

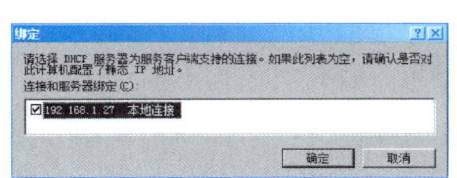

图 6-34 "绑定"对话框　　图 6-35 "DNS 动态更新凭据"对话框

3. 作用域配置

修改已建立好的作用域的配置参数的操作如下。在"服务器管理器"窗口的左侧的目录树中右键单击"作用域[192.168.1.0]"选项，在弹出的快捷菜单中选择"属性"命令，打开如图 6-36 所示的"作用域[192.168.1.0]DHCP 属性"对话框。

视频
配置作用域

作用域共有 4 个选项卡，其中，"DNS"选项卡和"网络访问保护"选项卡与"IPv4 属性"对话框中的相同，这里不再介绍，另外的选项卡介绍如下。

① "常规"选项卡。

"常规"选项卡如图 6-36 所示，具体参数如下。

"起始 IP 地址"和"结束 IP 地址"文本框：在此可以修改作用域分配的 IP 地址范围，但"子网掩码"是不可编辑的。

"DHCP 客户端的租用期限"选项组：有两个单选按钮，选择"限制为"单选按钮可设置期限，选择"无限制"单选按钮表示租约无期限限制。

"描述"文本框：可以修改作用域的描述。

② "高级"选项卡。

"高级"选项卡如图 6-37 所示，具体参数如下。

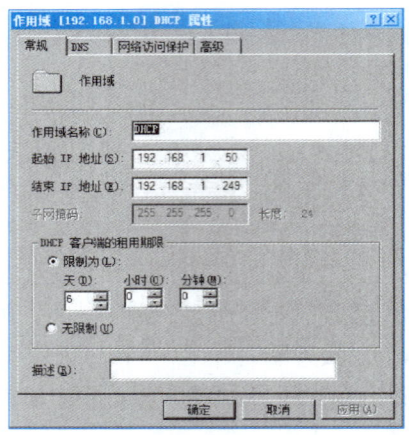
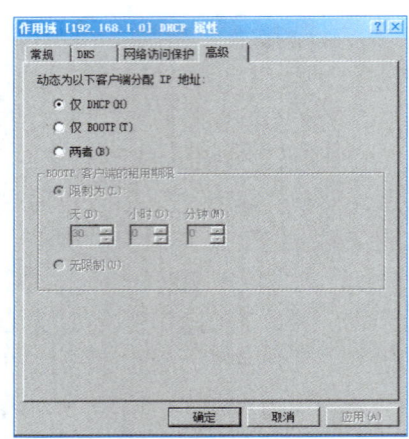

图 6-36 "作用域[192.168.1.0]DHCP 属性"对话框

图 6-37 "高级"选项卡

"动态为以下客户端分配IP地址"选项组:有3个单选按钮,选择"仅DHCP"单选按钮表示只为DHCP客户端分配IP地址;选择"仅BOOTP"单选按钮表示只为Windows NT 以前的一些支持BOOTP的客户端分配IP地址;选择"两者"单选按钮表示支持多种类型的客户端。

"BOOT 客户端的租用期限"选项组:用于设置BOOTP客户端的租用期限,由于BOOTP最初被设计为无盘工作站,可以使用服务器的操作系统启动,现在已经很少使用,因此可以直接采用默认参数。

4. 修改作用域的地址池

修改已设置作用域的地址池的操作步骤如下。在"服务器管理器"窗口左侧的目录树中右键单击"地址池"选项,在弹出的快捷菜单中选择"新建排除范围"命令,如图6-38所示。

视频
设置保留地址等3个

打开如图6-39所示的"添加排除"对话框,从中可以设置在地址池中非除的IP地址范围。

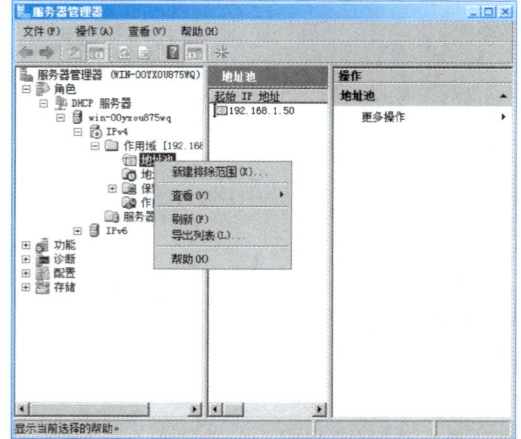
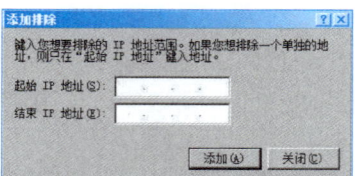

图 6-38 "地址池"快捷菜单

图 6-39 "添加排除"对话框

5. 显示 DHCP 客户端和服务器的统计信息

在"服务器管理器"窗口右侧的目录树选择"作用域[192.168.1.0]"→"地址租用"选项，可以查看已经分配给客户端的租用情况，如图 6-40 所示。从图中可查看服务器为客户端分配的 IP 地址，在右侧的"地址租用"列表栏下就会显示客户端的 IP 地址，客户端名、租用截止日期和类型信息。

在"服务器管理器"窗口中右键单击目录树中的服务名称，并在弹出的快捷菜单中选择"显示统计信息"命令，可以打开如图 6-41 所示的统计信息对话框，其中显示了 DHCP 服务器的开始时间、正常运行时间、发现的 DHCP 客户端的数量等信息。

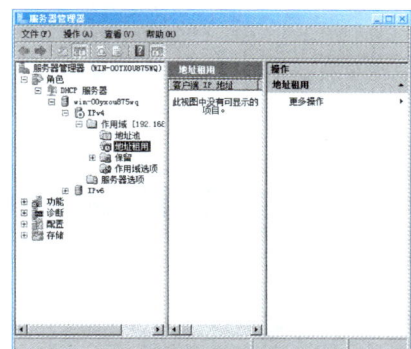

图 6-40　地址租用

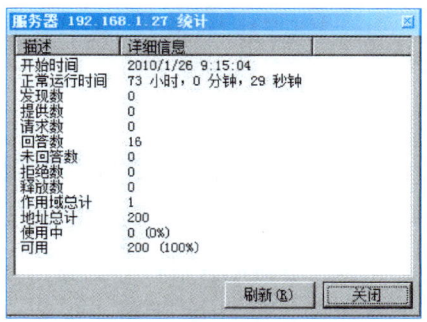

图 6-41　统计信息对话框

6. 建立保留 IP 地址

对于某些特殊的客户端，需要一直使用相同的 IP 地址，此时就可以通过建立保留来为其分配固定的 IP 地址，具体的操作如下。

在"服务器管理器"窗口左侧的目录树中选择"作用域[192.168.1.0]"→"保留"选项，单击鼠标右键，在弹出的快捷菜单中选择"新建保留"命令，如图 6-42 所示。

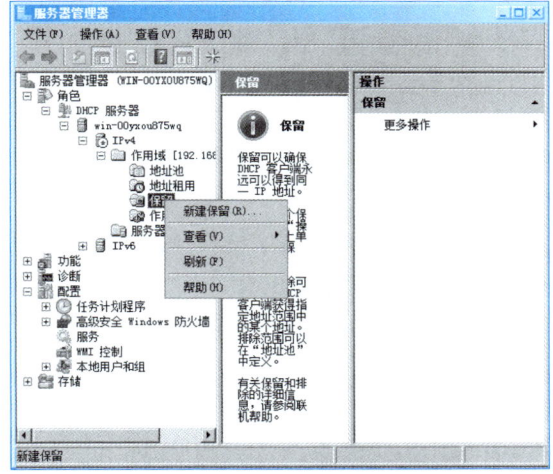

图 6-42　选择"新建保留"命令

在弹出的如图 6-43 所示的"新建保留"对话框中，在"保留名称"文本框中输入名称，在"IP 地址"文本框中输入保留的 IP 地址，在"MAC 地址"文本框中输入客户端网卡的 MAC 地址，完成设置后单击"添加"按钮。

7. DHCP 客户端配置

配置方式一如下。

DHCP 客户端的操作系统有很多种，如 Windows 98/2000/XP/2003/Vista 或 Linux 等，下面以 Windows 2000/XP/2003 客户端的设置为例说明其具体操作步骤。

① 在客户端计算机的"控制面板"中双击"网络连接"图标，打开"网络连接"窗口，从中列出了所有可用的网络连接，右击"本地连接"图标，并在快捷菜单中选择"属性"命令，弹出如图 6-44 所示的"本地连接 属性"对话框。

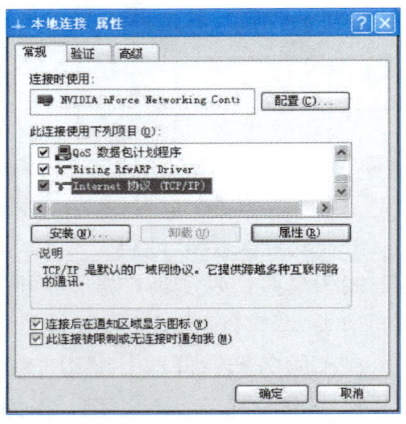

图 6-43 "新建保留"对话框　　图 6-44 "本地连接 属性"对话框

② 在"此连接使用下列项目"列表框中选择"Internet 协议（TCP/IP）"复选框，单击"属性"按钮，弹出"Internet 协议（TCP/IP）属性"对话框，分别选择"自动获得 IP 地址"和"自动获得 DNS 服务器地址"单选按钮，然后单击"确定"按钮，保存对设置所做的修改即可。

配置方式二如下。

通过局域网中的任何一台 DHCP 客户端进入 DOS 命令提示符界面，利用 ipconfig 命令的相关操作查看 IP 地址的相关信息。

执行 C:\ipconfig/renew 可以更新 IP 地址。

各命令解析如下：

C:\>ipconfig/renew

Windows IP Configuration Ethernet adapter 本地连接：

　　Connection-specific DNS Suffix　　．：

　　　　IP Address............: 192.168.1.50   /IP 地址
　　　　Subnet Mask...........: 255.255.255.0   /子网掩码
　　　　Default Gateway........: 192.168.1.1   /默认网关
　　执行 C:\ipconfig/all 可以看到 IP 地址、WINS、DNS、域名是否正确。
　　C:\>ipconfig/all
　　Windows IP Configuration
　　　　Host Name.......: Win2008   /主机名称
　　　　Primary Dns Suffix ..: cninfo.com   /主 DNS 后缀
　　　　Node Type............: Hybrid   /节点类型：有三种类型，即 Hybrid（混合）、Broadcast（广播）、Unkown（未知）
　　　　IP Routing Enabled........: No   /IP 路由启用
　　　　WINS Proxy Enabled........: No   /WINS 代理服务启用
　　　　DNS Suffix Search List......: info.com   /DNS 后缀搜索列表
　　要释放地址使用 C:\ipconfig/release 命令。

任务 2-4　快速恢复多机系统

　　人们经常误删除一些系统或者应用软件内的重要文件，使系统及应用程序出现非法操作的提示或者根本不能正常运行，如死机、中毒、资料被破坏、系统崩溃等，这些情况在实训室可能会经常发生，这时就需要在最短的时间内恢复到正常状态。另外，在网络专业实训室中安装软件时可能需要重新启动计算机，如果像通用机房一样还原到初始状态则会影响软件的安装。本部分介绍使用 Pro Magic 6.0 来即时恢复多种操作系统的操作。

1. 安装软件

　　首先通过 http://www.newhua.com/soft/7120.htm 地址下载 Pro Magic 6.0 软件，然后双击下载文件，将文件解压缩到一个文件夹内，然后找到 Setup 文件直接双击，根据安装向导一步一步安装下去。在安装过程中，Pro Magic 6.0 会询问"是否要对硬盘执行扫描及碎片整理"，一定要做，以保证计算机处于正常状态。扫描磁盘及磁盘碎片整理完成后，Pro Magic 6.0 会出现一个"重新启动计算机"的对话框，再选择"完成"选项。

　　计算机重新启动后，接下来系统会需要确认硬盘分析的状况是否正确，如果正确，则单击"正确"按钮，不正确则单击"放弃"按钮。如果出现"操作者使用模式"界面，则 Pro Magic 6.0 安装完成。

2. 模式

　　软件安装完成后，有"使用者操作模式"和"管理者操作模式"两种。

　　（1）使用者操作模式

　　用户在开启计算机并出现 Pro Magic 6.0 界面后，通过选择菜单进入操作系统，这就是"使用者操作模式"。在这个模式下所做的操作都可以被还原。

（2）管理者操作模式

在"使用者操作模式"界面下按 F10 键，通过管理者密码审核进入到 Pro Magic 6.0 的管理群组或操作系统，由管理者操作模式进入操作系统不受 Pro Magic 6.0 的保护，这称为"管理者操作模式"。Pro Magic 6.0 的所有功能都在管理群组的菜单下设定，因此管理者拥有最高的权。

3. 实例操作

实例说明：一个 20 GB 的硬盘将安装 3 个操作系统，分别为 Windows 2000、Windows ME、Windows 98，同时划分成 4 个分区，每个分区大小为 5 GB。

① 利用 Fdisk 分区。因为本实例中需要安装 3 个操作系统，因此要有 3 个或 3 个以上的分区。首先利用 Fdisk 划分主引导分区为（C）5 GB、扩展分区为 15 GB，然后将扩展分区再分割成 3 个逻辑分区（D、E、F）。

② 安装第一个操作系统。在第一分区（C 盘）内安装 Windows 2000 操作系统，将其他分区（D、E、F）进行格式化。

③ 安装 Pro Magic 6.0。在 Windows 2000 操作系统下放入 Pro Magic 6.0 安装光盘，按照安装向导的引导完成 Pro Magic 6.0 的安装。

④ 进入 Pro Magic 的管理群组中的"用户管理"的"调整分区属性"，将"数据盘"改变为"开机盘"。

安装 Pro Magic 6.0 后，出现"使用者操作模式"，按 F10 键进入"管理群组"，然后使用鼠标或是键盘上的方向键选择第五项的"用户管理"，在下级菜单中选择第四个选项"调整分区属性"，再利用键盘上的 PaUp 键及 PaDn 键将"user2"、"user3"调整为"开机盘"，将"user4"调整为"共用盘"。

⑤ 安装第二个或以上数量的操作系统。

安装第二个操作系统（Windows 98）或第三个操作系统（Windows ME）。在"管理群组"中选择"安装"选项，放入 Windows 98 引导软盘，选择"user2"，安装 Windows 98。Windows 安装后，计算机会自动重新启动，当出现 Pro Magic 的使用者操作模式时，按 F10 键进入 Pro Magic 的管理群组，选择"安装"选项继续安装操作系统（Windows 98），直到安装完毕。

⑥ 如果第二个操作系统为 Windows 2000/XP，则重启计算机不会出现 Pro Magic 使用者操作模式的界面，此时应先将 Windows 2000/XP 安装完毕，然后将 Pro Magic 再重新安装一次（Setup.exe）。若是 Windows 98/Me 则不必。

实施评价

本项目的主要训练目标是让学习者学会在复杂环境下（多个操作系统、快速还原、远程管理）组建和应用网络，任务实施情况小结如表 6-5 所示。

表 6-5　任务实施情况小结

序号	知　识	技　能	重要程度	自我评价	老师评价
1	● 需求分析内容与目标 ● 拓扑结构	○ 与用户恰当沟通 ○ 准确完成需求分析 ○ 设计合理的拓扑结构	★★★		
2	● 代理服务器 ● 什么是 DHCP ● Pro Magic 软件	○ 配置代理服务器 ○ 配置 DHCP 服务器 ○ 安装与配置 Pro Magic 软件	★★★★★		

任务实施过程中已经解决的问题及其解决方法与过程

问题描述	解决方法与过程
1.	
2.	

任务实施过程中未解决的主要问题

任务拓展

拓展任务　动态分配同网段的两段地址

1. 任务拓展卡

任务拓展卡如表 6-6 所示。

表 6-6　任务拓展卡

任务编号	006-3	任务名称	动态分配同网段的两段地址	计划工时	45 min
任 务 描 述					
要在一台服务器上动态分配 192.168.1.1～192.168.1.30、192.168.1.40～192.168.1.80 的地址,该如何设置动态分配的地址范围?					
任 务 分 析					
该任务是设置动态地址的分配范围。与普通设置不同的是,该地址范围是同一网段中不连续的两段网络地址,且同一网段的地址不能同时添加两次,常用的添加方式不可能完成。人们发现,这两段地址只是中间有部分间隔,还是具有连续性的,可以分解为以两个步骤完成。 ① 添加 192.168.1.1～192.168.1.80 的地址 ② 排除 192.168.1.30～192.168.1.40					

2. 任务拓展完成过程提示

步骤 1:设置动态分配的地址范围,如图 6-45 所示。

步骤 2:添加排除在外的 IP 地址范围,如图 6-46 所示。

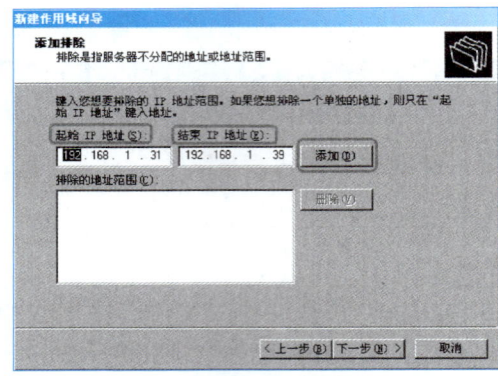

图 6-45　设置 IP 地址范围　　　　图 6-46　添加排除在外的 IP 地址范围

步骤 3：单击"添加"按钮，添加后的界面如图 6-47 所示。

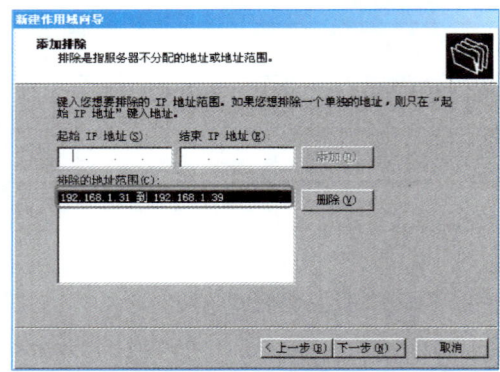

图 6-47　添加后的界面

 **项目总结**

本项目考核要点如表 6-7 所示。

表 6-7　知识技能考核要点

任务		考 核 要 点	考 核 目 标	建议考核方式
1	1-1	● 用户调查分析报告	○ 学会设计调查分析内容，撰写调查分析报告	调查分析报告
	1-2	● 需求分析内容和目标	○ 学会需求分析和撰写需求分析报告	需求分析报告
	1-3	● 网络拓扑结构	○ 选择恰当的拓扑结构类型 ○ 设计正确的拓扑结构	拓扑结构图
2	2-1	● 网络设备选购	○ 选购交换机	交换机名称和型号
	2-2	● Internet 共享设置	○ 代理服务器配置	实际操作
	2-3	● DHCP 服务器配置	○ 安装与配置 DHCP 服务	实际操作，能完成计算机间的文件共享
	2-4	● 恢复多机操作系统	○ 虚拟机安装操作系统	查看虚拟机
	2-5	● 远程管理	○ 远程管理配置	截图或实际远程管理

思考与练习

一、思考题

1. 为什么要进行远程管理？
2. 简述 DHCP 服务器为 DHCP 客户机分配 IP 地址的方式。

二、选择及填空题

1. _____ 服务器能够为客户机动态分配 IP 地址。
2. _____ 就是 DHCP 客户机能够使用的 IP 地址范围。
3. DHCP 是 _____ 的简称，用于网络中计算机 _____，是一个简化主机 IP 地址分配管理的 TCP/IP 协议标准。
4. DHCP 服务器安装好后并不是立即就可以给 DHCP 客户端提供服务，它必须经过一个 _____ 步骤。未经此步骤的 DHCP 服务器在接收到 DHCP 客户端索取 IP 地址的要求时，并不会给 DHCP 客户端分配 IP 地址。
5. 要实现动态 IP 地址分配，网络中至少要求有一台计算机的网络操作系统中安装 _____。

   A. DNS 服务器　　　　　　　　B. DHCP 服务器
   C. IIS 服务器　　　　　　　　D. PDC 主域控制器

6. 以下关于 DHCP 技术特征的描述中，错误的是 _____。

   A. DHCP 是一种用于简化主机 IP 地址配置管理的协议
   B. 在使用 DHCP 时，网络上至少有一台 Windows 2003 服务器上安装并配置了 DHCP 服务，其他要使用 DHCP 服务的客户机必须配置 IP 地址
   C. DHCP 服务器可以为网络上启用了 DHCP 服务的客户端动态分配 IP 地址及其他相关环境配置工作
   D. DHCP 降低了重新配置计算机的难度，减少了工作量

三、操作题

1. 某单位使用 DHCP 服务器分配 IP 地址，配置 DHCP 服务器创建作用域的要求如下：

   ① IP 地址范围为 192.168.1.1～192.168.1.255。
   ② 服务器地址为 192.168.1.1。
   ③ DHCP 客户端默认网关地址为 192.168.1.255。
   ④ DNS 服务器地址为 192.168.1.88。

2. 完成一个 DHCP 服务器配置，使其可以出租的 IP 地址为 192.168.0.1～192.168.0.100（不含 192.168.0.10～192.168.0.19 范围内的 IP 地址）。另外，将 192.168.0.1 保留给 MAC 地址为 00-c0-9f-21-5c-06 的服务器。

3. 使用 Pro Magic 软件安装多个操作系统，并通过"设定"、"用户管理"等选项对系统进行管理。

第3篇 管理篇

前面各篇中已经介绍了组建对等网络、家庭网络、办公网络、实训室网络的基本技能，网络中的计算机也由两台增加到几十台，由于规模逐渐增大，因此需要加强网络中数据的安全管理，提高网络管理技能。

管理篇的主要任务及在本书组织中的位置如下图所示。

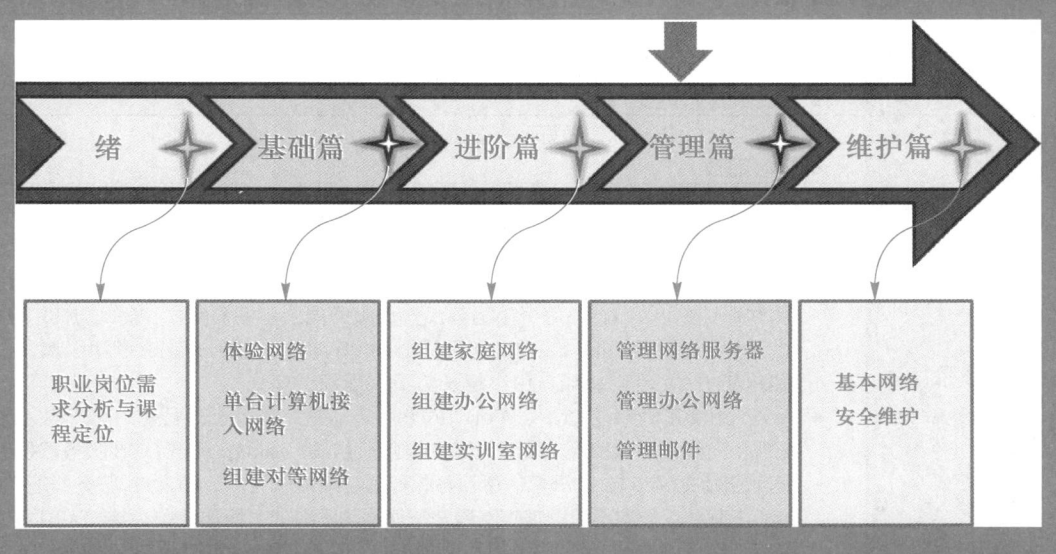

项目 7　管理网络服务器

服务器是局域网的重要设备之一，例如，公司要在网上公布信息，需要配置 Web 服务器；要传送文件，需要配置 FTP 服务器。对这些服务器的一般应用，可利用 Internet 信息服务 IIS 来配置，包括增加 Web、FTP 站点、设置访问权限等。除此之外，还需要域名解析的 DNS 服务器、管理邮件的邮件服务器、负责文件存储的文件服务器等。

当然，需要对网络中的服务器进行详细规划后才能合理利用，本项目将详细介绍各服务器的配置与管理。

 教学导航

知识目标	● 了解 DNS、FTP、WWW 服务的含义和作用，以及 E-mail 的格式和使用 ● 熟悉各服务安装前的准备工作 ● 学会分析 DNS 查询过程并熟悉其查询模式、解析方式
技能目标	● 能顺利、熟练地完成 DNS、FTP、WWW 服务的配置和管理 ● 能使用邮件服务器有效管理和规划邮件 ● 能正确配置虚拟目录
态度目标	● 认真分析任务目标，做好服务器整体规划 ● 耐心细致
教学方法	讲练结合、问题式教学、启发式教学法
考核 A 等标准	● 学校、公司甚至个人组建的网络，为了能通过其发布信息、快捷地传输文件、在线点播电影等，都需要配置并管理服务器。本项目是在小型局域网的基础上管理服务器，以小组为单位（2~3 人），每个小组架设一台服务器，包括 DNS、Web、FTP 服务器；每组上交一份实验实训报告，内容包括整个项目的成员、任务分工、搭建步骤、遇到的问题、解决的方法、小组总结，由小组长负责整理和上交 ● 每个小组能正确架设 DNS、Web、FTP 服务器并完成相应的配置。例如架设 DNS 服务器，配置正向搜索区域和反向搜索区域，并能通过 NSLookUp 测试 DNS 服务器是否工作正常，能读懂 NSLookUp 的屏幕信息；各服务器功能测试正常，如 FTP 服务器能完成文件的上传和下载；工作时不大声喧哗，遵守纪律，与同组成员协作愉快，共同完成整个工作任务，保持工作环境清洁，任务完成后自动整理、归还工具，使工具恢复到原始工作状态，关闭电源
评价方式	教师评价+小组评价+个人评价 教师可根据每组的实际操作结果、实验实训报告、小组成员互相评价的意见记录、个人心得体会、搭建过程中遇到问题的解决办法等来做出综合评价
操作流程	系统和资源准备→配置 Web 服务器→配置 FTP 服务器→配置 DNS 服务器→配置邮件服务器
准备工作	Windows 操作系统安装盘、域名及 IP 地址、Web 和 FTP 的 IP 地址及默认文档文件名、Serv-U 软件
课时建议	12 课时（含课堂任务拓展）

项目描述

某公司为了满足信息化建设的需求,以及能及时对员工发布公司的决策和运营状况,需要配置服务器,以便完成网页发布、文件传输、邮件发送,以实现公司与客户之间的正常通信,保证公司业务正常开展。

项目分解

任务 1 的任务卡如表 7-1 所示。

表 7-1　任务 1 任务卡

任务编号	007-1	任务名称	配置 Web 服务器	计划工时	90 min
工作情境描述					
某公司的每月工作重点、出勤考核情况、生产进度及一些规章制度等公司文件都在内部网站上发布,让每个员工了解公司的经营状况。同时,该网站也是该公司的工作平台,所有的信息都通过网络传递,逐步实现无纸化办公,建设节约型公司。另外,网站也是对外宣传的窗口,其内容需要不断丰富与更新					
操作任务描述					
根据工作情境描述可知,需要建立一个 Web 网站,通过网站发布公司信息,并不断更新网站内容。要实现以上内容,首先需要架设和配置一个 Web 服务器。 ① 安装 Web 服务器 ② 配置 Web 服务器 ③ 进行 Web 服务器管理					
操作任务分析					
任务分解如下: ① 安装 Web 服务器 ② 配置和管理 Web 服务器					

任务 2 的任务卡如表 7-2 所示。

表 7-2　任务 2 任务卡

任务编号	007-2	任务名称	配置 FTP 服务器	计划工时	180 min
工作情境描述					
为了节约个人计算机空间及提高办公效率,蝴蝶软件公司决定在服务器上设立一些公用的文件夹(如共享软件),员工需要时直接到服务器上查找就可以,以便节省网络搜索时间和网络资源。另外,有紧急任务时,员工可以在家完成任务,然后传回公司					
操作任务描述					
任务 1 是利用 Internet 信息服务 IIS 构建 Web 服务器,另外,IIS 集成了 FTP 服务器,因此,构建 FTP 服务器的工作要简单多了。任务 2 主要是对 FTP 服务器进行配置和管理,另外,还可用专门的 Serv-U 服务器软件来建立和配置 FTP 服务器					
操作任务分析					
要提高办公效率,当文件太大不能用其他方式传送时,可用 FTP 传送。具体任务分解如下: ① 架设 FTP 服务器 ② 配置和管理 FTP 服务器(配置默认站点;添加新的 FTP 站点;管理 FTP 站点,设置用户访问权限;拒绝不受欢迎用户的 IP 地址;允许或拒绝用户上载文件;在一台服务器上配置多个 FTP 站点;测试) ③ 用 Serv-U 建立和配置 FTP 服务器					

任务 3 的任务卡如表 7-3 所示。

表 7-3　任务 3 任务卡

任务编号	007-3	任务名称	配置 DNS 服务器	计划工时	90 min
工作情境描述					
架设了 Web 服务器和 FTP 服务器后,文件的传输和下载会非常方便,大大提高了办公效率。但是,蝴蝶软件公司的员工发现了一个很大的问题,一些枯燥的数字实在难记,往往记错,那么有没有容易的办法来记,或者说不要 IP 地址呢					
操作任务描述					
计算机的记忆功能强,可以使用数字的 IP 地址(使用点分十进制法来表示)在网络上进行通信。人虽然比较灵活,但面对一堆毫无意义的数据时往往很难记住,如果能够将 IP 地址转换为有意义的名称,就会让工作变得简单					
操作任务分析					
要让网络能够正常通信,又能实现 IP 地址和有意义名称之间的相互转换,就需要使用 DNS 服务器。具体任务分解如下: ① 做好预备工作,架设 DNS 服务器 ② 配置和管理 DNS 服务器(创建正向区域;创建反向区域;添加主机记录和指针;给 Web 服务器创建别名;测试) ③ 配置 DNS 客户端 ④ 架设和配置好后再进行检测					

任务 4 的任务卡如表 7-4 所示。

表 7-4　任务 4 任务卡

任务编号	007-4	任务名称	配置邮件服务器	计划工时	90 min
工作情境描述					
架设了 Web 服务器和 FTP 服务器后,文件的传输和下载变得非常方便,大大提高了办公效率。但是,蝴蝶软件公司的员工除了内部交流外,还需要经常与客户联系,而客户更多地使用 E-mail,公司需要采取什么措施,能让员工很方便地使用 E-mail 呢					
操作任务描述					
电子邮件是现代信息交流非常关键和迅捷的工具,能让用户之间非常及时地进行大容量信息交流,可以很方便地完成工作,提高工作效率。为了节约起见,构建邮件服务器时,应尽量利用现有的操作系统平台,并要保证信息传输的安全					
操作任务分析					
根据任务描述,配置邮件服务器的主要任务如下: ① 架设邮件服务器(安装 POP3 和 SMTP 服务组件;配置 POP3 和 SMTP 服务;远程管理) ② 创建邮件域 ③ 创建用户邮箱					

知识准备

【知识1】 DNS 组成及解析过程

1. DNS 组成

DNS 采用分层管理的方式管理着整个 Internet 上的主机名和 IP 地址，一个完整的域名空间应该包括根域、顶级域、二级域、子域和主机 5 部分，如图 7-1 所示。完整的域名书写是从最低层开始，写向最高层，如 www.tsinghua.edu.cn。

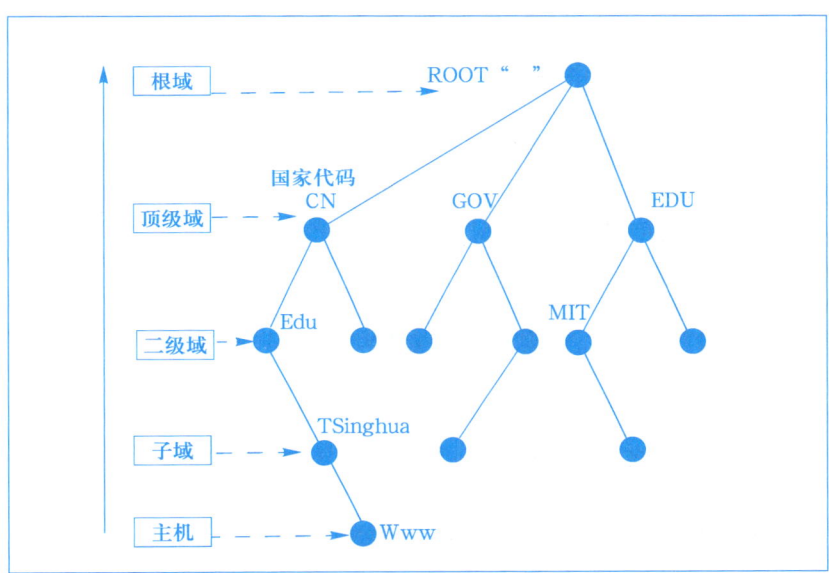

图 7-1 域名空间的组成

下面分别对各组成部分进行介绍。

① 根域是域名空间的最高层，根名为空。
② 顶级域指示国家或主机所属单位的类型，如表 7-5 所示。
③ 二级域表明顶级域内的特定组织。
④ 子域是各组织单位根据需要创建的名称。
⑤ 主机标识特定资源的名称。如 WWW 标识 Web 服务器，FTP 标识 FTP 服务器，SMTP 标识电子邮件发送器等。

表 7-5 顶级域名

域名代码	含义	地区代码	国家或地区
EDU	教育机构	CN	中国
COM	商业组织	AU	澳大利亚

续表

域 名 代 码	含 义	地 区 代 码	国家或地区
GOV	政府部门	JP	日本
NET	网络支持中心	KR	韩国
MIL	军事部门	RU	俄罗斯
ORG	其他组织	TW	中国台湾
INT	国际组织	UK	英国
Country Code	国家代码	DE	德国
FIRM	商业公司	HK	中国香港
STORE	商品销售企业	CA	加拿大
WEB	与WWW相关的单位	BR	巴西
ARTS	文化和娱乐单位	FR	法国
INFO	提供信息服务的单位	MO	中国澳门

2. DNS 的解析过程

蝴蝶软件公司的员工需要连接到 www.tsinghua.com 网站，下面具体分析域名解析过程。

（1）DNS 工作过程

① 客户机提出域名解析请求，并将该请求发送给本地的域名服务器。

② 当本地的域名服务器收到请求后，就先查询本地的缓存，如果有该记录项，则本地的域名服务器就直接把查询的结果返回。

③ 如果本地的缓存中没有该记录，则本地域名服务器就直接把请求发给根域名服务器，然后根域名服务器返回给本地域名服务器一个查询域（根的子域）的主域名服务器的地址。

④ 本地服务器再向上一步骤中返回的域名服务器发送请求，接受请求的服务器查询自己的缓存，如果没有该记录，则返回相关的下级域名服务器的地址。

⑤ 重复第④步，直到找到正确的记录。

⑥ 本地域名服务器把返回的结果保存到缓存，以备下一次使用，同时还将结果返回给客户机。

（2）解析

要与 www.tsinghua.edu 通信，首先需要获取该主机的 IP 地址，这就需要使用域名服务器。具体的解析过程如图 7-2 所示，各步骤含义如表 7-6 所示。

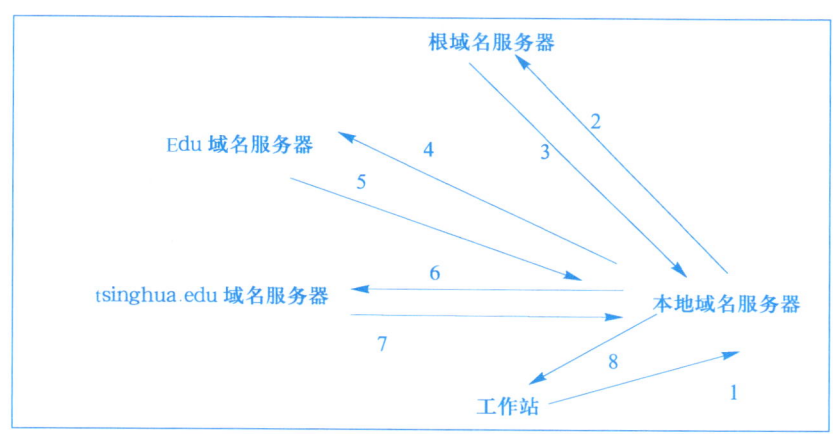

图 7-2 域名解析过程

表 7-6 域名解析步骤的含义

步骤	含 义
1	工作站向本地域名服务器查询www.tsinghua.edu 的 IP 地址，本地域名服务器先查询自己的数据库，没有发现相关记录
2	本地域名服务器向根域名服务器发出查询www.tsinghua.edu 的 IP 地址的请求
3	根域名服务器给本地域名服务器返回一个指针信息，指向 Edu 域名服务器
4	本地域名服务器向 Edu 域名服务器发出查询tsinghua.edu 的 IP 地址的请求
5	Edu 域名服务器给本地域名服务器返回一个指针信息，指向 tsinghua.edu 域名服务器
6	本地域名服务器向 tsinghua.edu 域名服务器发出查询 www.tsinghua.edu 的 IP 地址的请求
7	tsinghua.edu 域名服务器给本地域名服务器返回www.tsinghua.edu 的IP 地址，本地域名服务器将www.tsinghua.edu 的IP 地址发送给解析器
8	解析器使用 IP 地址与www.tsinghua.edu 进行通信，返回主页信息

【知识 2】 禁止非授权访问

管理员将文件传到 FTP 服务器上以供下载，允许采用匿名访问方式。但这些文件需要及时进行更新，管理员需要有"写"的权限，且其他员工不允许随意修改，用户名为"administrator"，密码为"pass"。

打开 IE 浏览器，在地址栏中输入"ftp://administrator@192.168.1.220"或者"ftp://administrator:pass@192.168.1.220"，如图 7-3 所示。前者会显示"登录身份"对话框，输入密码即可实现登录，如图 7-4 所示；后者则会直接登录。

图 7-3　在地址栏中输入"ftp://administrator:pass@192.168.1.220"

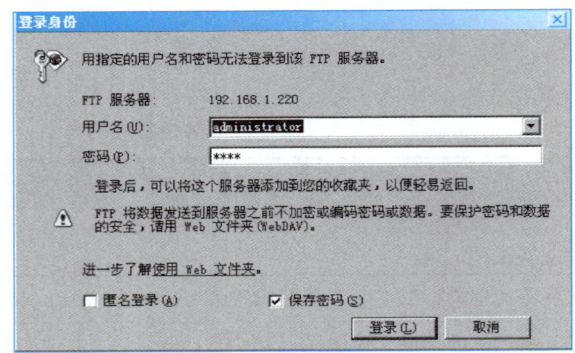

图 7-4　"登录身份"对话框

任务实施

任务实施流程如表 7-7 所示。

表 7-7　任务实施流程

工 具 准 备		
工具/材料/设备名称	数量与单位	说　　明
系统盘	1 个/组	用于安装 IIS、DNS 服务
Serv-U 软件	1 个/组	用于 FTP 服务器配置
参 考 资 料		
① IIS、FTP、WWW 服务的功能 ② Serv-U、虚拟目录说明 ③ 服务安装所必须的条件 ④ 用户、文件名称及其权限 ⑤ DNS 服务安装说明或操作步骤 ⑥ 邮件服务器安装说明或操作步骤 ⑦ 实施计划		

续表

实 施 流 程
① 阅读【知识准备】中的知识介绍，如果不够，可利用网络查找参考资料，学习相关知识 ② 认真阅读任务卡，明确任务 ③ 填写材料和设备清单，准备和领取实验工具与材料 ④ 根据【任务实施】中的任务先后顺序与步骤，完成具体的安装或配置任务，在完成每个小任务后测试任务的完成情况，保证任务 100% 完成 ⑤ 检查服务器当前状态，查看工作是否正常进行 ⑥ 按照操作步骤或操作说明配置 Web、FTP、DNS 服务器 ⑦ 用实际应用检验服务器配置是否成功，如果不成功，查找出现问题的原因并查找故障解决办法。配置 Web 服务后，查看已创建的网页 ⑧ 填写测试报告 ⑨ 记录操作过程中出现的问题和解决办法，思考问题解决得是否合适，有没有更好的办法

任务 1　配置 Web 服务器

任务 1-1　架设 Web 服务器

Web 服务器对性能的要求较高，主要是考虑到服务器的稳定性和以后数量的增长性。为了提高系统的稳定性能，还是推荐使用高性能的服务器。在部署 Web 服务器之前，应做好以下准备。

① 设置 Web 服务器的 IP 地址为静态 IP 地址，并设置好 Web 服务器的子网掩码、网关等信息。

② 确定 Web 域名，这里设置域名为 tcbuu.edu.cn。

本任务主要介绍采用 Windows 2008 系统的 IIS 集成功能来构建蝴蝶软件公司的内部网站。

在服务器上通过"服务器管理器"安装 Web 服务器，其安装步骤如下。

步骤 1：以管理员的身份登录服务器，选择"开始"→"控制面板"→"管理工具"菜单命令，打开"服务器管理器"窗口，从中选择左侧的"角色"选项，然后单击右侧的"添加角色"按钮，打开如图 7-5 所示的添加角色向导的"选择服务器角色"界面，选择其中的"Web 服务器 IIS"复选框。

步骤 2：单击"下一步"按钮，打开如图 7-6 所示的"Web 服务器 (IIS)"界面，该界面对 Web 服务器进行了简单介绍。

步骤 3：单击"下一步"按钮，出现如图 7-7 所示的"选择角色服务"界面，从该界面中可对 Web 服务器的角色进行选择。

视频
创建使用域名访问
的 Web 网站

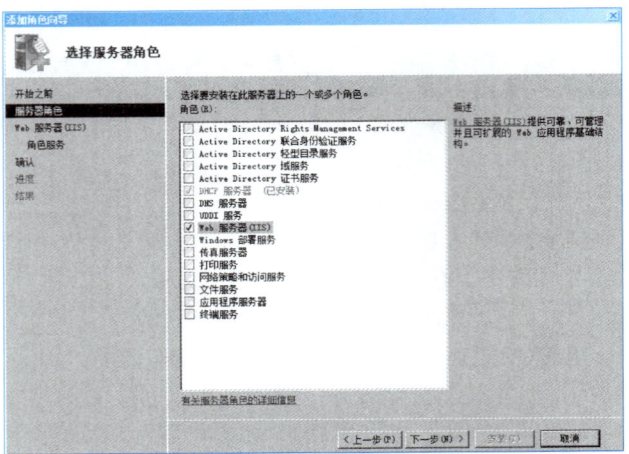

图 7-5 "选择服务器角色"界面

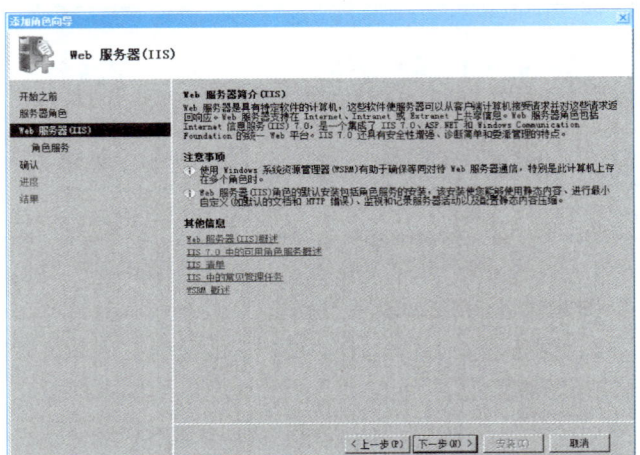

图 7-6 "Web 服务器（IIS）"界面

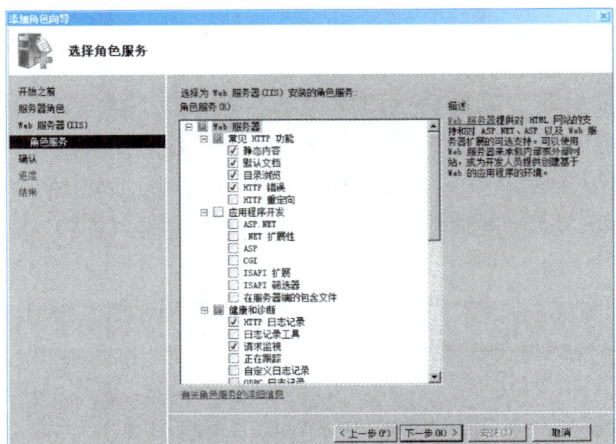

图 7-7 "选择角色服务"界面

步骤 4：单击"下一步"按钮，出现如图 7-8 所示的"确认安装选择"界面。

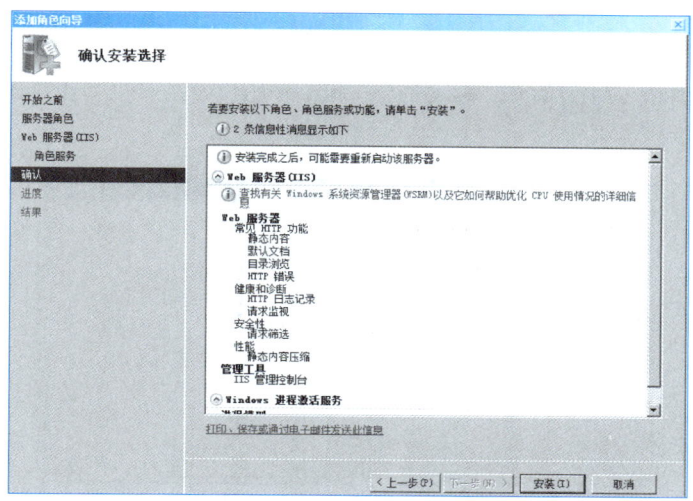

图 7-8 "确认安装选择"界面

步骤 5：单击"安装"按钮开始安装 Web 服务器，安装完成后出现如图 7-9 所示的"安装结果"界面，最后单击"关闭"按钮完成 Web 服务器的安装。

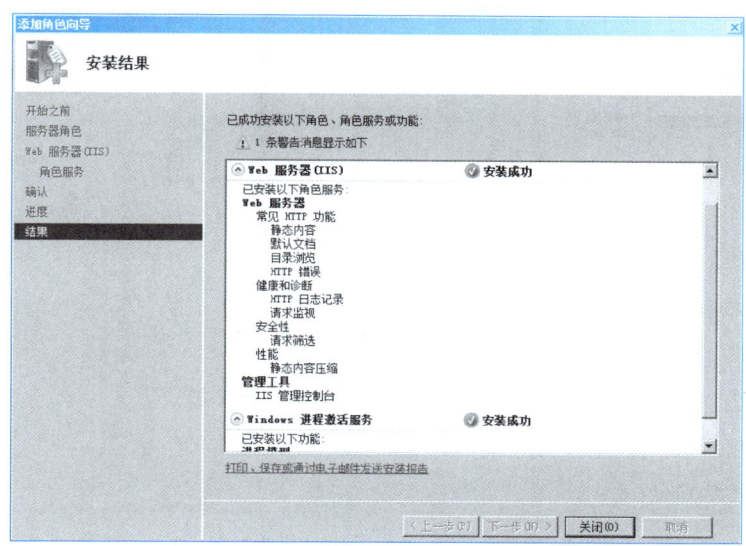

图 7-9 "安装结果"界面

任务 1-2　配置和管理 Web 服务器

1. 启动和停止万维网服务

启动或停止 Web 服务，可以使用 net 命令、Web 控制台、服务控制台和

视频
Web 服务停止与启动

服务器管理器 4 种方法。

(1) 使用 net 命令

以管理员身份登录服务器，在 DOS 命令提示符下，输入命令"net stop w3svc"，停止 Web 服务；输入命令"net start w3svc"，启用 Web 服务，如图 7-10 所示。

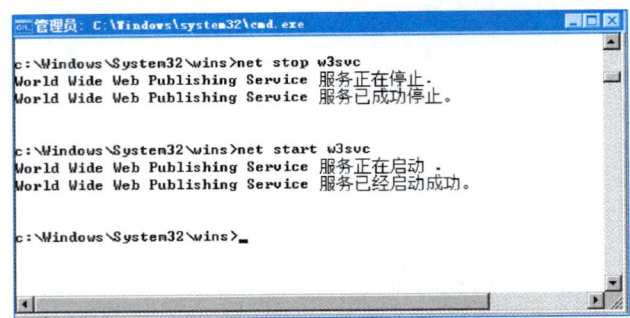

图 7-10　以命令方式启动和停止 Web 服务

(2) 使用 Web 控制台

以管理员的身份登录服务器，选择"开始"→"管理工具"下的命令，打开"Internet 信息服务（IIS）管理器"窗口，如图 7-11 所示。

图 7-11　"Internet 信息服务（IIS）管理器"窗口

管理员可通过右键单击 Web 服务器，在弹出的快捷菜单中选择"所有任务"→"启动"或"停止"命令来完成对 Web 的操作。

(3) 使用服务控制台

以管理员的身份登录服务器，选择"开始"→"管理工具"下的命令，打开如图 7-12 所示的"服务"窗口。

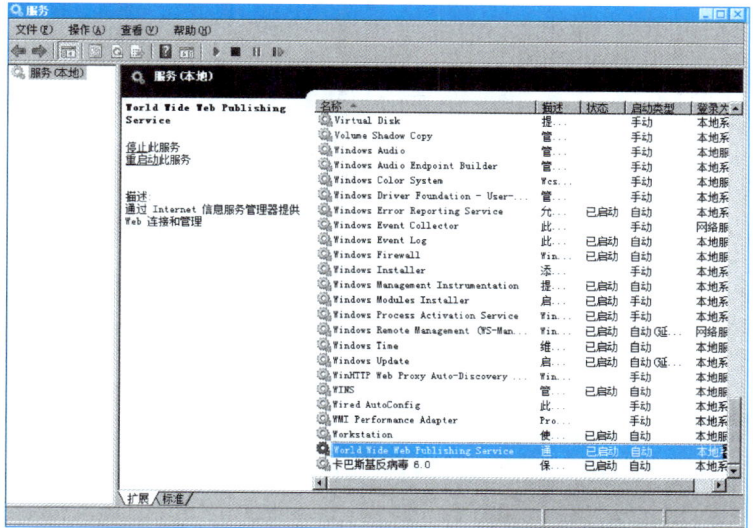

图 7-12 "服务"窗口

管理员可通过单击"停止"、"启动"、"重启动"等按钮来完成对 Web 的操作。

(4)使用服务器管理器

以管理员的身份登录服务器,选择"开始"→"管理工具"下的命令,打开如图 7-13 所示的"服务器管理器"窗口。管理员可通过单击"停止"、"启动"、"重新启动"等按钮来完成对 Web 的操作。

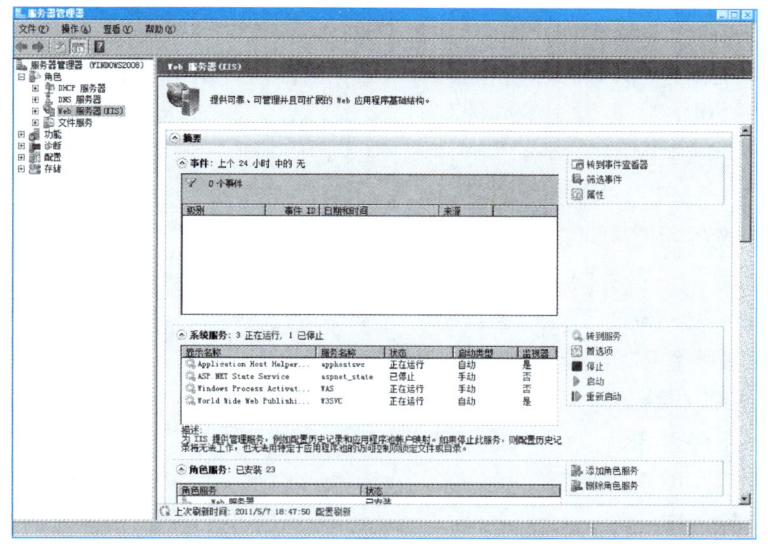

图 7-13 "服务器管理器"窗口

2. 创建使用 IP 地址访问的 Web 网站

在 Web 服务器上创建一个网站"shi1",用户可以通过 IP 地址的方式访问

视频
使用 IP 地址访问 Web 网站

创建使用 IP 地址访问的 Web 网站

微课
创建使用 IP 地址访问的 Web 网站

该网站，具体操作步骤如下。

步骤 1：以管理员的身份登录服务器，打开"Internet 信息服务（IIS）管理器"窗口，在控制台树中依次展开服务器和"网站"节点，可以看到有一个默认网站（Default Web Site）。右键单击网站"Default Web Site"，在弹出的快捷菜单中选择"管理网站"→"停止"命令，将默认网站停止运行，如图 7-14 所示。

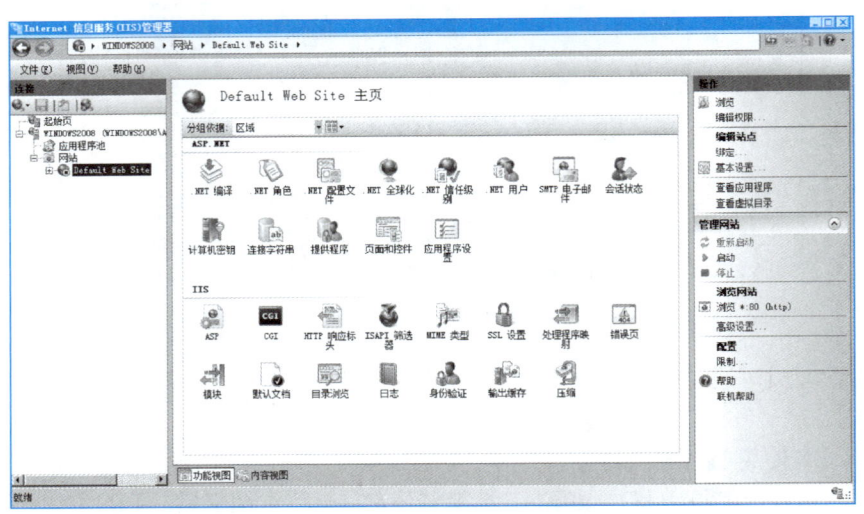

图 7-14　停止默认网站

步骤 2：在 D 盘下创建网站存储目录"D:\web"，并在该目录下创建一个网页文件 index.htm。网页文件可通过网页编辑软件自行创建。

步骤 3：在"Internet 信息服务（IIS）管理器"窗口中展开服务器节点，右键单击"网站"，在弹出的快捷菜单中选择"添加网站"命令，打开如图 7-15 所示的"添加网站"对话框。在该对话框中可以指定网站名称（"shil"）、应用程序池、网站内容目录（"D:\web"）、传递身份验证、网站类型（"http"）、IP 地址（"10.2.1.15"）、端口号（"80"）、主机名，以及是否启动网站。设置好这些参数后，单击"确定"按钮，完成网站的创建。

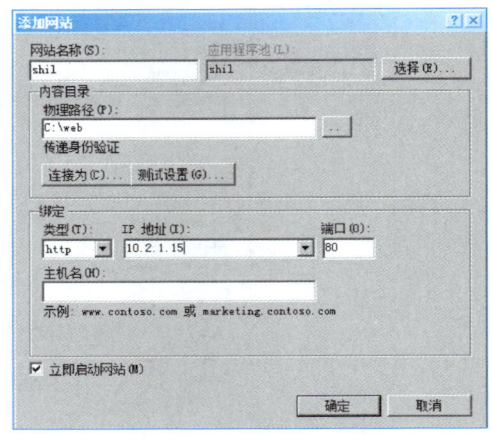

图 7-15　"添加网站"对话框

步骤 4：在客户端计算机中打开浏览器，在浏览器的地址栏中输入网站的 IP 地址，访问刚创建的网站，测试结果如图 7-16 所示。

图 7-16 测试网站界面

3. 创建使用域名访问的 Web 网站

通过 IP 地址虽然能完成网站的创建，但要记住这些 IP 地址非常难，而且人们日常访问网站时，习惯于使用域名的方式进行访问。使用域名创建网站的具体步骤如下。

步骤 1：在 Web 服务器上打开 Web 控制台，即"Internet 信息服务（IIS）管理器"窗口，依次展开服务器和"正向查找区域"节点，右键单击"tc.cn"，在弹出的快捷菜单中选择"新建别名"命令，在弹出的如图 7-17 所示的"新建资源记录"对话框中，在"别名（如果为空则使用其父域）"文本框输入"www"，在"目标主机的完全合格的域名（FQDN）"中输入 Web 服务器所在主机的域名"windows2008.tc.cn"，单击"确定"按钮完成设置。

步骤 2：在客户端设置 DNS 服务器地址为本地 Web 服务器的 IP 地址，如图 7-18 所示。

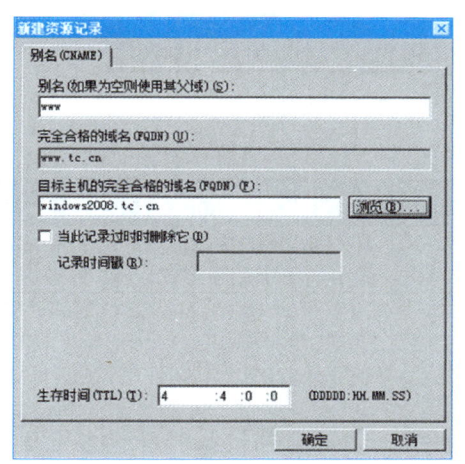

图 7-17 "新建资源记录"对话框

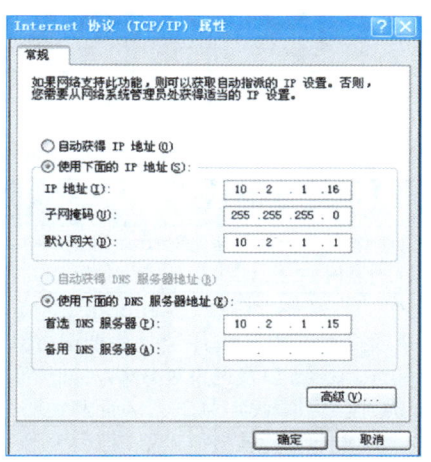

图 7-18 配置客户端 DNS 服务器地址

步骤 3：在客户端通过 nslookup 命令测试是否能够解析刚刚创建的别名记录，如图 7-19 所示。

步骤 4：打开客户端计算机的浏览器，在浏览器的地址栏中输入"www.tc.cn"，测试所创建的网站，如图 7-20 所示，说明创建成功。

4. 重定向 Web 网站主目录

重定向是通过各种方法将各种网络请求重新定个方向，然后转到其他网站。

视频
Web 重定向

在网站的建设过程中，时常会遇到需要网页重定向的情况，如改变网页目录结构，网页被移到一个新地址，再或者改变网页扩展名，如因应用需要把.php 改成.html 或.shtml。在这种情况下，如果不进行重定向，则只能让访问客户得到一个 404 的页面错误信息，访问流量白白丧失；再如某些注册了多个域名的网站，也需要通过重定向让访问这些域名的用户自动跳转到主站点等。常用的重定向方式如表 7-8 所示。

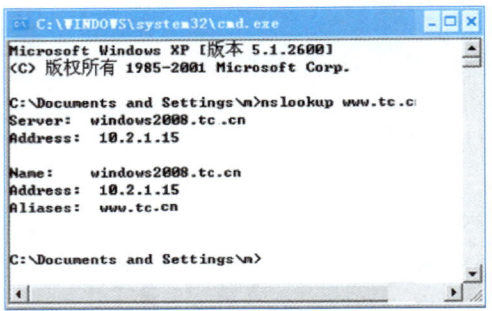

图 7-19　测试别名记录创建情况

图 7-20　测试网站创建情况

表 7-8　常用的重定向方式

重定向方式	说　明
301 redirect	301 代表永久性转移（Permanently Moved），301 重定向是网页更改地址后对搜索引擎友好的最好方法，只要不是暂时搬移的情况，都建议使用 301 重定向方式
302 redirect	302 代表暂时性转移（Temporarily Moved），前些年，不少 Black Hat SEO 曾广泛应用这项技术作弊。目前，各大主要搜索引擎均加强了打击力度，例如，Google 前些年对 Business.com 以及近来对 BMW 德国网站的惩罚。即使网站客观上不具有 SPAM，也很容易被搜寻引擎误判为 SPAM 而遭到惩罚
meta fresh	在 2000 年前比较流行，现在已很少用。该方式是通过网页中的 meta 指令，在特定时间后重定向到新的网页，如果延迟的时间太短（约 5 秒之内），会被判断为 SPAM

下面以将上面创建的网站重定向到"tc.edu.cn"为例，具体说明重定向的详细操作步骤。

步骤 1：在"Internet 信息服务（IIS）管理器"窗口中依次展开服务器和"网站"节点，单击"shi1"，打开如图 7-21 所示界面。在"分组依据：区域"中，找到"HTTP 重定向"选项。

步骤 2：双击"HTTP 重定向"选项，在弹出的如图 7-22 所示的界面中，在"将请求重定向到此目标"文本框中输入目标网站路径为"http://tc.edu.cn"，单击"操作"窗格中的"应用"按钮完成设定。

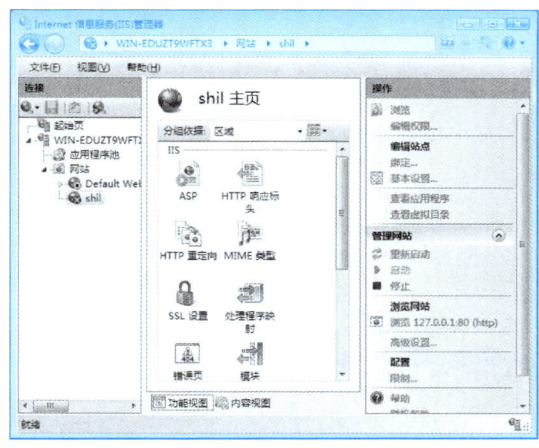

图 7-21　"分组依据"界面

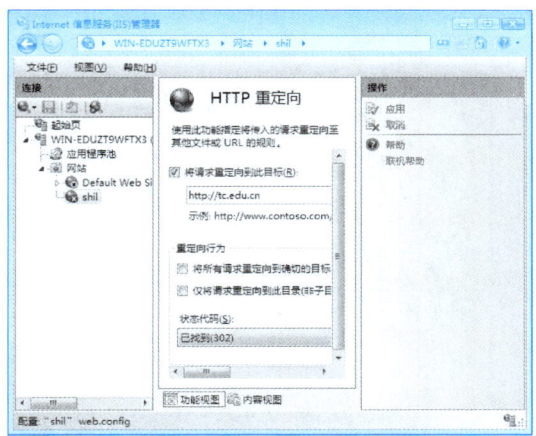

图 7-22　"HTTP 重定向"界面

步骤 3：在客户端输入"http://www.tc.edu.cn"时，Web 网站将重定向到"http://tc.edu.cn"。

5. 禁止某客户端访问网站的错误反馈设置

在需要禁止某客户端访问网站时，以禁止 IP 地址为 10.2.1.15 的客户端访问网站为例，具体操作步骤如下。

步骤 1：在"Internet 信息服务（IIS）管理器"窗口中依次展开服务器和"网站"节点，单击"shil"，在"分组依据：区域"中，找到"IPv4 地址和域限制"，限制 IP 地址为"10.2.1.15"的计算机访问 Web 站点。

步骤 2：在"Internet 信息服务（IIS）管理器"窗口中依次展开服务器和"网站"节点，单击"shil"，在"分组依据：区域"中，找到如图 7-23 所示的"错误页"。

步骤 3：双击"错误页"，打开如图 7-24 所示的设置界面，可看到一些默认错误。

步骤 4：单击"添加"链接，打开如图 7-25 所示的"编辑自定义错误页"对话框，在"状态代码"文本框中输入"403"，在"响应操作"选项组中选择"将静态文件中的内容插入错误响应中"单选按钮，并通过单击"浏览"按钮设置静态文件为"C:\inetpub\custerr\zh-CN\403.htm"，单击"确定"按钮完成设置。

步骤 5：在"10.2.1.15"计算机上访问网站，看到如图 7-26 所示的错误信息页。

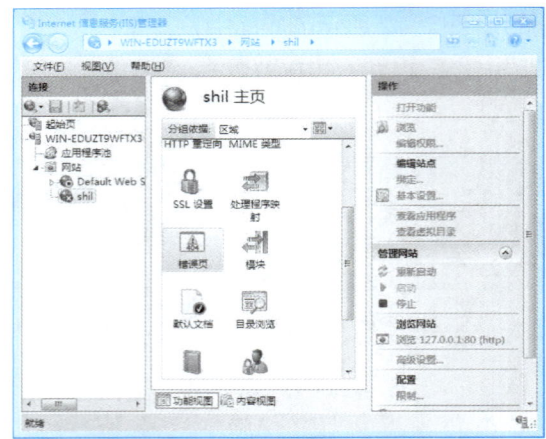

图 7-23 "shil 主页"错误页设置

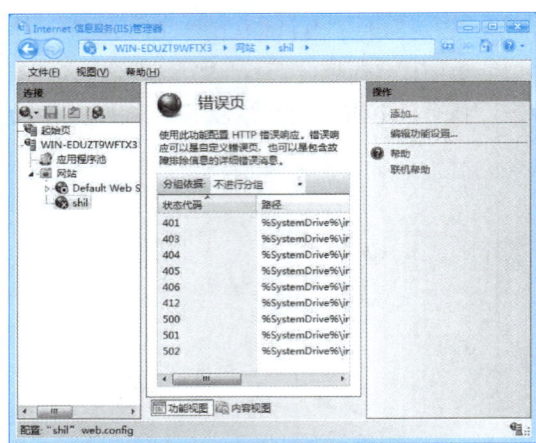

图 7-24 错误页设置界面

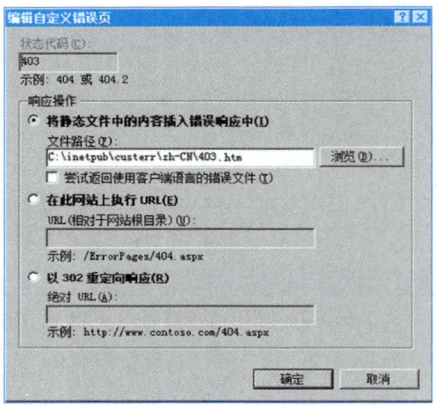

图 7-25 "编辑自定义错误页"对话框

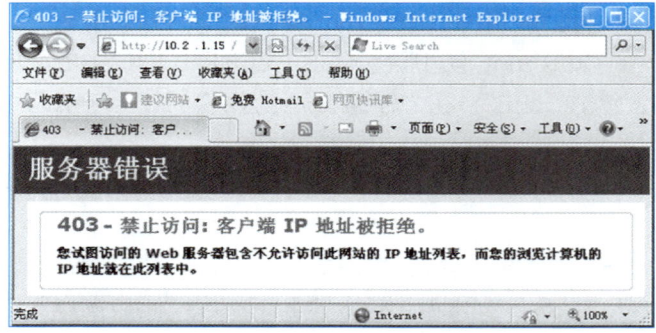

图 7-26 错误信息页

6. 创建 Web 网站虚拟目录

为 Web 网站创建虚拟目录"xuni",其主目录为"D:\xuni",具体步骤如下。

步骤 1:创建虚拟目录"D:\xuni",在该目录下创建虚拟目录使用的网页文件"index.htm"。

步骤 2：在"Internet 信息服务（IIS）管理器"窗口中展开服务器和"网站"节点，右键单击"shi1"，在弹出的快捷菜单中选择"添加虚拟目录"命令，打开"编辑虚拟目录"对话框。在该对话框中可以指定虚拟目录的别名和物理路径。这里设置别名为"xuni"，设置物理路径为"D:\xuni"，如图 7-27 所示，单击"确定"按钮完成虚拟目录的创建。

步骤 3：返回"Internet 信息服务（IIS）管理器"窗口，可以看到虚拟目录添加后的效果。某项前有 标识，表明这是一个虚拟目录。

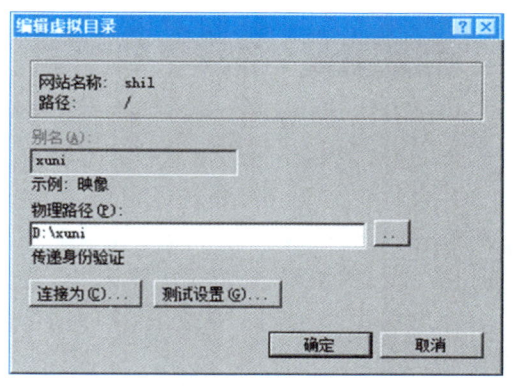

图 7-27　在"编辑虚拟目录"对话框中设置参数

步骤 4：访问虚拟目录。打开 IE 浏览器，在地址栏中输入http://服务器 IP 地址或主机名/别名，然后按 Enter 键，则可以看到目录结构和内容。本任务是在客户端 IE 浏览器的地址栏中输入"http://www.tc.edu.cn/xuni"，测试效果如图 7-28 所示。

图 7-28　测试效果

任务 2　配置 FTP 服务器

根据蝴蝶软件公司的需求，可用 IIS 集成的 FTP 服务来解决这些问题，其根据如下。

① FTP 服务能提供比邮件附件多的文件传输服务。

② 前面建立的 Web 服务器采用的是 IIS 工具，FTP 服务器也用 IIS 工具建立，有利于后期的维护与管理。

任务 2-1　准备安装 FTP 服务器

在安装 FTP 服务器之前，首先应当设置好安装条件。

① 设置 FTP 服务器的 TCP/IP 属性，为 FTP 服务器手工制定一个 IP 地址。

② 将 FTP 服务器部署在 tc.edu.cn 域中。

任务 2-2　架设 FTP 服务器

目前有两个版本的 FTP 服务器可供安装，其中的一个内置在 Windows Server 2008 的 Internet 信息服务（IIS 7.0）中，它与旧版本的 FTP 服务器相同，并未对 FTP 服务功能进行更新，功能较少，仍然需要 IIS 6.0 的管理器来进行管理。另一个版本需先登录微软网站，然后通过关键词"Microsoft FTP Service for IIS 7.0"来查找与下载这个版本的安装文件，该版本的功能较强。

在服务器上通过"服务器管理器"窗口安装 FTP 服务器，具体步骤如下。

步骤 1：以管理员身份登录服务器，选择"开始"→"管理工具"下的命令打开"服务器管理器"窗口，单击左侧窗格中的"角色"节点，然后选择"Web 服务器（IIS）"选项，打开如图 7-29 所示的"Web 服务器（IIS）"设置区域。

视频
FTP 服务器安装

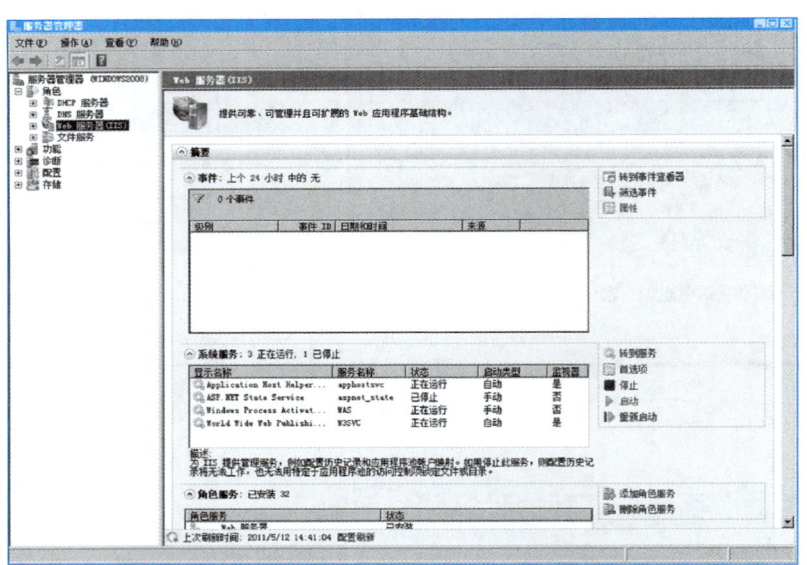

图 7-29　"Web 服务器（IIS）"对话框

步骤 2：单击其中的"添加角色服务"链接，出现如图 7-30 所示的"选择角色服务"界面。

步骤 3：选择"FTP 发布服务"复选框，打开如图 7-31 所示的"是否添加 FTP 发布服务所需的角色服务？"界面。

步骤 4：单击"添加必需的角色服务"按钮，返回"选择角色服务"界面，单击"下一步"按钮，打开如图 7-32 所示"确认安装选择"界面。

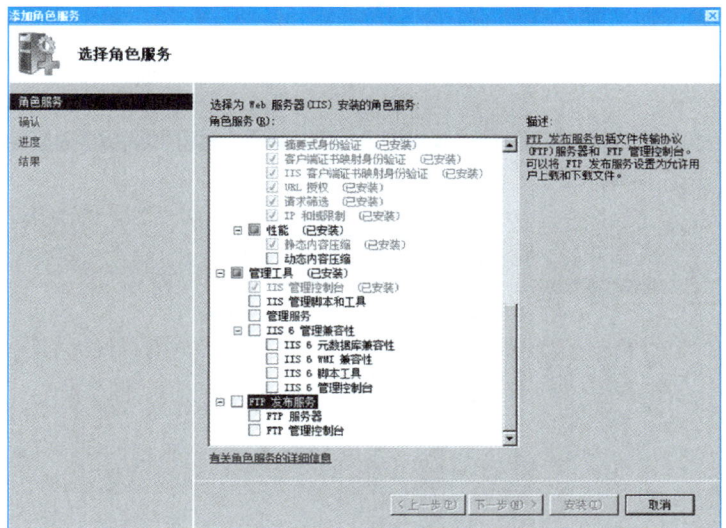

图 7-30 "选择角色服务"界面

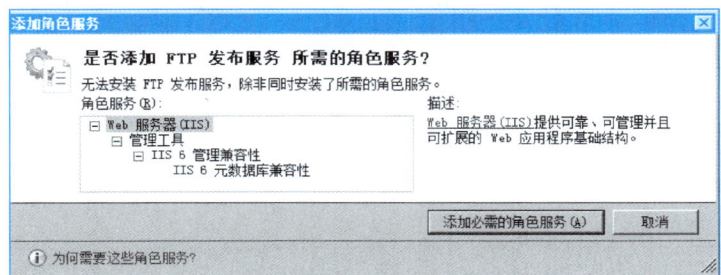

图 7-31 "是否添加 FTP 发布服务所需的角色服务?"界面

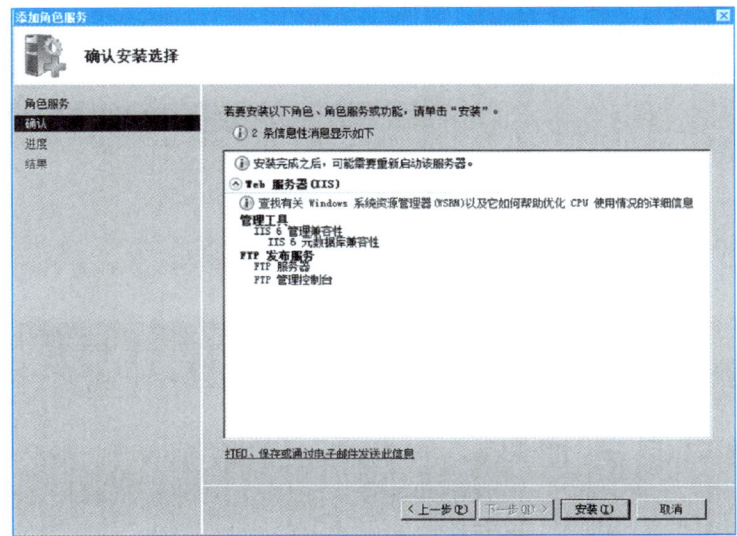

图 7-32 "确认安装选择"界面

步骤 5：单击"安装"按钮开始安装 FTP 服务器，安装完成后出现如图 7-33 所示的"安装结束"界面，单击"关闭"按钮完成 FTP 服务器的安装。

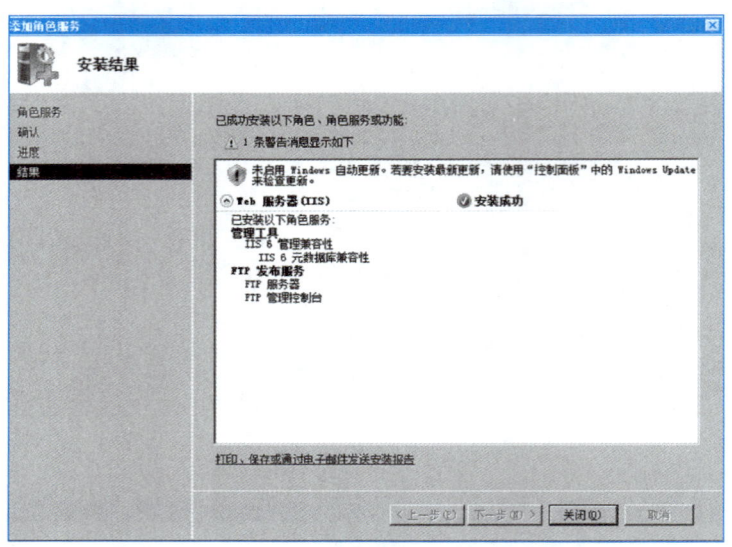

图 7-33 "安装结束"界面

任务 2-3 配置和管理 FTP 服务器

1. 启动和停止 FTP 服务

要启动或停止 FTP 服务，通常使用 net 命令、IIS 控制台、服务控制台 3 种常用方法。

下面介绍使用 net 命令启动和停止 FTP 服务

以管理员身份登录服务器，在命令提示符下，输入命令"net stop msftpsvc"可停止 FTP 服务，输入命令"net start msftpsvc"可启用 FTP 服务，如图 7-34 所示。

如果在 IIS 7.0 服务器中内嵌了 FTP 服务器软件，则默认情况下不会启动 FTP 服务，启动 FTP 服务的具体操作步骤如下。

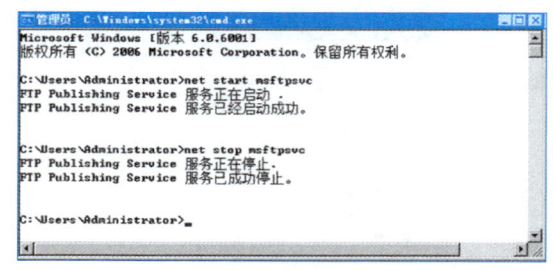

图 7-34 使用 net 命令停止和启动 FTP 服务

选择"开始"→"管理工具"→"Internet 信息服务（IIS）管理器"选项，打开如图 7-35 所示的"Internet 信息服务（IIS）管理器"窗口，在"连接"窗格中选择"FTP 站点"节点。

单击"单击此处启动"链接，弹出"Internet 信息服务（IIS）6.0 管理器"

窗口，在"FTP 站点"下，用鼠标右击"Default FTP Site"站点，在弹出的快捷菜单中选择"启动"命令，或单击工具栏中的"启动项目"按钮，启动默认的 FTP 站点，如图 7-36 所示。

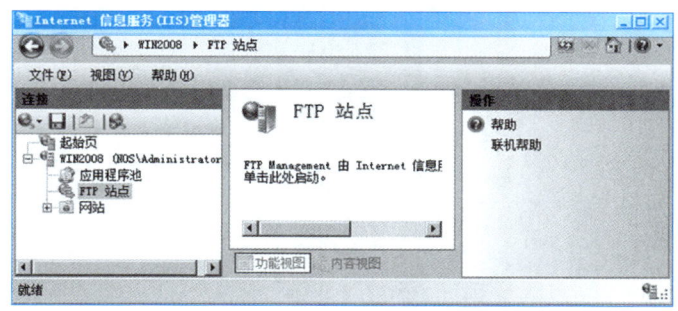

图 7-35 "Internet 信息服务（IIS）管理器"窗口

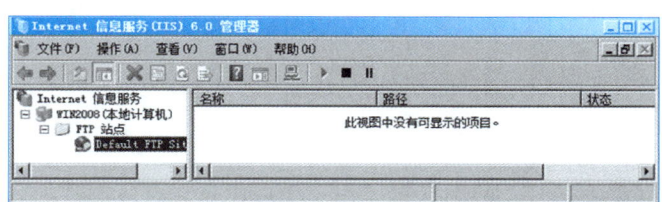

图 7-36 启动默认 FTP 站点

2. 创建 FTP 服务站点

步骤 1：选择"Internet 信息服务（IIS）管理器"→"Test 本地计算机"→"FTP 站点"选项，使用鼠标右击"FTP 站点"选项，在弹出的快捷菜单中选择"新建"→"FTP 站点"命令，打开 FTP 站点创建向导。

步骤 2：单击"下一步"按钮，打开"FTP 站点描述"界面，在"描述"文本框中输入一些描述性信息，以便于各站点的识别，如图 7-37 所示。

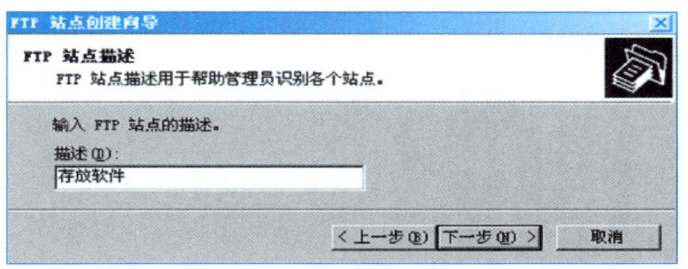

图 7-37 "FTP 站点描述"界面

步骤 3：单击"下一步"按钮，打开"IP 地址和端口设置"界面，在"输入此 FTP 站点使用的 IP 地址"组合框内输入服务器的 IP 地址，端口为默认端口，如图 7-38 所示。

步骤 4：单击"下一步"按钮，打开"FTP 隔离用户"界面，选择默认的

微课
使用 Ser-V 建立
FTP 服务器

使用 Ser-V 建立
FTP 服务器

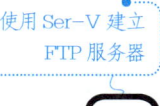

PPT

视频
添加 FTP 站点

"不隔离用户"单选按钮,如图 7-39 所示。

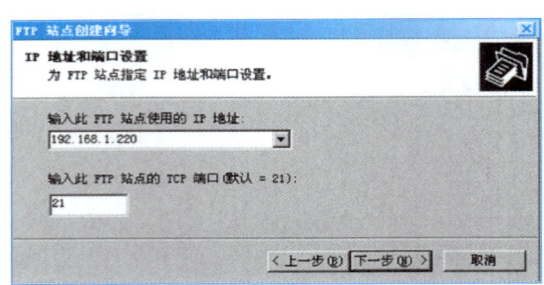

图 7-38 "IP 地址和端口设置"界面

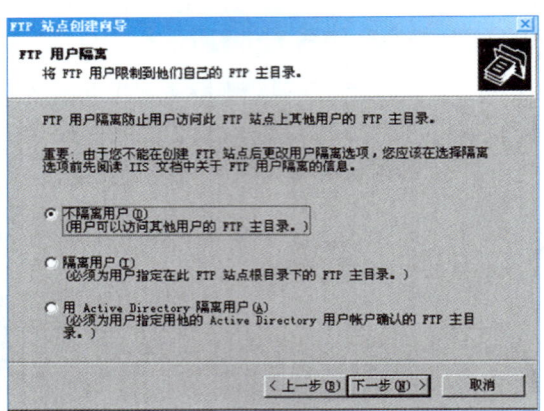

图 7-39 "FTP 用户隔离"界面

> 注意:选择"FTP 用户隔离"单选按钮,可将用户限制在自己的目录中,防止用户查看或覆盖其他用户的内容,也就是说,防止用户访问其他用户的 FTP 主目录。

步骤 5:单击"下一步"按钮,打开"FTP 站点主目录"界面,FTP 主目录在本机上可通过单击"浏览"按钮选择,如果是在其他计算机上,可使用 Server\目录的形式,界面如图 7-40 所示。

步骤 6:单击"下一步"按钮,打开"FTP 站点访问权限"界面,选取赋给用户的权限,如图 7-41 所示。

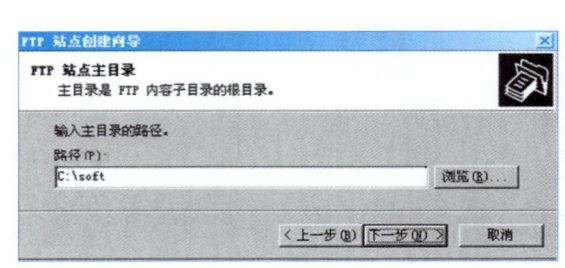

图 7-40 "FTP 站点主目录"界面

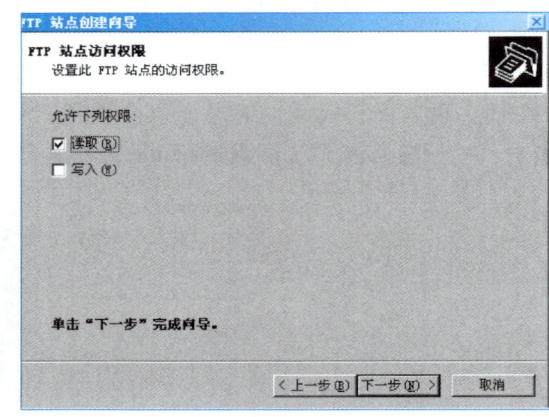

图 7-41 "FTP 站点访问权限"界面

步骤 7:单击"下一步"按钮,显示"成功完成 FTP 站点创建向导"界面,单击"完成"按钮。此时将在"应用程序服务器"窗口中显示刚才创建的 FTP 站点,如图 7-42 所示。

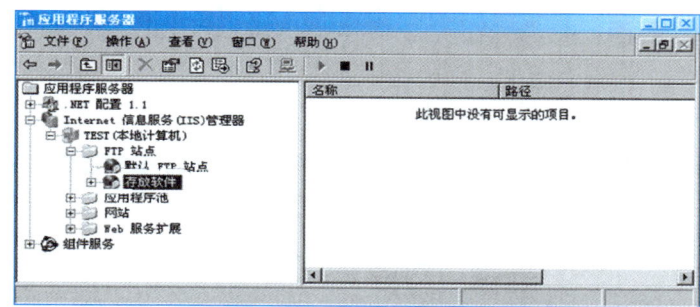

图 7-42 在"应用程序服务器"窗口中显示创建的 FTP 站点

步骤 8：FTP 服务器建立好后，需测试是否访问正常。打开 IE 浏览器，在地址栏中输入"ftp://192.168.1.220"后按 Enter 键，出现如图 7-43 所示的窗口，说明 FTP 站点设置成功。此时，蝴蝶软件公司的员工就可以下载软件了。

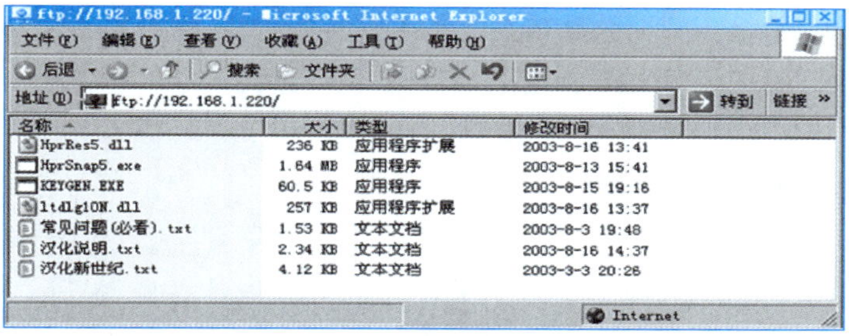

图 7-43 FTP 站点设置成功界面

3. 在 FTP 站点上创建虚拟目录

为 FTP 网站创建虚拟目录"ftpxu"，其主目录为"D:\xuni"，具体步骤如下。

步骤 1：创建虚拟目录"D:\xuni"，在该目录下创建虚拟目录使用的网页文件"xu.txt"。

步骤 2：在"Internet 信息服务（IIS）管理器 6.0"窗口中展开服务器和"FTP 站点"节点，右键单击刚创建的站点"ftp"，在弹出的快捷菜单中选择"新建"→"虚拟目录"命令，打开如图 7-44 所示的虚拟目录创建向导的"欢迎使用虚拟目录创建向导"界面。

步骤 3：单击"下一步"按钮，打开如图 7-45 所示的"虚

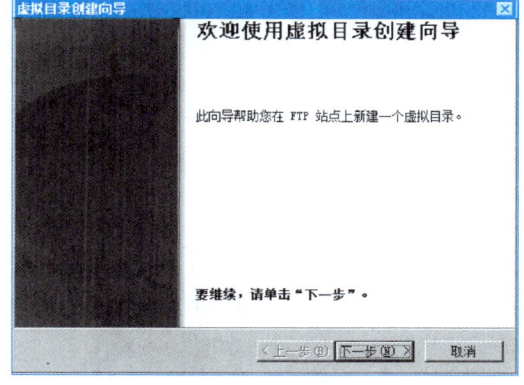

图 7-44 "欢迎使用虚拟目录创建向导"界面

拟目录别名"界面，在"别名"文本框中输入虚拟目录的别名为"ftpxu"。

步骤 4：单击"下一步"按钮，打开如图 7-46 所示的"FTP 站点内容目录"界面，在其中的"路径"文本框中输入 FTP 虚拟目录的主目录"D:\xuni"。

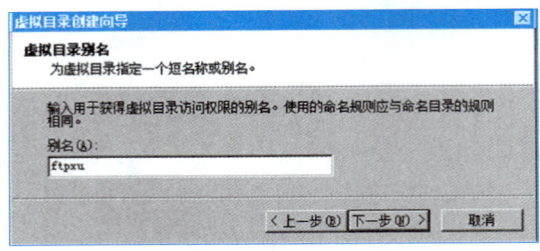

图 7-45 "虚拟目录别名"界面　　　　图 7-46 "FTP 站点内容目录"界面

步骤 5：单击"下一步"按钮，打开如图 7-47 所示的"虚拟目录访问权限"界面，在其中的"允许下列权限"选项组中选择默认设置，即允许读取 FTP 虚拟目录上的内容，但不允许写入，即不允许向 FTP 虚拟目录上传内容。

步骤 6：单击"下一步"按钮，打开"完成安装"界面，单击"确定"按钮完成 FTP 虚拟目录的配置，FTP 虚拟目录创建完成后，其界面如图 7-48 所示。

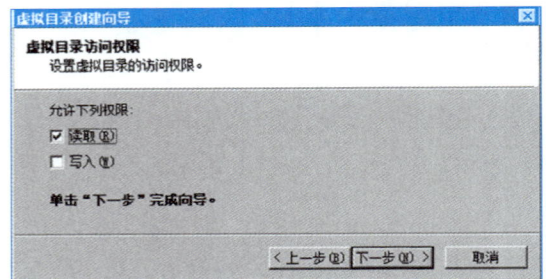

图 7-47 "虚拟目录访问权限"界面　　　　图 7-48 虚拟目录创建完成后的界面

步骤 7：虚拟目录创建完成后，在客户端计算机的浏览器地址栏中输入"ftp://10.2.1.15/ftpxu"，结果如图 7-49 所示。

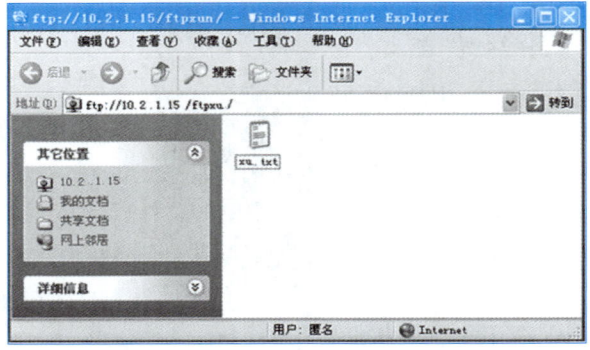

图 7-49 测试虚拟目录创建结果

任务 2-4 使用 Serv-U 创建和配置 FTP 服务器

Serv-U 是一种被广泛运用的 FTP 服务器端软件，通过 Serv-U，用户能够将任何一台计算机设置成 FTP 服务器，这样，用户或其他使用者就能够使用 FTP 协议，通过同一网络上的任何一台计算机与 FTP 服务器连接，进行文件或目录的复制、移动、创建和删除等。

1. 安装 Serv-U

步骤 1：双击下载的安装程序 su7201.exe，弹出"选择安装语言"对话框，如图 7-50 所示。

步骤 2：单击"确定"按钮，弹出安装向导的"欢迎使用 Serv-U 安装向导"界面，如图 7-51 所示。

步骤 3：单击"下一步"按钮，弹出"许可协议"界面，选择"我接受协议"单选按钮，如图 7-52 所示。

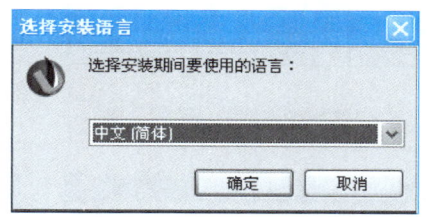

图 7-50 "选择安装语言"对话框

视频
安装 Serv-U

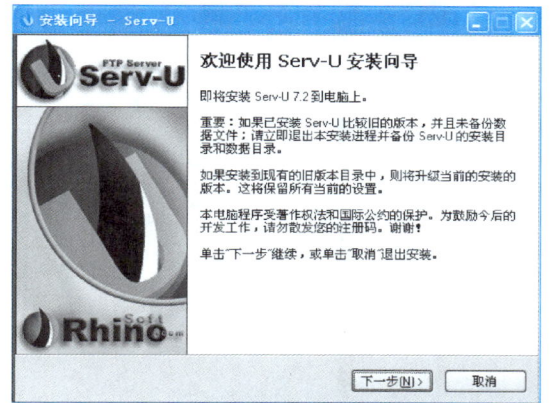

图 7-51 "欢迎使用 Serv-U 安装向导"界面

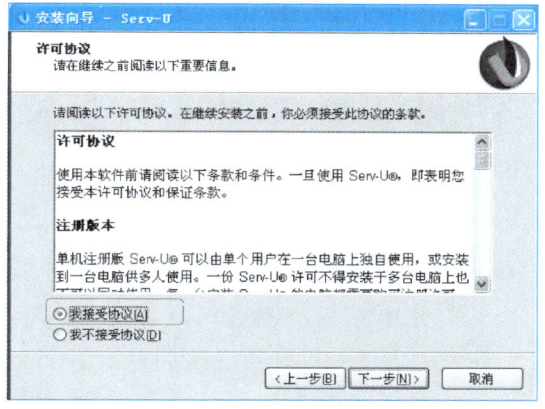

图 7-52 "许可协议"界面

步骤 4：单击"下一步"按钮，弹出"选择目标位置"界面，从中选择目标位置，如图 7-53 所示。

步骤 5：单击"下一步"按钮，弹出"选择开始菜单文件夹"界面，从中选择文件夹，如图 7-54 所示。

步骤 6：单击"下一步"按钮，弹出"准备安装"界面，如图 7-55 所示。

步骤 7：单击"下一步"按钮，弹出"正在安装"界面，如图 7-56 所示。

步骤 8：安装完成后，弹出"完成 Serv-U 安装"界面，如图 7-57 所示。此时，桌面右下角显示图标，表示服务器已经联机。

2. 建立 FTP 服务器

步骤 1：启动 Serv-U 程序，打开如图 7-58 所示的"Serv-U 管理控制台 – 主页"窗口。

视频
使用 Serv-U 建立
FTP 服务器

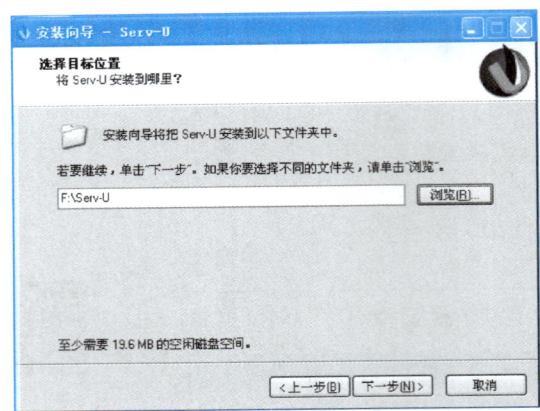

图 7-53 "选择目标位置"界面

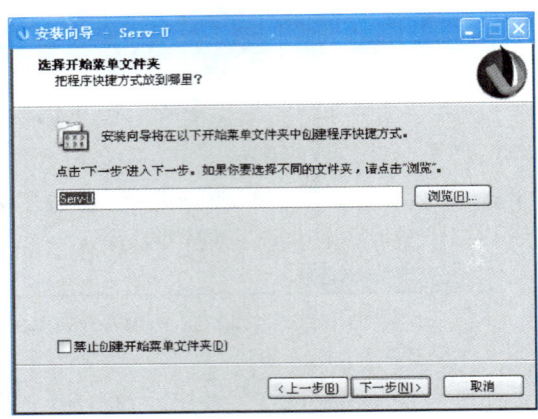

图 7-54 "选择开始菜单文件夹"界面

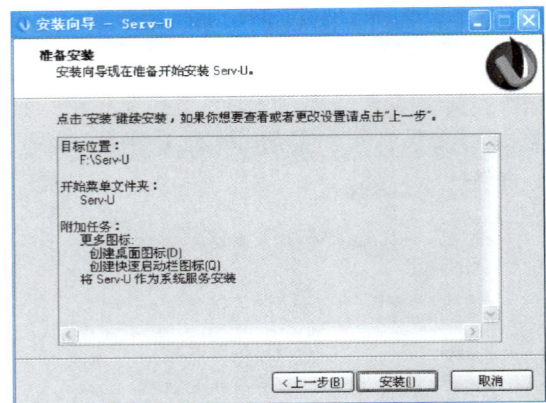

图 7-55 "准备安装"界面

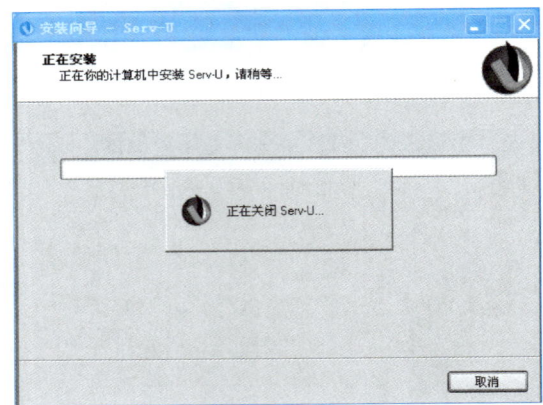

图 7-56 "正在安装"界面

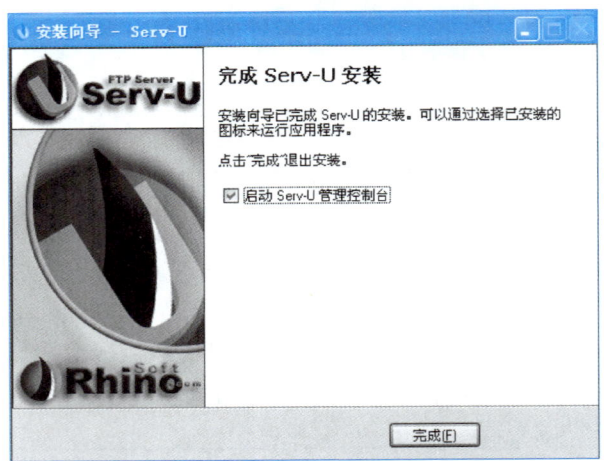

图 7-57 "完成 Serv-U 安装"界面

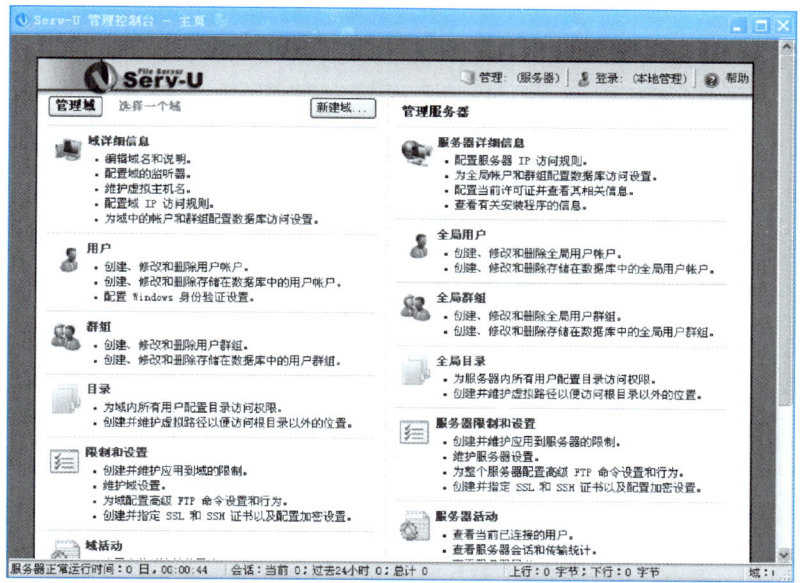

图 7-58 "Serv-U 管理控制台 – 主页"窗口

步骤 2：单击"管理域"按钮，弹出如图 7-59 所示的"域向导–步骤 1 总步骤 3"对话框，输入域名信息，选择"启用域"复选框。

步骤 3：单击"下一步"按钮，在弹出的对话框中可设置 FTP 使用相关对外通信端口的信息，端口可以改动，本文保持默认值，如图 7-60 所示。

步骤 4：单击"下一步"按钮，在弹出的对话框中设置服务器的 IP 地址，如图 7-61 所示。

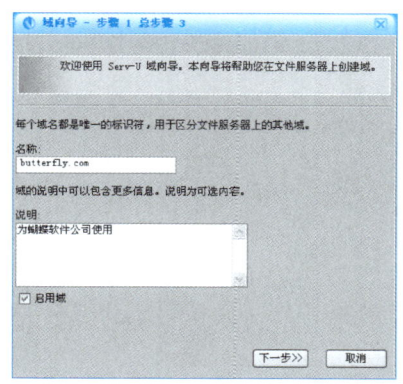

图 7-59 "域向导–步骤 1 总步骤 3"对话框

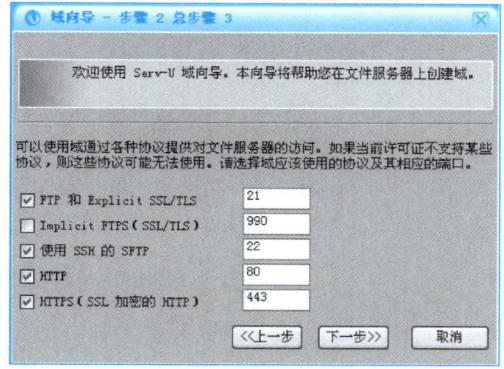

图 7-60 设置 FTP 使用相关对外通信端口的信息

步骤 5：单击"完成"按钮，出现用户创建提示框，如图 7-62 所示。

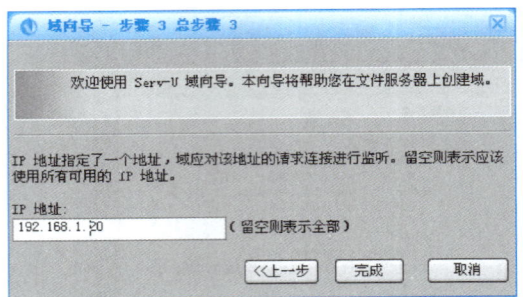
图 7-61 设置服务器的 IP 地址

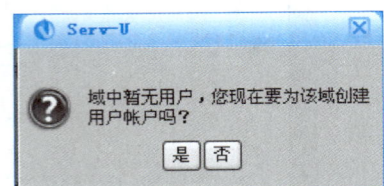
图 7-62 用户创建提示框

步骤 6：单击"是"按钮，弹出用户创建对话框，从中设置用户名，如图 7-63 所示。

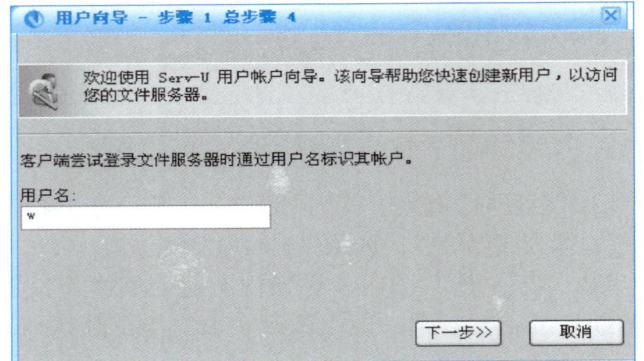
图 7-63 用户创建对话框

步骤 7：单击"下一步"按钮，弹出密码设置对话框，从中设置密码，如图 7-64 所示。

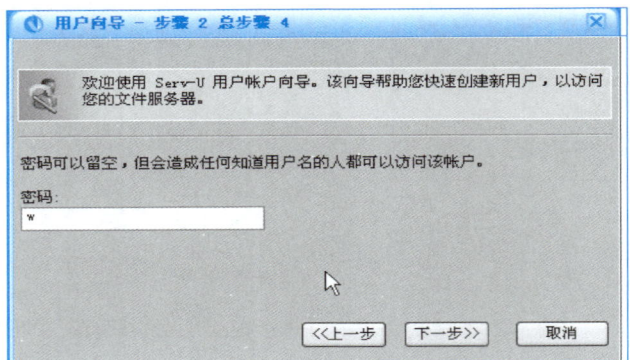
图 7-64 密码设置对话框

步骤 8：单击"下一步"按钮，在弹出的对话框中单击"浏览"按钮，设置根目录，如图 7-65 所示。

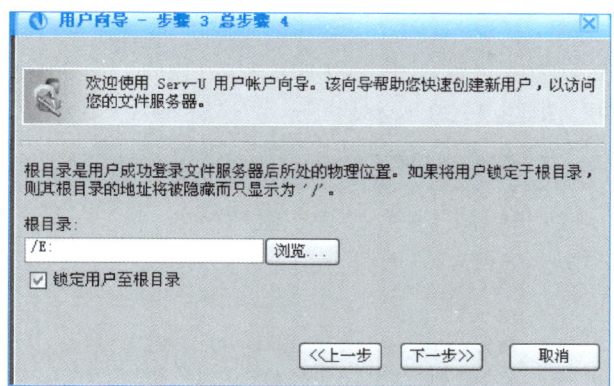

图 7-65　设置根目录

步骤 9：单击"下一步"按钮，在弹出的对话框中选择访问权限，如图 7-66 所示。

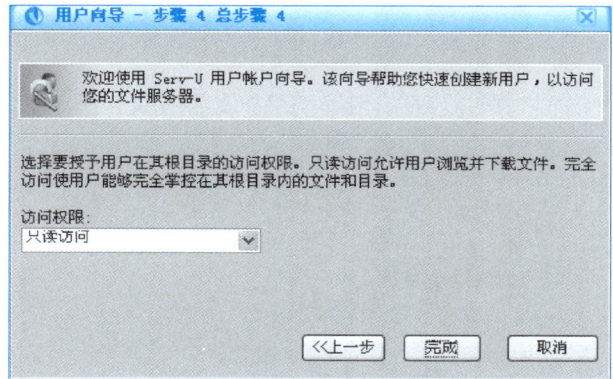

图 7-66　选择访问权限

步骤 10：单击"完成"按钮，用户创建完成，此时的"Serv-U 管理控制台 – 用户"窗口如图 7-67 所示。

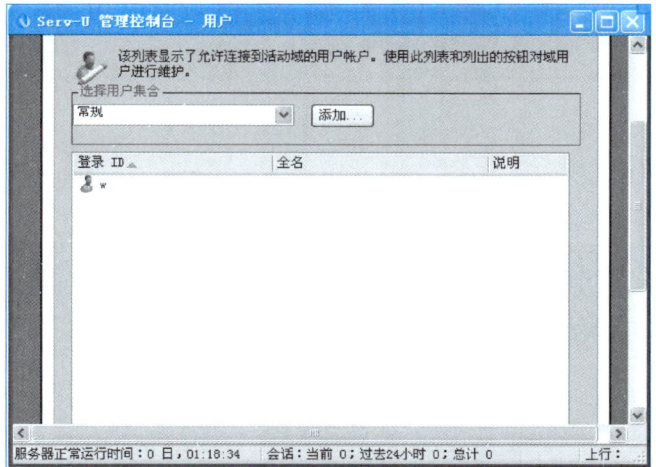

图 7-67　"Serv-U 管理控制台 – 用户"窗口

步骤 11：测试。

① 打开 IE 浏览器，输入"ftp://192.168.1.20"，按 Enter 键，弹出"登录身份"对话框，如图 7-68 所示。

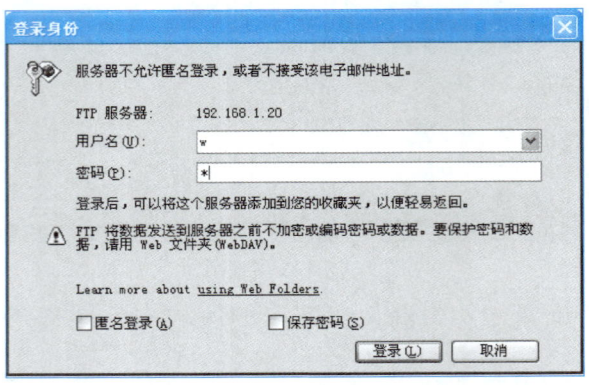

图 7-68 "登录身份"对话框

② 单击"登录"按钮，显示目录情况，如图 7-69 所示。

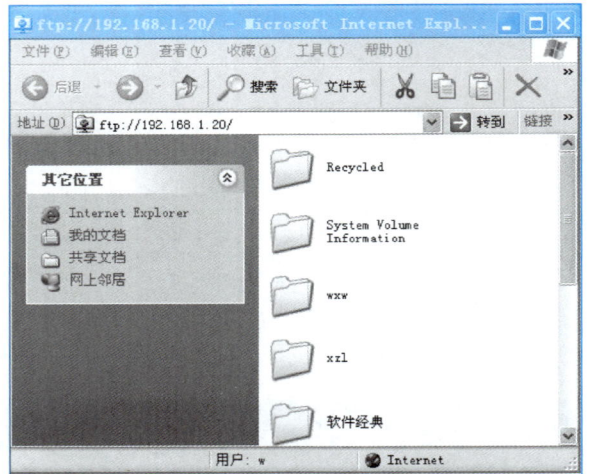

图 7-69 登录后显示的目录

③ 从该目录上下载文件，但不能上传文件，否则会出现如图 7-70 所示的错误提示对话框，因为设置服务器时给该用户设置的是只读权限。

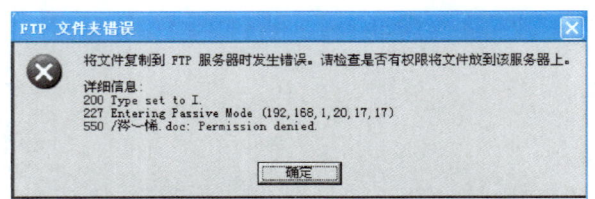

图 7-70 错误提示对话框

3. 设置 FTP 其他功能

下面以创建虚拟目录为例进行设置。

步骤 1：启动服务器，选择"目录"选项，打开如图 7-71 所示的"Serv-U 管理控制台 – 目录"窗口。

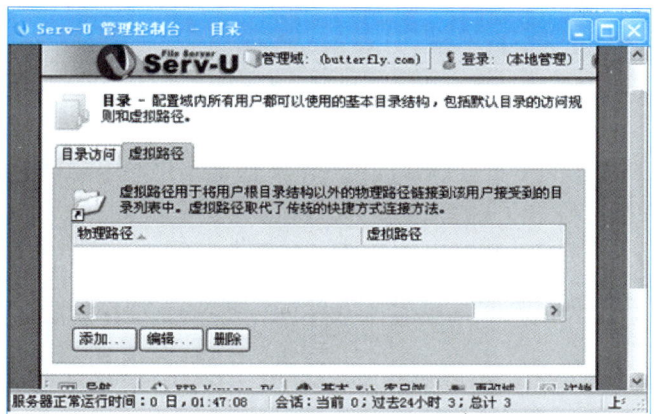

图 7-71 "Serv-U 管理控制台 – 目录"窗口

步骤 2：单击"添加"按钮，弹出如图 7-72 所示的"虚拟路径"对话框。

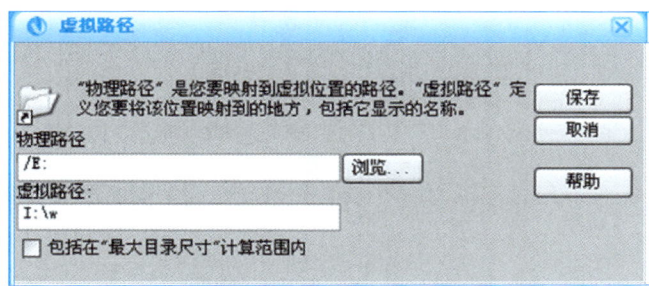

图 7-72 "虚拟路径"对话框

步骤 3：单击"保存"按钮，则将该虚拟目录添加成功，如图 7-73 所示。

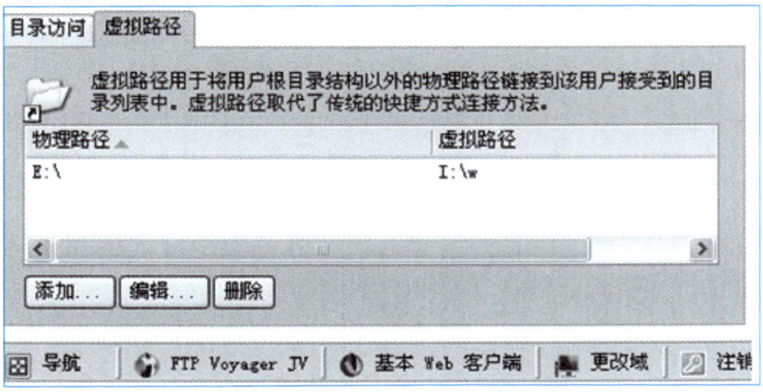

图 7-73 虚拟目录添加成功

任务 3 配置 DNS 服务器

任务 3-1 准备安装 DNS 服务器

1. 配置静态 IP 地址

使用鼠标右键单击"网上邻居",在快捷菜单中选择"属性"命令,打开"网络连接"窗口,使用鼠标右键单击"本地连接"图标,选择"属性"命令打开"本地连接 属性"对话框,选择"Internet 协议(TCP/IP)"选项,单击"属性"按钮,选中"使用下面的 DNS 服务器地址"单选按钮,将"首选 DNS 服务器"地址设置为 192.168.1.20,单击"确定"按钮。

2. 设置 DNS

步骤 1:使用鼠标右键单击"我的电脑",在快捷菜单中选择"属性"命令,打开如图 7-74 所示的"系统属性"对话框,选择"计算机名"选项卡。

步骤 2:单击"更改"按钮,打开如图 7-75 的"计算机名称更改"对话框。

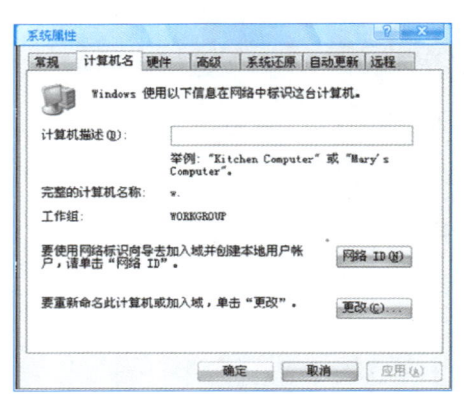
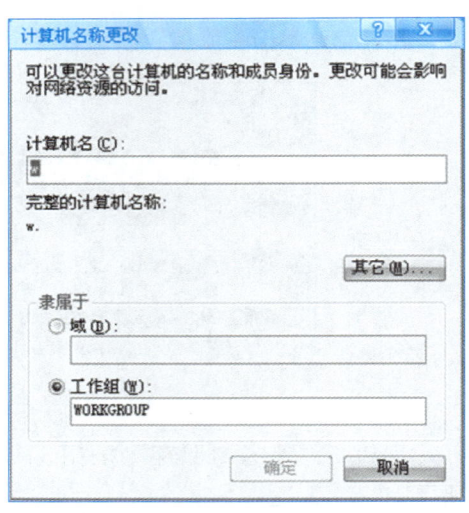

图 7-74 "系统属性"对话框　　图 7-75 "计算机名称更改"对话框

步骤 3:单击"其他"按钮,打开"DNS 后缀和 NetBIOS 计算机名"对话框,如图 7-76 所示。

步骤 4:连续单击"确定"按钮,弹出如图 7-77 所示"计算机名更改"对话框。

任务 3-2 安装 DNS 服务器

本例主要介绍在服务器上通过"服务器管理器"窗口安装 DNS 服务器。

步骤 1:以管理员的身份登录服务器,选择"开始"→"管理工具"下的

视频
安装 DNS 服务器

命令,打开"服务器管理器"窗口,选择左侧窗格中的"角色"节点,然后单击右侧窗格中的"添加角色"链接,打开添加角色向导的"选择服务器角色"界面,选择其中的"DNS 服务器"复选框,如图 7-78 所示。

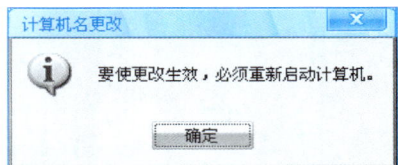

图 7-76 "DNS 后缀和 NetBIOS 计算机名"对话框　　图 7-77 "计算机名更改"对话框

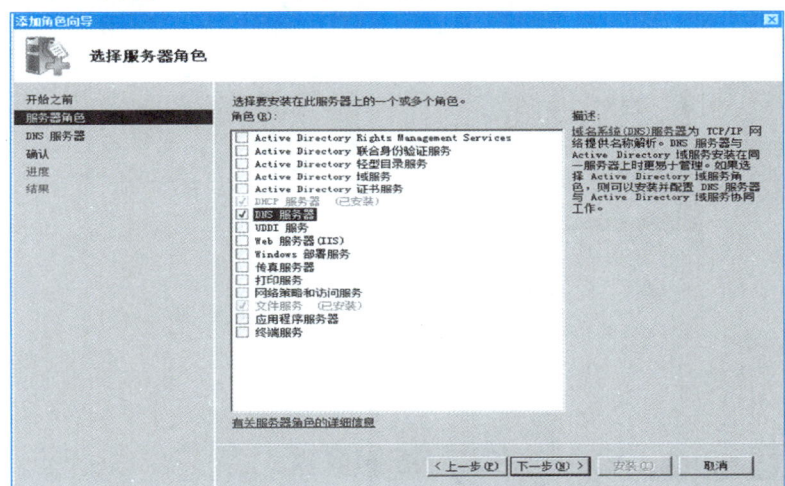

图 7-78 在"选择服务器角色"界面中选择角色

步骤 2:单击"下一步"按钮,打开如图 7-79 所示的"DNS 服务器"界面,该界面对 DNS 服务器进行简单介绍。

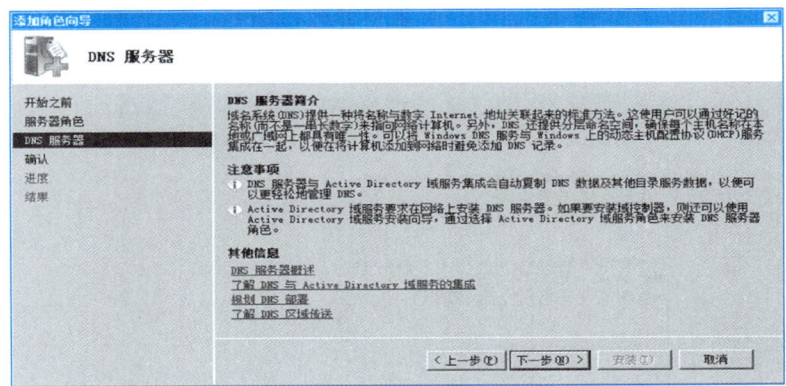

图 7-79 "DNS 服务器"界面

步骤 3：单击"下一步"按钮，打开如图 7-80 所示的"确认安装选择"界面。

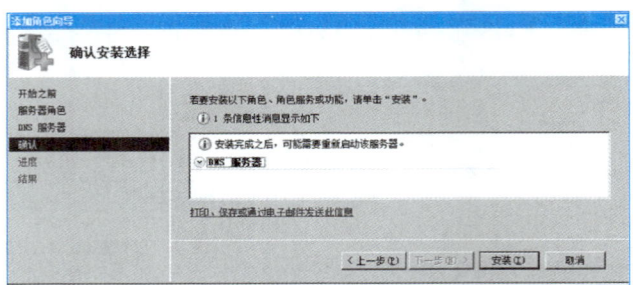

图 7-80 "确认安装选择"界面

步骤 4：单击"安装"按钮开始安装 DNS 服务器，安装完成后打开如图 7-81 所示的"安装结果"界面，最后单击"关闭"按钮完成 DNS 服务器的安装。

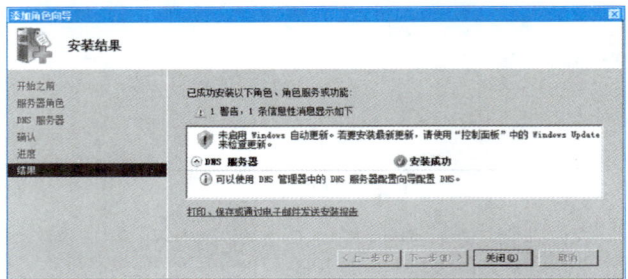

图 7-81 "安装结果"界面

任务 3-3　配置和管理 DNS 服务器

1. 启动或停止 DNS 服务

要启动或停止 DNS 服务，可以使用 net 命令、DNS 控制台、服务控制台、服务器管理器 4 种常用方法。下面以 net 命令操作为例说明。

以管理员身份登录服务器，在命令提示符下，输入命令"net stop dns"可停止 DNS 服务，输入命令"net start dns"可启用 DNS 服务，如图 7-82 所示。

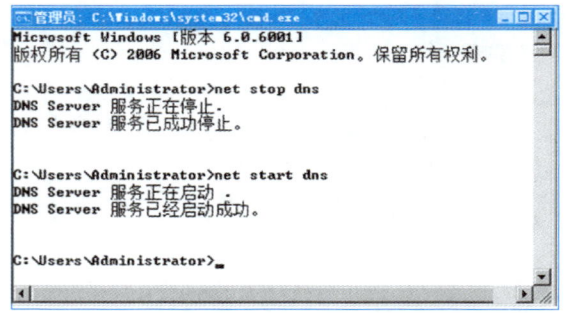

图 7-82　使用 net 命令停止和启动 DNS 服务

2. 创建正向查找区域（主机名解析为 IP 地址）

步骤 1：以管理员的身份登录服务器，选择"开始"→"管理工具"下的命令，打开 DNS 控制台。在控制台树中展开"服务器"节点，使用右键单击"正向查找区域"选项，在弹出的快捷菜单中选择"新建区域"命令，打开如图 7-83 所示的新建区域向导的"欢迎使用新建区域向导"界面。

视频
DNS 创建正向查找区域

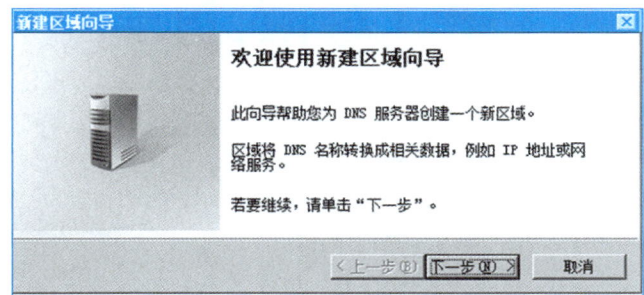

图 7-83 "欢迎使用新建区域向导"界面

步骤 2：单击"下一步"按钮，弹出如图 7-84 所示的"区域类型"界面。在该界面中可以选择区域类型为主要区域、辅助区域或者存根区域，这里选择"主要区域"单选按钮。取消选择"在 Active Directory 中存储区域（只有 DNS 服务器是可写域控制器时才可用）"复选框，这样 DNS 就不与 Active Directory 域服务集成了。

微课
创建正向查找区域

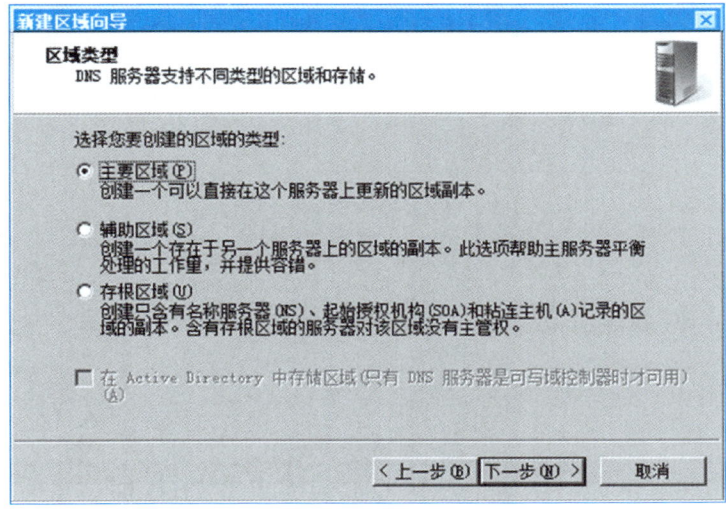

图 7-84 "区域类型"界面

步骤 3：单击"下一步"按钮，打开如图 7-85 所示的"区域名称"界面。在该界面中输入区域的名称，区域名称一般以域名表示，这里输入"butterfly.com"。

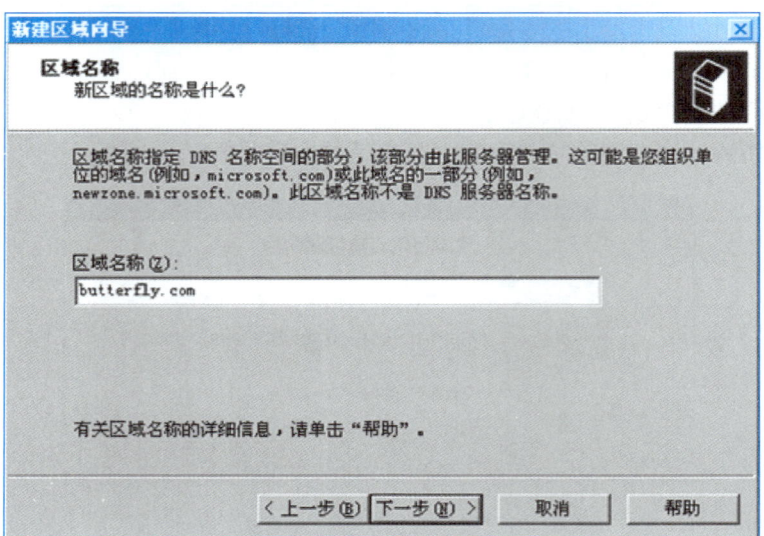

图 7-85 "区域名称"界面

步骤 4：单击"下一步"按钮，打开如图 7-86 所示的"区域文件"界面，创建新文件并为文件命名。

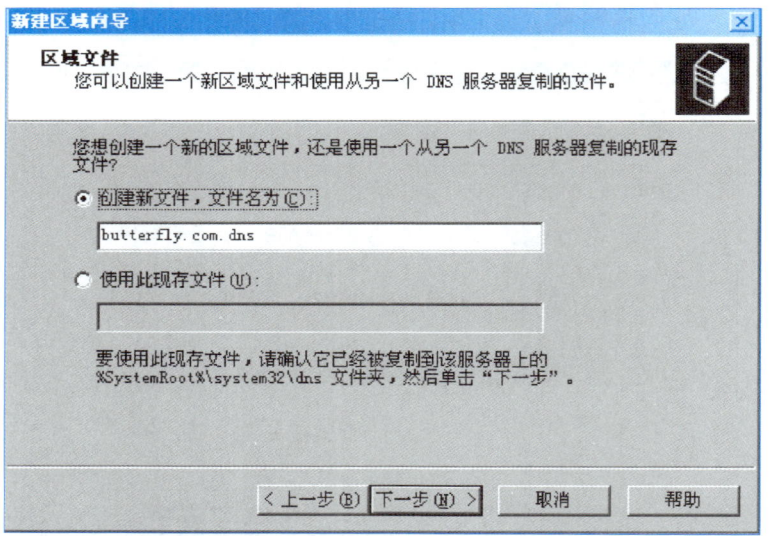

图 7-86 "区域文件"界面

步骤 5：单击"下一步"按钮，弹出"动态更新"界面，从中可选择动态更新方式，如图 7-87 所示。

步骤 6：单击"下一步"按钮，弹出"转发器"界面，如图 7-88 所示。

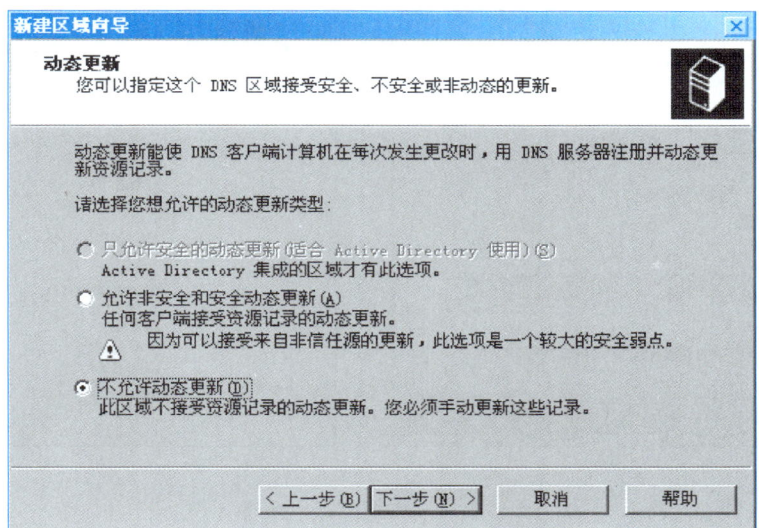

图 7-87 "动态更新"界面

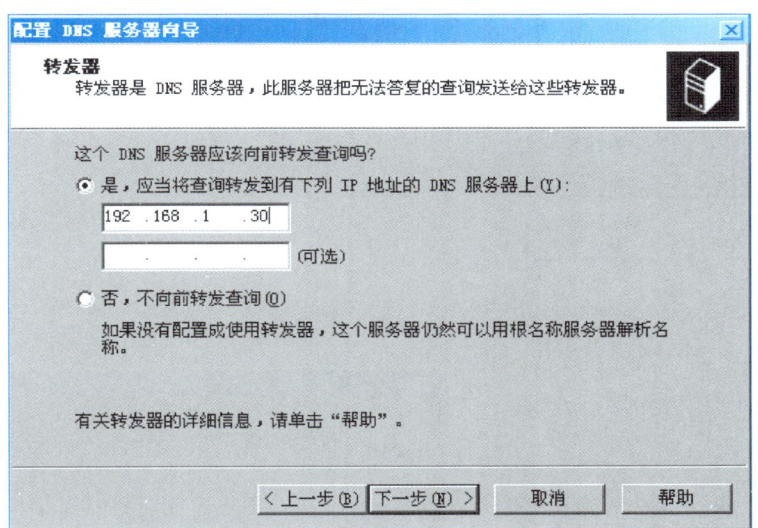

图 7-88 "转发器"界面

步骤 7：单击"下一步"按钮，弹出"正在收集根提示"界面，然后弹出"正在完成新建区域向导"界面，如图 7-89 所示。

步骤 8：检查设置信息是否正确，如果正确则单击"完成"按钮，实现了正向搜索区域的创建。

3. 建立主机

步骤 1：启动 DNS 服务器，弹出"服务器管理器"窗口。

步骤 2：右键单击"正向查找区域"→"butterfly.com"选项，然后在弹出的快捷菜单中选择"新建主机"命令，如图 7-90 所示。

视频
DNS 创建主机

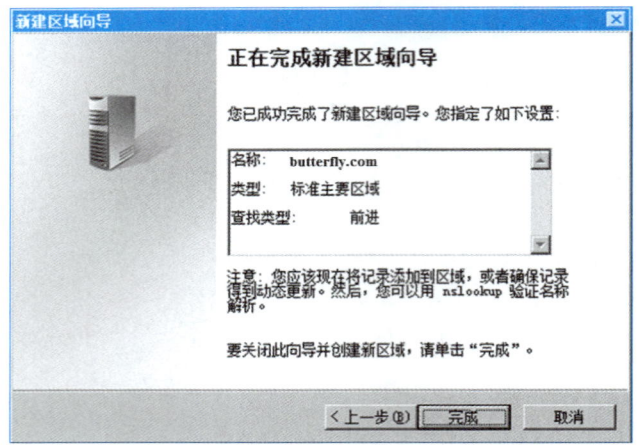
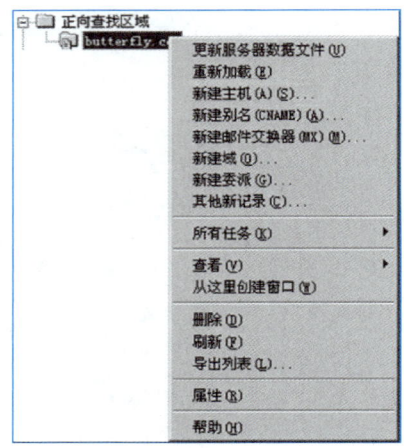

图 7-89 "正在完成新建区域向导"界面　　　　图 7-90 选择"新建主机"命令

步骤 3：系统弹出如图 7-91 所示的"新建主机"对话框，要求输入主机名称和主机 IP（按照各参数表设置），输入主机名称为"www1"。用户还可以选择"创建相关的指针（PTR）记录"复选框。

步骤 4：单击"添加主机"按钮，系统弹出"DNS"对话框，显示主机记录已经创建成功，如图 7-92 所示。

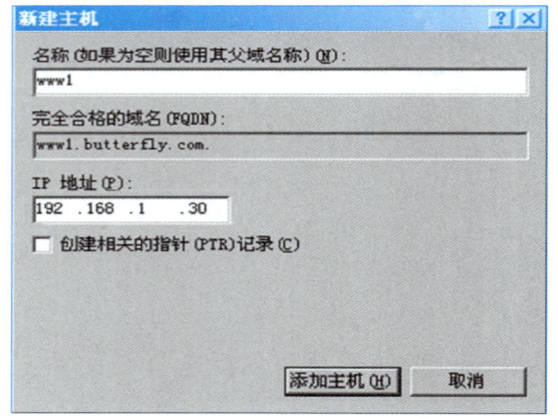
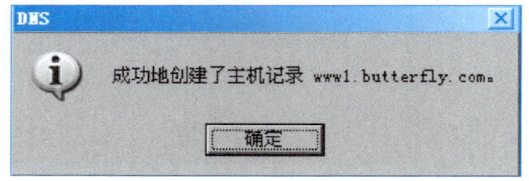

图 7-91 "新建主机"对话框　　　　图 7-92 主机记录已经创建成功

步骤 5：打开 IE 浏览器，在浏览器的地址栏中输入"http://www1.butterfly.com"，便可访问 Web 网站 1 了，输入"ftp://ftp1.butterfly.com"，则可查看 FTP 服务器上的资料。其余站点的访问方式相同。这样，就不需要记忆 IP 地址了。

4. 创建反向查找区域（IP 地址解析为主机名）

反向解析是使用已知的 IP 地址搜索计算机名。创建反向解析区域的具体步骤如下。

视频
DNS 创建反向查找区域

步骤 1：选择"开始"→"程序"→"管理工具"→"DNS"菜单命令，选择相应的 DNS 服务器，然后使用鼠标右击"反向查找区域"文件夹，弹出的快捷菜单如图 7-93 所示。

步骤 2：选择"新建区域"命令，启动新建区域向导的"欢迎使用新建区域向导"界面，如图 7-94 所示。

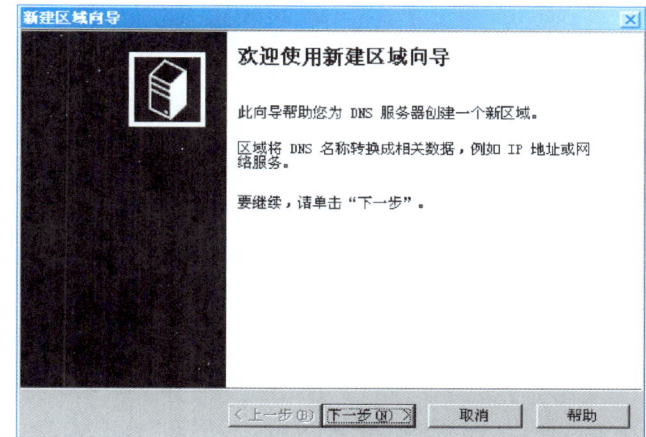

图 7-93　快捷菜单　　　　　　　图 7-94　"欢迎使用新建区域向导"界面

步骤 3：单击"下一步"按钮，弹出"区域类型"界面，本例选择"主要区域"单选按钮，如图 7-95 所示。

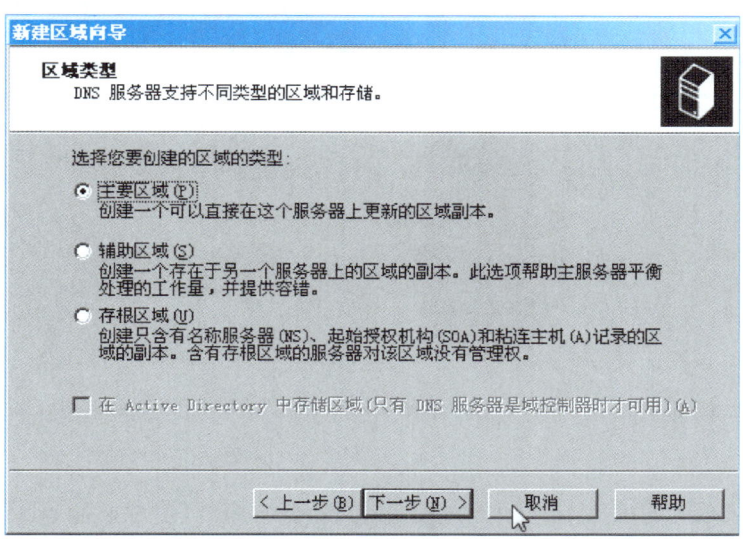

图 7-95　"区域类型"界面

步骤 4：单击"下一步"按钮，打开如图 7-96 所示的"反向查找区域名称"界面，在此选择"IPv4 反向查找区域"单选按钮。

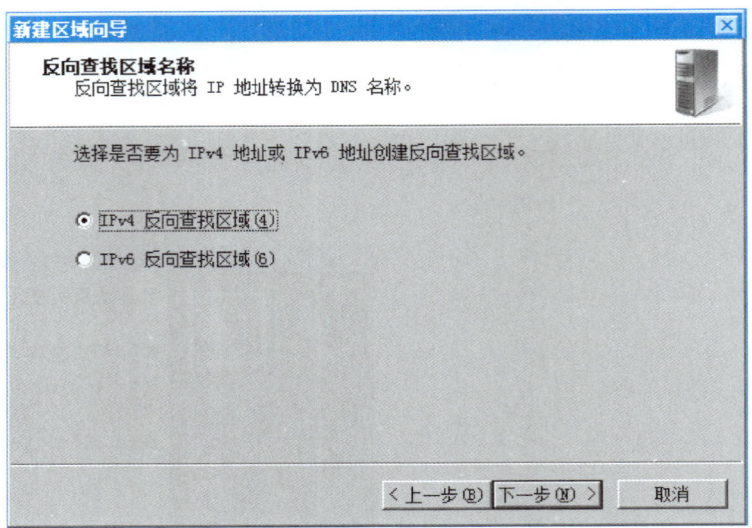

图 7-96 "反向查找区域名称"界面

步骤 5：单击"下一步"按钮，打开如图 7-97 所示的"反向查找区域名称"界面，输入网络 ID。例如"www1.butterfly.com"的 IP 地址为 192.168.1.30，就在"网络 ID"中输入"192.168.1"。

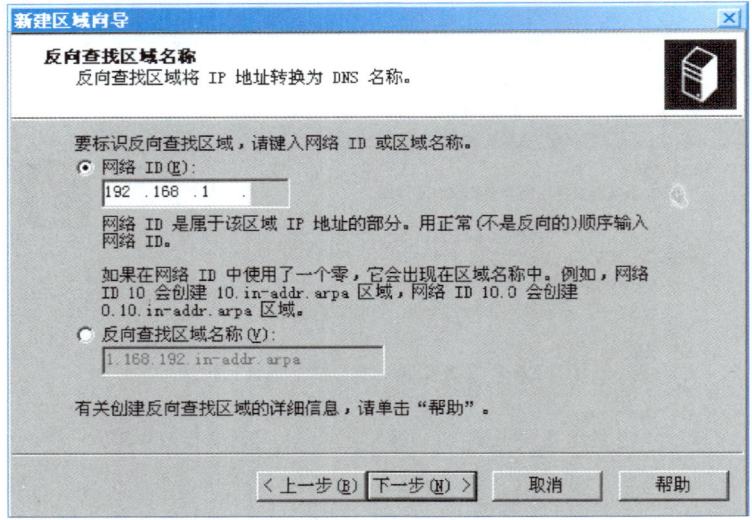

图 7-97 在"反向查找区域名称"界面中确定"网络 ID"

步骤 6：单击"下一步"按钮，由于是反向解析，因此区域文件的命名默认与网络 ID 的顺序相反，以.dns 为扩展名，如"1.168.192.in-addr.arpa.dns"。如果选择"使用此现存文件"单选按钮，则必须先把文件复制到运行 DNS 服务的服务器的 SystemRoot\System32\dns 目录中，"区域文件"界面如图 7-98 所示。

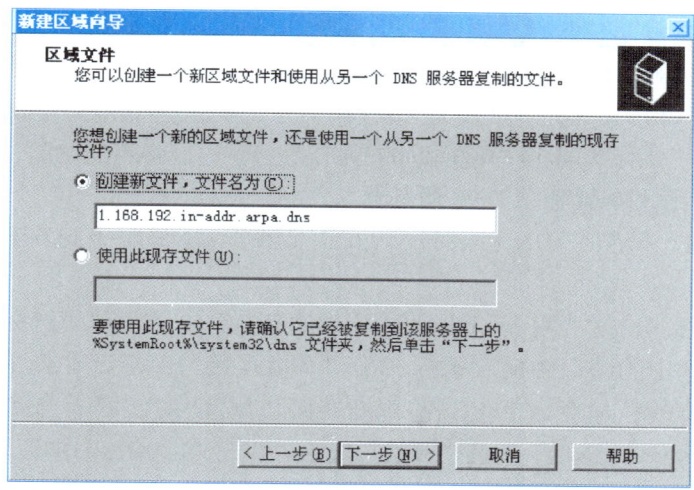

图 7-98 "区域文件"界面

步骤 7：单击"下一步"按钮，弹出"动态更新"界面，如图 7-99 所示，选择"不允许动态更新"单选按钮。

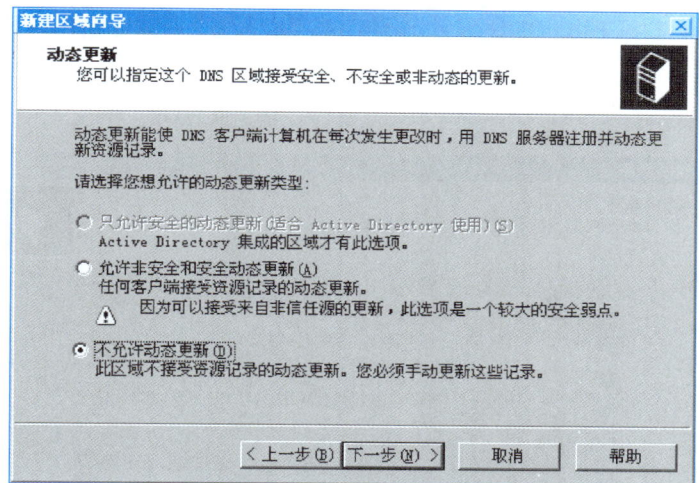

图 7-99 "动态更新"界面

步骤 8：单击"下一步"按钮，弹出"正在完成新建区域向导"界面，单击"完成"按钮，反向搜索区域就创建好了，如图 7-100 所示。

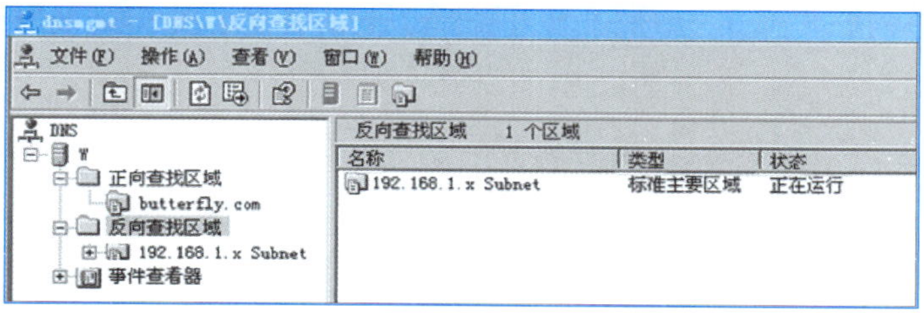

图 7-100 成功创建反向搜索区域

5. 创建辅助 DNS 服务器

视频
辅助 DNS 服务器

如果 DNS 服务器出现故障或查询任务过重，便会造成客户无法通过 DNS 解析获得需要的 IP 地址，从而无法联系。为了避免这些情况的出现，最好在架设好主服务器后，再架设一台辅助的 DNS 服务器，以备不时之需。

（1）架设和配置辅助 DNS 服务器

步骤 1：按照主 DNS 服务器的安装步骤将 DNS 服务安装到一台计算机上。

步骤 2：右击"网上邻居"图标，在弹出的快捷菜单中选择"属性"命令，在弹出的窗口中使用鼠标右击"本地连接"图标，在弹出的快捷菜单中选择"属性"命令，在弹出的"本地连接 属性"对话框中选择"Internet 协议（TCP/IP）"选项，单击"属性"按钮，弹出"Internet 协议（TCP/IP）属性"对话框，在"使用下面的 IP 地址"选项组中的"IP 地址"文本框中输入"192.168.1.30"，在"使用下面的 DNS 服务器地址"选项组中的"首选 DNS 服务器"文本框中输入 DNS 服务器的 IP 地址"192.168.1.30"，单击"确定"按钮。

步骤 3：打开辅助 DNS 服务器的 DNS 窗口，使用鼠标右击"正向查找区域"新建区域，通过选择快捷菜单中的命令打开新建区域向导的"区域类型"界面，选择"辅助区域"单选按钮，如图 7-101 所示。

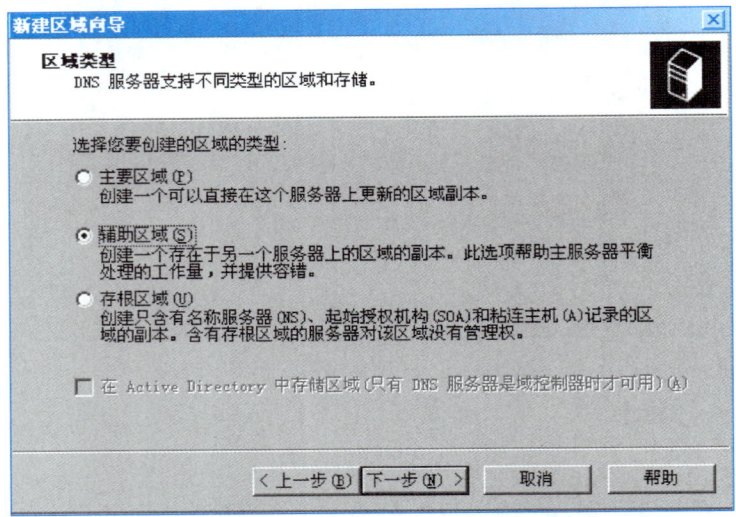

图 7-101 "区域类型"界面

步骤 4：单击"下一步"按钮，在弹出的"区域名称"界面中输入"butterfly.com"，单击"下一步"按钮，弹出"主 DNS 服务器"界面，如图 7-102 所示，输入主服务器的 IP 地址。

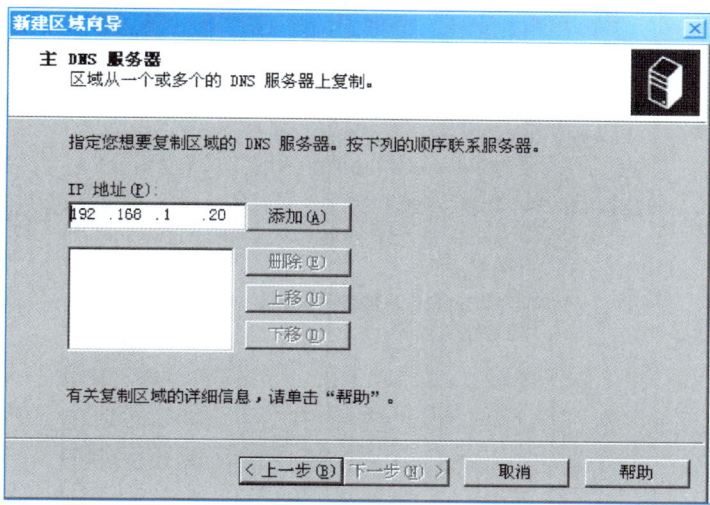

图 7-102 "主 DNS 服务器"界面

步骤 5：单击"添加"按钮，添加成功后的界面如图 7-103 所示。

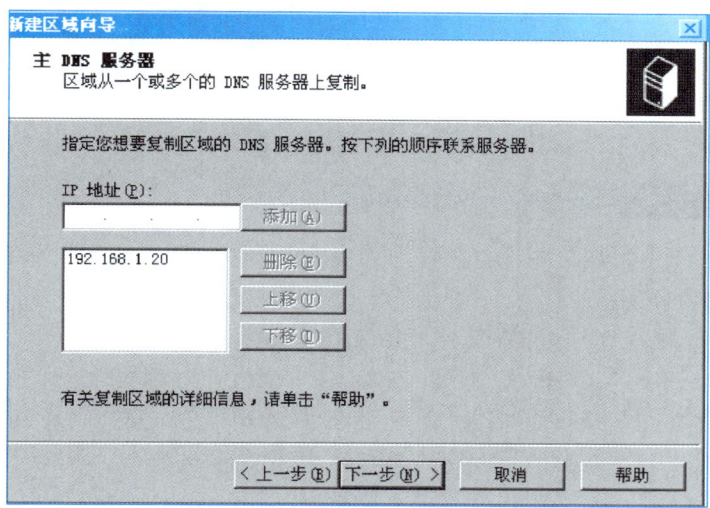

图 7-103 主 DNS 服务器地址添加成功的界面

步骤 6：单击"下一步"按钮，弹出"正在完成新建区域向导"界面，单击"完成"按钮，则在正向查找区域中添加了 butterfly.com 区域。

步骤 7：在辅助 DNS 服务器所在的另一台主机的 DNS 窗口中，使用鼠标右击 butterfly.com，在弹出的快捷菜单中选择"从主服务器复制"命令。这样，辅助 DNS 服务器便安装、配置完成。

（2）主 DNS 服务器上的配置

在主 DNS 服务器 hosta 主机的 DNS 窗口中，使用鼠标右击 butterfly.com，在弹出的快捷菜单中选择"属性"命令，打开如图 7-104 所示的"butterfly.com

属性"对话框。选择"区域复制"选项卡,选择"允许区域复制"复选框,选择"到所有服务器"单选按钮,单击"确定"按钮。

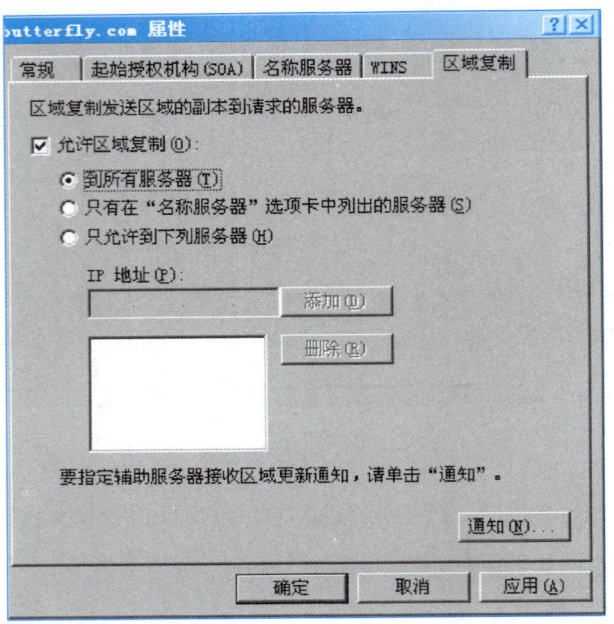

图 7-104 "butterfly.com 属性"对话框

任务 3-4　设置客户端 DNS

右击"网上邻居"图标,在弹出的快捷菜单中选择"属性"命令,使用鼠标右击"本地连接"图标,在弹出的快捷菜单中选择"属性"命令,在弹出的"本地连接 属性"对话框中选择"Internet 协议(TCP/IP)"选项,单击"属性"按钮,弹出"Internet 协议(TCP/IP)属性"对话框,在"使用下面的 DNS 服务器地址"选项组中的"首选 DNS 服务器"文本框中输入 DNS 服务器的 IP 地址"192.168.1.30",单击"确定"按钮。

任务 3-5　检测 DNS 设置

选择"开始"→"运行"菜单命令,在"打开"文本框中输入"cmd",单击"确定"按钮,打开命令提示符窗口,在 DOS 提示符下输入"nslookup"命令,按 Enter 键,可以查看本机的 DNS 服务器的 IP 地址。

实施评价

本项目的主要训练目标是让学习者学会 Web 服务器、FTP 服务器、DNS 服务器、邮件服务器的配置,以及设置 Web 站点、FTP 站点的安全性权限等。任务实施情况小结如表 7-9 所示。

表 7-9 任务实施情况小结

序号	知识	技能	态度	重要程度	自我评价	老师评价
1	● IIS ● Web 服务	○ 正确安装 Web 服务 ○ 正确配置 Web 服务	◎ 条理清楚 ◎ 细致有序 ◎ 准备工作充分 ◎ 积极思考并努力解决问题	★★★★		
2	● FTP 服务 ● Serv-U 功能	○ 正确安装、配置 FTP 服务 ○ 使用 Serv-U 成功架设 FTP 服务器				
3	● DNS 的定义与作用	○ 正确安装、配置 DNS 服务				
4	● 安装 SMTP 的条件 ● SMTP	○ 正确安装、配置邮件服务器				

任务实施过程中已经解决的问题及其解决方法与过程

问题描述	解决方法与过程
1.	
2.	

任务实施过程中未解决的主要问题

任务拓展

拓展任务 FTP 文件的安全性设置

1. 任务拓展卡

任务拓展卡如表 7-10 所示。

视频
禁止某计算机访问主目录

表 7-10 任务拓展卡

任务编号	007-5	任务名称	FTP 文件的安全性设置	计划工时	65min
任务描述					
通过前面的设置,基本能使员工通过 FTP 服务器实现文件的下载和上传,但为了保证软件和宣传资料不被非法人员窃取,需要保证这些资料的安全性,还需要做哪些设置					
任务分析					
为了保证文件等资源通过 FTP 上传和下载时的安全性,可从限制同时连接的数量、限制访问的 IP 地址、禁止匿名访问等方面考虑安全性能,提高安全保障					

2. 任务拓展完成过程提示

1)限制访问的 IP 地址

(1)除 IP 地址为 192.168.1.230 外的所有计算机均能访问存放软件的主目录

步骤 1:在"FTP 站点"中选择"存放软件"站点,单击鼠标右键,在快捷菜单中选择"属性"命令,打开"存放软件 属性"对话框,选择"目录安全性"选项卡,如图 7-105 所示。

微课
禁止某计算机访问主目录

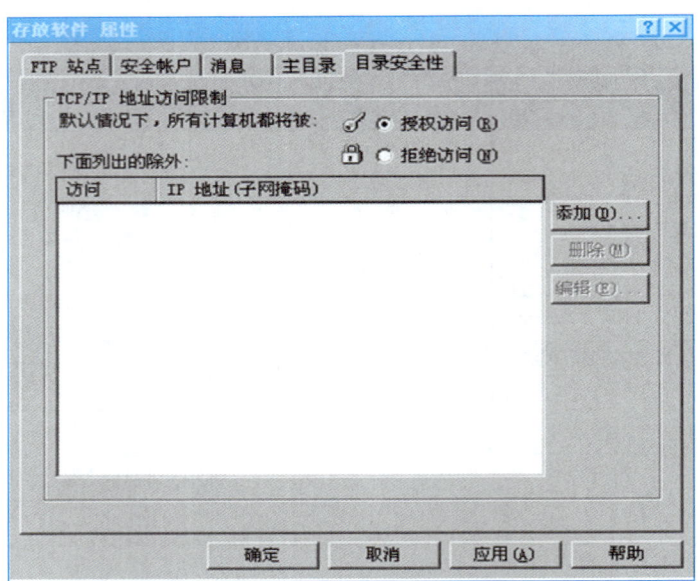

图 7-105 "目录安全性"选项卡

步骤 2：选中"授权访问"单选按钮，单击"添加"按钮，打开如图 7-106 所示的"拒绝访问"对话框，选中"一台计算机"类型，在"IP 地址"文本框中输入"192.168.1.230"。

步骤 3：单击"确定"按钮，出现如图 7-107 所示的界面，表示完成任务。

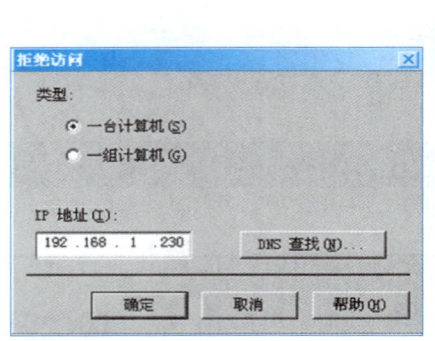

图 7-106 "拒绝访问"对话框

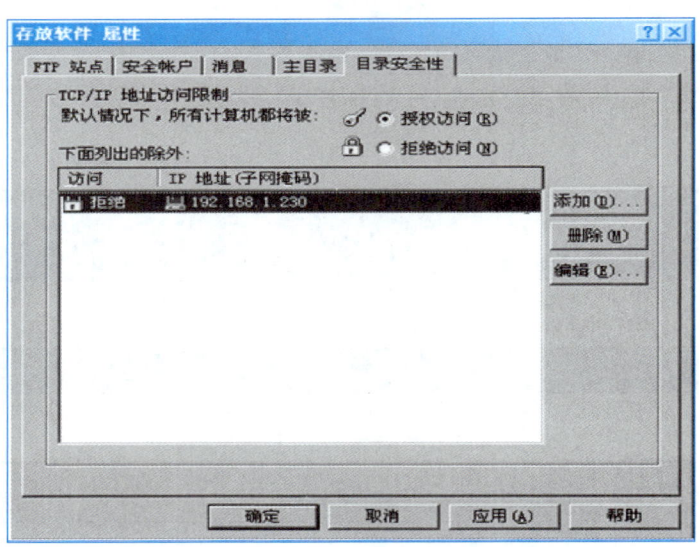

图 7-107 拒绝某台计算机访问的界面

（2）除 IP 地址为 192.168.1.230 外的所有计算机均不能访问存放软件的主目录

步骤 1：在"FTP 站点"中选择"存放软件"站点，单击鼠标右键，在快捷菜单中选择"属性"命令，打开"存放软件 属性"对话框，选择"目录安全性"选项卡，选中"拒绝访问"单选按钮，如图 7-108 所示。

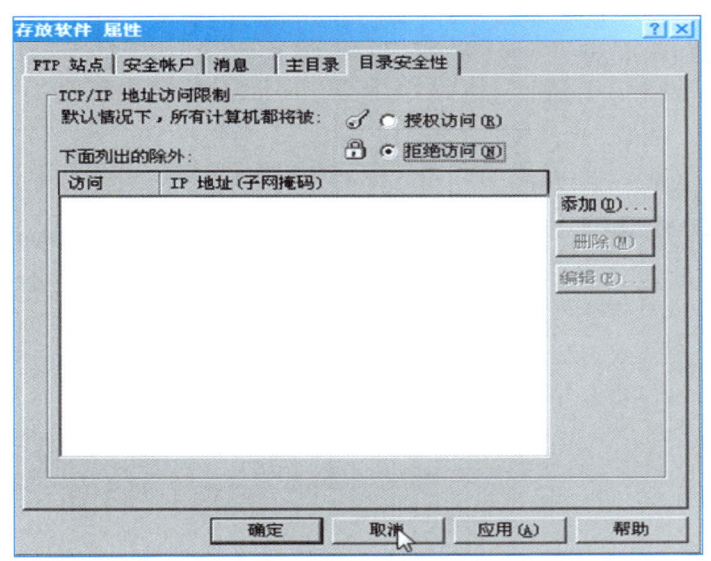

图 7-108 "目录安全性"选项卡

步骤 2：单击"添加"按钮，打开"授权访问"对话框，如图 7-109 所示。

步骤 3：单击"确定"按钮，此时的界面如图 7-110 所示，则只有 192.168.1.230 这台计算机能访问存放软件的主目录，其余的所有计算机均被拒绝。

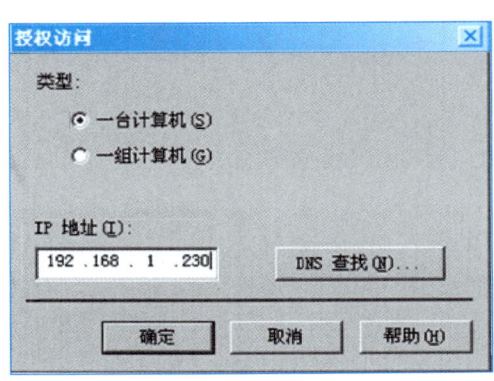
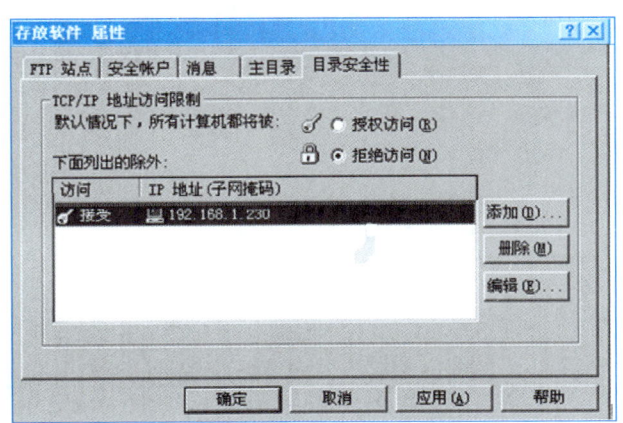

图 7-109 "授权访问"对话框　　　　图 7-110 添加授权访问计算机后的界面

禁止 FTP 站点匿名访问

微课
禁止 FTP 站点匿名访问

视频
禁止 Web 站点匿名访问

2）禁止匿名访问

对于一些安全性要求高的站点，不能让用户不经过身份验证就读取 FTP 站点中的内容，因此应当禁止匿名访问。

（1）禁止 FTP 站点匿名访问

步骤 1：在"FTP 站点"中选择"存放软件"站点，单击鼠标右键，在弹出的快捷菜单中选择"属性"命令，打开"存放软件 属性"对话框，选择"安全账户"选项卡，如图 7-111 所示。

步骤 2：取消选择"允许匿名连接"复选框，弹出"IIS 管理器"对话框，如图 7-112 所示。

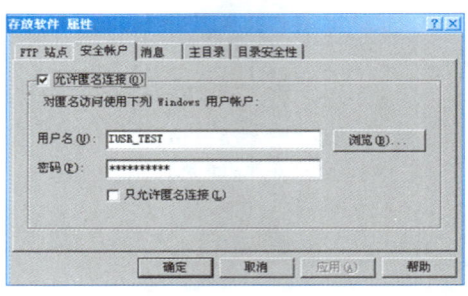
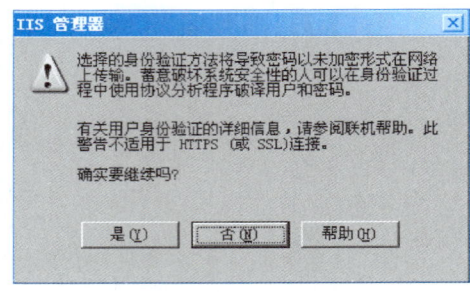

图 7-111 "安全账户"选项卡　　　　图 7-112 "IIS 管理器"对话框

步骤 3：单击"是"按钮，将禁止匿名访问，如图 7-113 所示。

（2）禁止 Web 站点匿名访问

微课
禁止 Web 站点匿名访问

步骤 1：使用鼠标右击网站 1，在弹出的快捷菜单中选择"属性"命令，打开"1 属性"对话框，选择"目录安全性"选项卡，如图 7-114 所示。

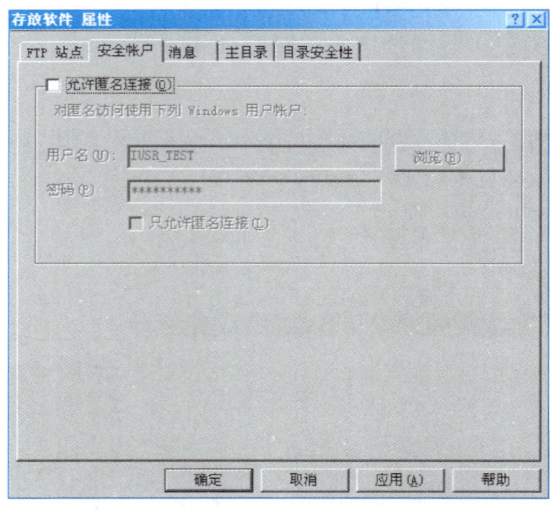
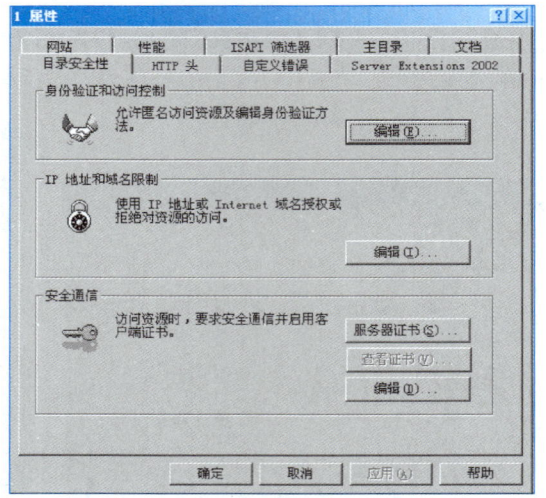

图 7-113 禁止匿名访问　　　　图 7-114 "目录安全性"选项卡

禁止 Web 站点匿名 Z 访问

步骤 2：单击"身份验证和访问控制"选项组中的"编辑"按钮，打开"身份验证方法"对话框，如图 7-115 所示。

步骤 3：取消选择"启用匿名访问"和"集成 Windows 身份验证"复选框，单击"确定"按钮，弹出"IIS 管理器"对话框，如图 7-116 所示。单击"是"按钮，此时便限制了未经授权用户访问网站或网站下的目录。

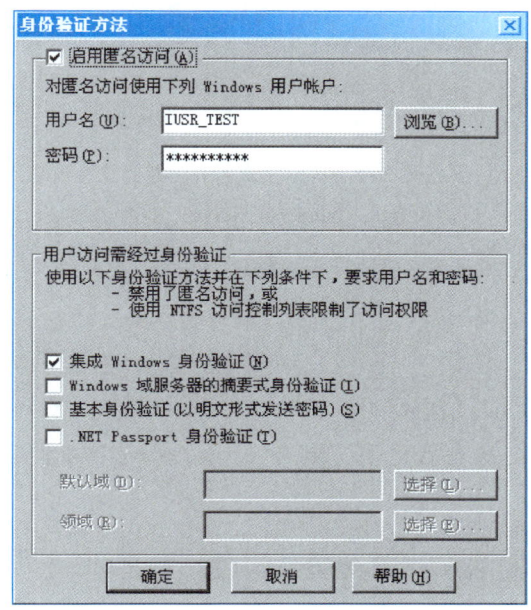

图 7-115 "身份验证方法"对话框

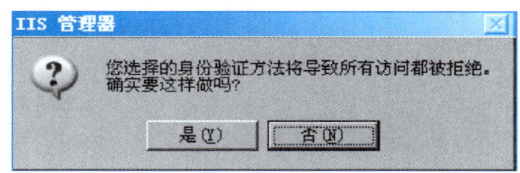

图 7-116 "IIS 管理器"对话框

思考与练习

一、选择题

1. 某 Internet 主页的 URL 地址为 http://www.abc.com.cn/product/ index.html，该地址的域名是_____。

    A. index.html   B. com.cn

    C. www.abc.com.cn   D. http://www.abc.com.cn

2. 电子邮件网关的功能是_____。

    A. 将邮件信息从一种邮件系统格式转换成另一种邮件系统格式

    B. 将邮件从 POP3 格式转化成 SMTP 格式

    C. 在冲突域间交换邮件信息

    D. 将邮件信息从一种语言格式转换成另一种语言格式

3. 下列关于代理服务器功能的描述中，正确的是_____。

    A. 具有 MAC 地址解析功能   B. 具有域名转换功能

    C. 具有动态地址分配功能   D. 具有网络地址转换功能

4. 关于 FTP 协议，下面的描述中不正确的是_____。

    A. FTP 协议使用多个端口号

B. FTP 可以上传文件，也可以下载文件

C. FTP 报文通过 UDP 报文传送

D. FTP 是应用层协议

5. 在 Windows 操作系统的 "Internet 信息服务" 的默认网站的 "属性" 对话框中，不能进行的操作是_____。

    A. 修改默认文档　　　　　　　　B. 设置 TCP 端口

    C. 删除 Cookies　　　　　　　　 D. 自定义 HTTP 头

6. 在 Windows 2000 中，为了配置一项服务而不得不打开多个窗口，经过多个步骤，同时还需要具有一定的经验才可以完成。这项工作在 Windows Server 2003 中被称为_____的统一配置流程向导所替代。

    A. 管理您的服务器　　　　　　　B. 配置服务器向导

    C. IIS 服务　　　　　　　　　　　D. 系统管理服务

二、思考题

1. 如何实现多个 IP 地址对应多个 Web 站点？

2. 简述 DNS 系统的域名空间结构，简述 DNS 服务器、辅助 DNS 服务器的作用，简述 DNS 服务器的查询类型及其特点。

3. 架构活动目录服务器的作用是什么？

4. 无法上传文件时，为什么提示连接时找不到主机？

三、操作题

1. 安装 FTP 服务器，添加 FTP 站点 teacher，ftp 对应 E:/教学资源文件夹所应用的 IP 地址 192.168.0.1，设定该文件夹的权限为既能读取又能写入。添加 FTP 站点 student,ftp 对应 F:/学生文件夹所应用的 IP 地址 192.168.0.2，要求只能写入，不能读取。

2. 安装 DNS 服务器，新建正向 DNS 主要区域 LAN.com；新建反向 DNS 主要区域 192.168.0.x，并测试正向、反向解析。

3. 通过 Serv-U 构建 FTP 服务器，其对应的 IP 地址为 192.168.0.1，要求设置 teacher 和 student 两个账号。用户 teacher 的可用磁盘空间为 1 GB，student 的可用磁盘空间为 500 MB，并设置磁盘满额提示符为 "磁盘空间已满，请清理！"

项目 8 管理办公网络

某公司的网络覆盖几个部门，各部门之间需要相互通信，但是有些信息并不能对所有部门公开。在物理位置不发生改变的情况下，将部门所在的网络从逻辑上划分到不同的虚拟局域网中，以实现不同部门的管理。

 教学导航

知识目标	● 了解 VLAN 的作用和功能 ● 熟悉 VLAN 的划分方法 ● 熟悉 VLAN 的操作命令
技能目标	● 熟练规划 VLAN 的 IP 地址 ● 熟练划分 VLAN ● 实现 VLAN 之间的通信
教学方法	讲练结合、问题式教学、启发式教学法
考核 A 等标准	● 每个小组能正确配置 VLAN，实现部门隔离和通信 ● 工作时不大声喧哗，遵守纪律，与同组成员协作愉快，共同完成整个工作任务，保持工作环境清洁，任务完成后自动整理、归还工具，并恢复到原始工作状态，关闭电源
评价方式	教师评价+个人评价
操作流程	IP 地址和 VLAN 规划——划分 VLAN——测试计算机间的连通性——配置 VLAN——测试 VLAN 间的连通性
准备工作	核心交换机、二层交换机、计算机、Packet Tracer 模拟软件
课时建议	6 课时（含课堂任务拓展）

 **项目描述**

某公司有行政部、市场部、研发部、技术部、财务部等部门。其中，市场部与技术部位于同一楼层，其余各部门处于不同的楼层。为了各部门的信息安全需要，需要相互隔离，只有在需要的时候，各部门之间才可以相互通信。

项目分解

任务 1 的任务卡如表 8-1 所示。

表 8-1 任务 1 任务卡

任务编号	008-1	任务名称	划分和配置 VLAN	计划工时	6 h
工作情境描述					
某公司财务部门的资料非常重要,经理希望"部门成员能相互访问,在必要时可以访问其他部门的资源,但其他部门的成员不能访问他们的资源",即财务部内部成员之间能相互访问,也能访问其他部门的资源,但其他部门不能访问财务部的资源					
操作任务描述					
该公司的各部门处于同一个物理局域网内,整个网络属于同一个广播域,容易发生广播风暴,而且信息交换也不安全。根据工作要求,为了安全起见,要保护财务部的资料,但又不能完全从物理上隔离,在必要的时候还需要与外部通信,虚拟局域网 VLAN 技术恰好能满足该要求					
操作任务分析					
利用虚拟局域网 VLAN 技术,可将大的局域网划分成若干个较小的虚拟局域网,此时需要完成以下操作。 ① 划分 VLAN ② 配置 VLAN ③ 实现 VLAN 通信					

 **知识准备**

【知识】 VTP 简介

VTP 是 VLAN Trunking Protocol 的缩写,处于 OSI 参考模型第二层,是 VLAN 链路聚集协议,主要用于管理同一个域的网络范围内的 VLANs 的建立、删除和重命名。在一台 VTP Server 上配置一个新的 VLAN 时,该 VLAN 的配置信息将自动传播到本域内的其他所有交换机。这些交换机会自动地接收这些配置信息,使其 VLAN 的配置与 VTP Server 保持一致,从而减少在多台设备上配置同一个 VLAN 信息的工作量,并且保持了 VLAN 配置的统一性。

VTP 有 3 种工作模式,分别为 Server、Client、Transparent,各自的含义如表 8-2 所示。

表 8-2 VTP 工作模式

序号	模式名称	含义
1	Server	允许在该交换机上创建、修改、删除 VLAN 及其他一些对整个 VTP 域配置的参数,可同步由本 VTP 域中其他交换机传递来的最新的 VLAN 信息
2	Client	本交换机不能创建、删除、修改 VLAN 配置,也不能在 NVRAM 中存储 VLAN 配置,但可同步由本 VTP 域中其他交换机传递来的 VLAN 信息
3	Transparent	可以创建、修改和删除本地 VLAN 数据库中的 VLAN,但不传播 VLAN 配置的变化信息给其他的交换机,即对 VLAN 的配置改变只对透明模式的交换机自身有效

 **任务实施**

任务实施流程如表 8-3 所示。

表 8-3 任务实施流程

工 具 准 备		
工具/材料/设备名称	数量与单位	说明
VLAN 与 IP 地址规划		同一个 VLAN 内的 IP 地址处于同一网段
交换机	1～2 台/组	VLAN 间通信需要能启用 IP 路由

参 考 资 料

① IPv4 地址类型、表示方法、子网掩码
② VLAN 划分方法、VLAN 标准
③ VLAN 配置模式说明
④ 交换机配置说明和配置方式

实 施 流 程

① 阅读【知识准备】中的知识介绍，如果不够，可利用网络查找参考资料，学习相关知识
② 认真阅读任务卡，明确任务
③ 填写材料和设备清单，准备和领取实验工具与材料
④ 根据【任务实施】中的任务先后顺序与步骤，完成具体的安装或配置任务，在完成每个小任务后测试任务的完成情况，保证任务 100% 完成
⑤ 检测 VLAN 的配置情况，即 VLAN 之间的隔离，VLAN 内部成员的相互访问，VLAN 之间的通信

任务 办公网络的安全隔离与通信

任务 1-1 划分 VLAN

某公司包括行政部、市场部、研发部、技术部、财务部等部门，其中，技术部和市场部处于同一楼层，其余各部门处于不同的楼层，为了各部门的信息安全需要，需划分为 5 个 VLAN，分别为行政部 VLAN10、技术部 VLAN20、市场部 VLAN30、研发部 VLAN40、财务部 VLAN50，在需要时各部门之间可以相互通信。下面以技术部和市场部为例说明 VLAN 的配置与通信。

1. 配置本地 VLAN

技术部与市场部处于同一楼层，而且成员不是很多，可将这两个部门的计算机连接在同一台交换机上，其拓扑结构如图 8-1 所示。

（1）配置步骤

① 按照图 8-1 设计的网络拓扑结构准备并连接好硬件设备。

② 规划 IP 地址与 VLAN。

将网络划分为两个 VLAN，PC1 和 PC2 处于技术部，划到 VLAN2 中，PC3 是市场部的成员，划分到 VLAN3 中。

③ 配置 IP 地址和网关。

a. S3550 交换机设置了 VLAN2（172.16.2.1/24）、VLAN3（172.16.3.1/24）

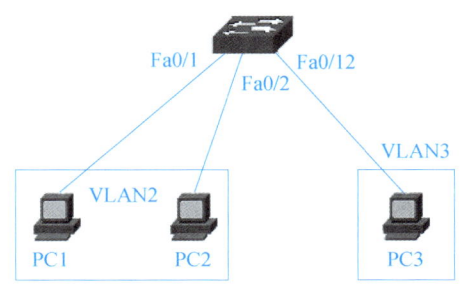

图 8-1 本地 VLAN 的拓扑结构

两个 VLAN。

b. 将 PC1（172.16.2.12/24）、PC2（172.16.2.13/24）加入 VLAN2，PC1 与 PC2 的网关均为 172.16.2.1；将 PC3（172.16.3.12/24）加入 VLAN3，PC3 的网关为 172.16.3.1。

④ 测试计算机的连通性。
- 在 PC1 上 ping PC3，测试结果为不通。
- 在 PC1 上 ping PC2，测试结果为通畅。

⑤ 配置交换机。

```
Switch>en                                        由用户模式进入特权模式
Switch# conf   t                                 由特权模式进入配置模式
Switch(config)#hostname   C3550                  在配置模式下修改主机名
C3550(config)#exit
C3550#vlan database                              进入 VLAN 配置模式
C3550(vlan)#vlan 2   name   student   创建编号为 2、名称为 student 的 VLAN
C3550(vlan)#vlan 3   name   teacher   创建编号为 3、名称为 teacher 的 VLAN
C3550(vlan)#exit
C3550#conf t
C3550(config)#int fastethernet 0/1               进入快速以太口
C3550(config-if)#switchport access vlan 2        将快速以太口划入 VLAN2
C3550(config-if)#exit
C3550(config)#int fastethernet0/2
C3550(config-if)#switchport access vlan 2
C3550(config-if)#exit
C3550(config)#int fastethernet0/12
C3550(config-if)#switchport access vlan 3
C3550(config-if)#end
C3550#write                                      保存配置信息
C3550#conf   t
C3550(config)# int   vlan 2                      给 VLAN2 的所有结点分配静态 IP 地址
C3550(config-if)# ip add 172.16.2.1    255.255.255.0
C3550(config-if)#no shut
C3550(config-if)#exit
C3550(config)# int   vlan 3
C3550(config-if)# ip add 172.16.3.1    255.255.255.0
C3550(config-if)#no shut
C3550(config-if)#end
C3550#conf    t
C3550(config)# ip routing                        启用路由
C3550(config)#end
```

C3550# write

（2）测试

在 PC1 上 ping PC2，能 ping 通；在 PC1 上 ping PC3，能 ping 通；在 PC2 上 ping PC3，能 ping 通。从上述测试结果可知，VLAN 2 和 VLAN 3 间实现了通信。

2. 配置跨交换机 VLAN

财务部与市场部处于不同楼层，分别连接在 S1 和 S2 两台交换机上，财务部的一个员工临时到市场部帮忙，为了避免计算机搬动的麻烦和保证部门安全，建议将该员工的计算机从逻辑上划分到市场部，其拓扑结构如图 8-2 所示。

视频
跨交换机 VLAN

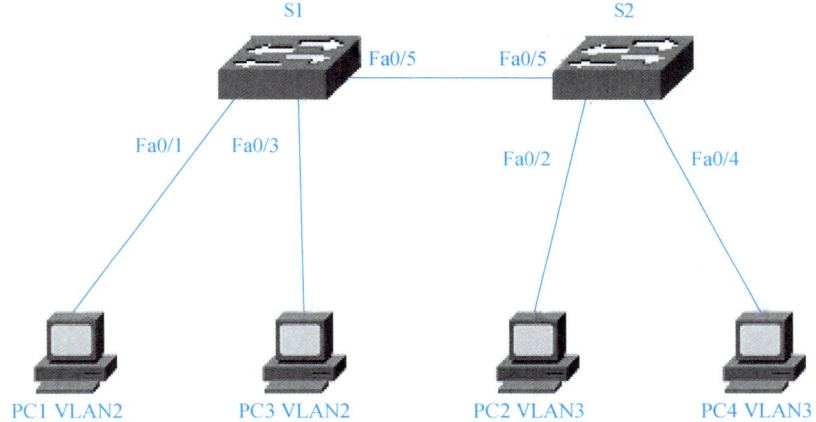

图 8-2　跨交换机 VLAN 的拓扑结构

（1）配置步骤

① 按照图 8-2 给出的网络拓扑结构连接好设备。

② 规划 IP 地址与 VLAN。

将网络划分为两个 VLAN，将 PC1 和 PC3 划分到 VLAN2，将 PC2 和 PC4 划分到 VLAN3 中。

③ 配置 IP 地址和网关。

a. 在 S1 交换机上设置 VLAN2（172.16.2.1/24），在 S2 交换机上设置 VLAN3（172.16.3.1/24）。

b. 将 PC1（172.16.2.12/24）、PC3（172.16.2.13/24）加入 VLAN2，PC1 与 PC3 的网关均为 172.16.2.1；将 PC2（172.16.3.12/24）、PC4（172.16.3.14/24）加入 VLAN3，PC2、PC4 网关均为 172.16.3.1。

④ 测试计算机的连通性。

● 在 PC1 上 ping PC3，测试结果为通畅。

● 在 PC1 上 ping PC4，测试结果为不通。

⑤ 配置交换机。

a. 设置 VTP Domain（管理域）。

VTP 用于在建立了汇聚链路的交换机之间同步和传递 VLAN 配置信息的协议，以在同一个 VTP 域中维持 VLAN 配置的一致性。

S1#vlan database　　　　　进入 VLAN 配置模式
S1(vlan)#vtp domain S1　　设置 VTP 管理域名称 S1
S1(vlan)#vtp server　　　　设置交换机为服务器模式
S2#vlan database　　　　　进入 VLAN 配置模式
S2(vlan)#vtp domain S1　　设置 VTP 管理域名称 S1
S2(vlan)#vtp Client　　　　设置交换机为客户端模式

b. 配置中继（保证管理域能够覆盖所有的分支交换机）。

在核心交换机端配置如下：

S1(config)#interface FastEthernet 0/5
S1(config-if)#switchport trunk encapsulation dot1q 配置中继协议
S1(config-if)#switchport mode trunk

在分支交换机端配置如下：

S2(config)#interface FastEthernet 0/5
S2(config-if)#switchport mode trunk

Trunk 链路为汇聚链路，承载了所有 VLAN 的通信流量，为了标示数据帧属于哪一个 VLAN，需要对流经汇聚链路的数据帧进行封装，以附加 VLAN 信息。目前，支持交换机封装的协议有 IEEE 802.1q 和 ISL。IEEE 802.1q 属于国际标准协议，适用于各种类型的交换机，通常写成 dot1q；ISL 是 Inter Switch Link 的缩写，只能用于 Cisco 网络设备的互联，也就是说，只有当汇聚链路连接的都是 Cisco 交换机时才能使用 ISL 进行封装。

c. 创建 VLAN。

S1#vlan database
S1(vlan)#Vlan 2 name vlan2 创建一个编号为 2、名称为 vlan2 的 VLAN
S1(vlan)#Vlan 3 name vlan3 创建一个编号为 3、名称为 vlan3 的 VLAN

d. 将交换机端口划入 VLAN。

S1#conf t
S1(config)#interface fastEthernet 0/1 配置端口 1
S1(config-if)#switchport access vlan 2 归属 VLAN2
S1(config-if)#exit
S1(config)#interface fastEthernet 0/3 配置端口 2
S1(config-if)#switchport access vlan 3 归属 VLAN3
S1(config-if)#end
S1#write
S2#conf t
S2(config)#interface fastEthernet 0/2 配置端口 1
S2(config-if)#switchport access vlan 2 归属 VLAN2

S2(config-if)#exit
S2(config)#interface fastEthernet 0/4 配置端口 2
S2(config-if)#switchport access vlan 3 归属 VLAN3
S2(config-if)#end
S2#write

e. 配置三层交换，给 VLAN 的所有结点分配静态 IP 地址。

在核心交换机上分别设置各 VLAN 的接口 IP 地址：

S1(config)#interface vlan 2
S1(config-if)#ip address 172.16.2.1 255.255.255.0 VLAN2 接口 IP
S1(config)#interface vlan 3
S1(config-if)#ip address 172.16.3.1 255.255.255.0 VLAN3 接口 IP

（2）测试

在 PC1 上能 ping 通 PC3，表示同一 VLAN 内可以实现通信；在 PC1 能 ping 通 PC4，即 VLAN2 与 VLAN3 可以通信，表示不同 VLAN 间实现了通信。还可以在 PC2 上对 PC3、PC4 进行连通性测试，比较测试结果是否相同。

任务 1-2 配置 VLAN 间的路由

VLAN 间的路由配置拓扑结构如图 8-3 所示。

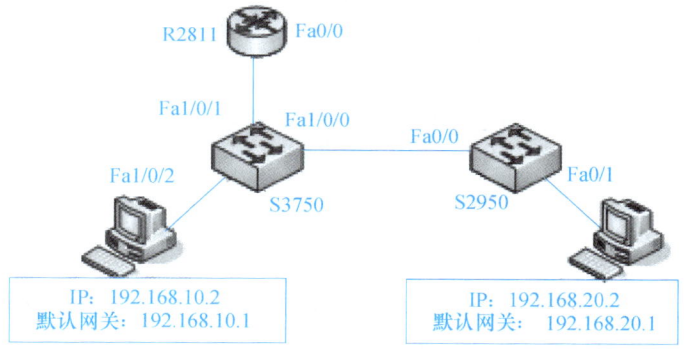

图 8-3 VLAN 间的路由配置拓扑结构

> 注意：本例是在核心交换机上建立的 VLAN。实际上，在管理域中的任一台 VTP、属性为 Server 的交换机上都可建立 VLAN，它会通过 VTP 通告整个管理域中的所有的交换机。VTP 会通告 VLAN 的更改，但如果将具体的交换机端口划入某个 VLAN，则 VTP 不会通告，必须在该端口所属的交换机上进行设置。

1. 配置要求

① S3750：0、1 口为 Trunk 口，将 2、3、4 口配置到 VLAN10，将 5、6、7 口配置到 VLAN20。

② S2950：0 口为 Trunk 口，将 2、3、4 口配置到 VLAN10，将 5、6、7 口配置到 VLAN20。

③ R2811：以太网口 0 通过直连线与 S3750 交换机相连。

2. 配置步骤

(1) R2811

```
Router#config terminal
Router(config)#interface fa0/0
Router(config-if)#no shutdown
Router(config-if)#int fa0/0.10
Router(config-subif)#encapsulation dot1q 10
Router(config-subif)#ip address 192.168.10.2 255.255.255.0
Router(config-subif)#no shutdown
Router(config-subif)# int fa0/0.20
Router(config-subif)#encapsulation dot1q 20
Router(config-subif)#ip address 192.168.20.2 255.255.255.0
Router(config-subif)#no shutdown
Router(config-subif)#exit
```

(2) S3750

```
s3750#vlan database
s3750(vlan)#vlan 10 name teacher
s3750(vlan)#vlan 20 name student
s3750(vlan)#vtp server
s3750(vlan)#exit
s3750#config terminal
s3750(config)#interface range fa1/0/2-4
s3750(config-if-range)#switchport access vlan 10
s3750(config)#interface range fa1/0/5-7
s3750(config-if-range)#switchport access vlan 20
s3750(config)#interface fa1/0/1
s3750(config-if)#switchport trunk encapsulation dot1q
s3750(config-if)#switchport mode trunk
s3750(config-if)#exit
s3750(config)#interface fa1/0/0
s3750(config-if)#switchport trunk encapsulation dot1q
s3750(config-if)#switchport mode trunk
s3750#show vlan brief
```

(3) S2950

```
S2950# vlan database
S2950(vlan)# vtp client
S2950(vlan)#exit
S2950#show vlan brief
S2950#config terminal
```

```
S2950(config)#int fa0/0
S2950(config-if)# switchport  mode  trunk
S2950(config)#interface range fa0/2-4
S2950 (config-if-range)#switchport access vlan 10
S2950 (config-if-range)# interface range fa0/5-7
S2950 (config-if-range)#switchport access vlan 20
S2950 (config-if-range)#exit
```

（4）测试

将计算机分别接入 VLAN20 和 VLAN30，设置计算机的 IP 地址、子网掩码、默认网关等信息，完成 ping 测试，检查 VLAN 间的连通性。

实施评价

本项目的主要训练目标是让学习者认识到 VLAN 的作用、学会划分 VLAN、实现 VLAN 间的通信，保证网络安全。任务实施情况小结如表 8-4 所示。

表 8-4　任务实施情况小结

知识	技能	态度	重要程度	自我评价	老师评价
● VLAN ● VTP ● VTP 工作模式 ● 应用标准 ● 划分方法	○ 正确规划 VLAN 及应用的 IP 地址 ○ VLAN 间的通信 ○ 设置本地交换机的 VLAN ○ 设置跨交换机的 VLAN	◎ 条理清楚 ◎ 细致有序 ◎ 准备工作充分 ◎ 积极思考并努力解决问题	★★★★		
任务实施过程中已经解决的问题及其解决方法与过程					
问题描述		解决方法与过程			
1.					
2.					
任务实施过程中未解决的主要问题					

 任务拓展

拓展任务　不同网段计算机间的通信

 1. 任务拓展卡

任务拓展卡如表 8-5 所示。

微课
不同网段计算机间的通信

表 8-5 任务拓展卡

任务编号	008-2	任务名称	不同网段计算机间的通信
计划工时	90 min		

任 务 描 述

蝴蝶软件公司的两个办公室计算机 IP 地址设置在不同的网段上，一个为 192.168.1.0，另一个为 192.168.2.0。在没有路由器的情况下，同一个 IP 子网内的主机才能通信；主机不在同一网段内，即使通过同一个交换机或集线器连接（如在交换机划分不同的 VLAN），也无法相互通信

任 务 流 程

① 配置服务器
② 配置客户端

2. 任务拓展完成过程提示

不同网段的计算机在没有路由器的情况下要实现通信，可以采用 Windows Server 2003 自带的路由工具来解决，即在一台 Windows 2003 Server 服务器上绑定两个 IP 地址——192.168.1.1 和 192.168.2.1，然后在 Windows 2003 Server 上启动路由服务，将 Windows 2003 Server 作为路由器，实现两个网段的互联互通。具体配置过程如下。

（1）配置服务器

步骤 1：打开"本地连接 属性"对话框，选择"Internet 协议（TCP/IP）属性"选项，单击"属性"按钮，为服务器绑定第一个 IP 地址，即 192.168.1.1，将子网掩码设置为 255.255.255.0，如图 8-4 所示。

步骤 2：单击"高级"按钮，在"高级 TCP/IP 设置"对话框的"IP 地址"选项组中单击"添加"按钮，弹出"TCP/IP 地址"对话框，在"IP 地址"和"子网掩码"文本框中分别输入绑定第 2 个 IP 地址的信息，即 192.168.2.1，将子网掩码设置为 255.255.255.0，如图 8-5 所示。

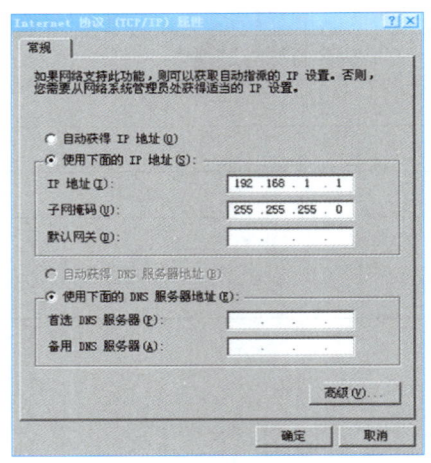

图 8-4　设置 TCP/IP 属性

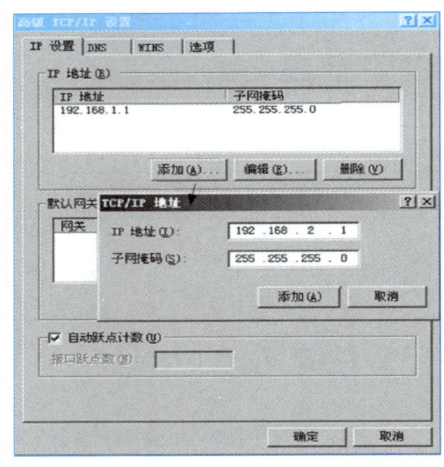

图 8-5　高级 TCP/IP 设置

步骤 3：单击"添加"按钮，此时的"高级 TCP/IP 设置"对话框如图 8-6 所示。现在，两个地址都绑定到了服务器上。最后依次单击"确定"按钮。

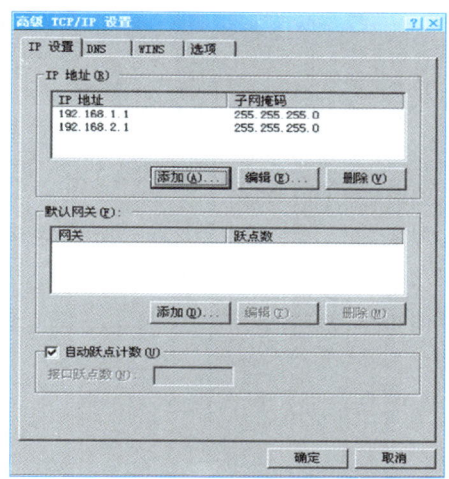

图 8-6　IP 地址绑定到服务器上的"高级 TCP/IP 设置"对话框

（2）配置客户端

在网卡的"Internet 协议（TCP/IP）属性"对话框中，设置处于 192.168.1.0 网段中的计算机 TCP/IP 属性：将 IP 地址设置为 192.168.1.88，将默认网关设置为 192.168.1.1；设置处于 192.168.2.0 网段中的计算机 TCP/IP 属性：将 IP 地址设置为 192.168.2.88，将默认网关设置为 192.168.2.1。

思考与练习

一、选择题

1. VTP 是_____的缩写，代表 VLAN 链路聚集协议。
   A. Virtual Trunk Protocol　　　　　　B. Virtual Local Area Network
   C. Virtual Trunking Protocol　　　　　D. 以上都不是
2. VTP Server 模式_____VLAN 配置。
   A. 在交换机上修改、删除、创建
   B. 不能创建、修改、删除
   C. 可创建、修改和删除本地 VLAN 数据库中的
   D. 在 NVRAM 中存储
3. 创建编号为 10，名称为 Live 的 VLAN 的命令是_____。
   A. Switch(VLAN)#VLAN 10 name Live
   B. Switch(config)#VLAN 10 name Live
   C. Switch # VLAN 10 name Live
   D. 以上都不对
4. 在 VLAN 配置中，为了标示数据帧属于哪一个 VLAN，需要对流经汇聚链路的数据帧进行封装，支持交换机封装的协议有_____。（多选题）
   A. TCP　　　　B. UDP　　　　C. IEEE 802.1q　　　　D. ISL

5. 在交换机上对流经汇聚链路的数据帧进行封装时，其中_____协议只能用于思科网络设备的互联。

    A. TCP   B. UDP   C. IEEE 802.1q   D. ISL

二、思考题

阅读以下说明，回答问题 1 和问题 2。

某网络拓扑结构如图 8-7 所示，网络中心设在图书馆，均采用静态 IP 接入。

【问题 1】由图 8-7 可见，图书馆与行政楼相距 350 米，图书馆与实训中心相距 650 米，均采用千兆连接，那么①处应选择的通信介质是＿＿（1）＿＿，②处应选择的通信介质是＿＿（2）＿＿，选择这两处介质的理由是＿＿（3）＿＿。

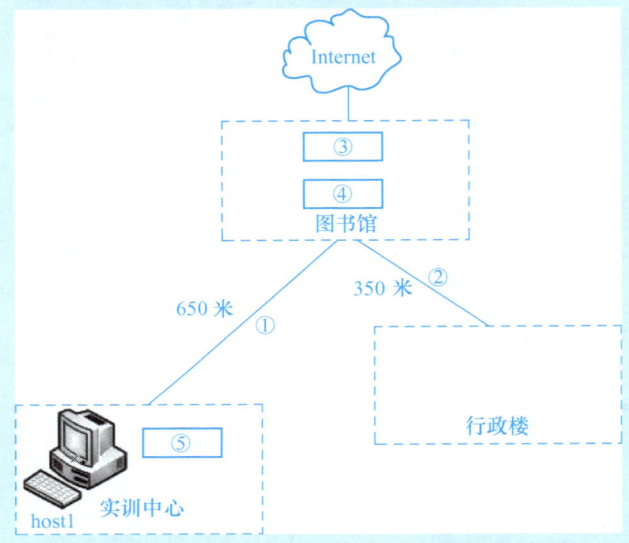

图 8-7　网络拓扑结构

（1）（2）备选答案（每种介质限选一次）。

    A. 单模光纤   B. 多模光纤   C. 同轴电缆   D. 双绞线

【问题 2】从表 8-6 中为图 8-7 中的③④⑤选择合适的设备，填写设备名称（每个设备限选一次）。

表 8-6　设备类型、名称及数量

设备类型	设备名称	数量
路由器	Router1	1
三层交换机	Switch1	1
二层交换机	Switch2	1

项目 9 管理邮件

电子邮件有着广泛的应用群体,但 Internet 的开放性和匿名性给企业和电子邮件带来了许多安全隐患,垃圾邮件和邮件病毒已经成为 Internet 的两大杀手,因此需要为用户提供安全的电子邮件服务,对用户邮件提供全方位的保护。

教学导航

知识目标	• 了解 PGP 定义、加密方式、工作原理 • 知道邮件加密的工作原理
技能目标	• 能独立使用 PGP 完成加解密邮件,保证邮件安全 • 会正确设置邮件过滤,阻止垃圾邮件
教学方法	讲练结合、问题式教学、启发式教学法
考核 A 等标准	• 完全达到安全设置要求,使用时间最短,操作熟练 • 碰到问题时能冷静分析,并能使用搜索引擎快速准确地获取有用的信息 • 口头解释清楚明晰,有理有据,完全正确,回答时声音洪亮,仪态端庄 • 总结报告步骤清晰,书写工整,内容完整 • 以小组为单位,每组 4 人,项目由组长负责(组长轮换),其余成员由组长安排具体的任务;组长分配的任务由个人单独完成,每个小组抽一个人来参加最后的结果检查;随机抽取某个小组成员进行部分操作或口头解释某一个参数的含义和设置的理由
评价方式	教师评价+小组评价
操作流程	下载和准备软件→安装软件→软件设置→加密邮件→邮件管理
准备工作	计算机(Windows XP 系统,NTFS 文件格式)、IE 浏览器、Outlook Express
课时建议	8 课时

项目描述

某公司业务部员工每天的大部分业务都是通过邮件与客户沟通的,为了方便区分和安全,设置了个人和公司的 E-mail 账户,员工每天都要登录各自的网站,打开邮箱收阅文件,即使这样,往往还会错过某些业务信息,这让人很烦恼。

另外,邮件通过 Internet 传输,一旦被竞争对手获得,便会为公司业务带来很大的损失,如果竞争对手无法获取自己的邮件,或者即使获取到了邮件也无法看懂,则业务就能安全完成。因此,既要方便使用,不影响开展业务的实时性,又要保证往来邮件的安全,使业务不出现威胁。

项目分解

任务 1 的任务卡如表 9-1 所示。

表 9-1 任务 1 任务卡

任务编号	009-1	任务名称	加、解密电子邮件	计划工时	135 min
工作情境描述					
某公司为了保护公司知识产权，避免公司机密信息泄露，但又不中断与外界的信息交流，公司决定所有通过邮件传送的信息都需要实施加密保护措施					
操作任务描述					
电子邮件是用户间通信常用的工具，非常便捷，但邮件的安全性是令人非常头疼的问题。信息发送之前进行加密，对方收到邮件后再解密，这样就避免了泄密事件发生，即使出现信息被截取的情况也没有关系，没有解密密钥是不可能解密的，获取的仅仅是一堆乱码					
操作任务分析					
为了保证邮件的安全性，可以采用加密的方式，以确保即使第三方获取了邮件也没有任何意义。PGP 软件是一款常用的免费加密软件，源代码完全公开，非常方便。针对电子邮件的主要操作任务如下： ① 下载和安装 PGP 加密软件 ② 创建和保存密钥对 ③ 加密和解密电子邮件					

任务 2 的任务卡如表 9-2 所示。

表 9-2 任务 2 任务卡

任务编号	009-2	任务名称	管理电子邮件	计划工时	135 min
工作情境描述					
确保信息是业务公司发来的或者是自己发出的，保证邮件没有被窃取或更换。另外，避免信箱中收到许多垃圾邮件					
操作任务描述					
使用数字签名确认信息是由哪儿发出来的，以保证信息来源的可靠性；拦截垃圾邮件，保证收到的邮件不干扰正常工作					
操作任务分析					
在电子邮件的使用过程中，首先要保证邮件安全、可靠，管理任务如下： ① 使用 Outlook Express 软件帮助管理电子邮件 ② 阻止垃圾邮件 ③ 电子邮件加密 ④ 备份邮件和邮件账号					

 知识准备

【知识 1】 邮件加密

（1）邮件加密的作用

可以将邮件以加密的形式在网络中传输，以防止敏感及机密信息的泄露。

（2）邮件加密的工作原理

邮件加密是利用 PKI 的公钥加密技术，以电子邮件证书作为公钥的载体，发件人使用邮件接收者的数字证书中的公钥对电子邮件的内容和附件进行加密。加密后的邮件只能用接收者持有的私钥才能解密，因此只有邮件接收者才能阅读。其他人截获该邮件时看到的只是加密后的乱码，这确保了电子邮件在传输过程中不被他人阅读，从根本上防止了机密信息的泄露。邮件加密的工作原理如图 9-1 所示。

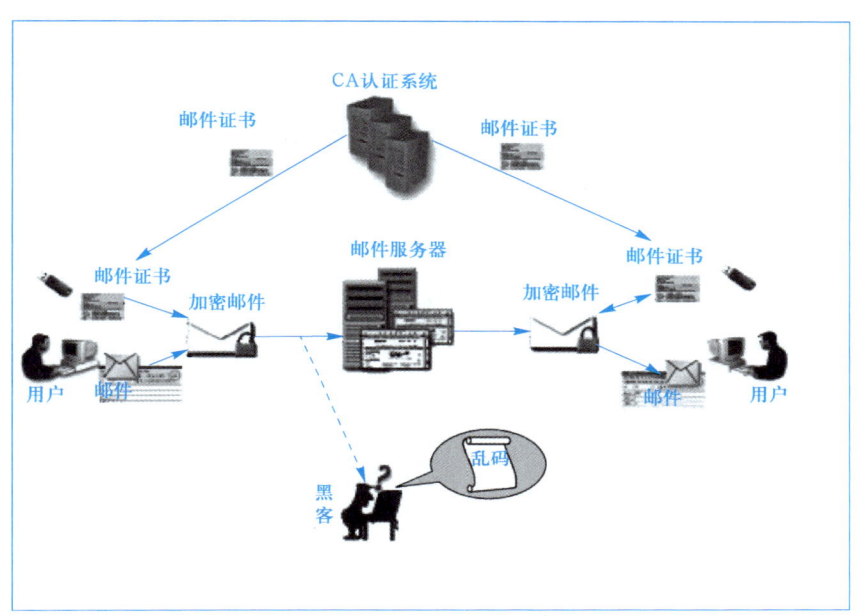

图 9-1　邮件加密的工作原理

【知识 2】　邮件签名

（1）邮件签名的作用

邮件签名可以帮助用户识别发信人的身份，确认邮件信息是否被恶意篡改。

（2）邮件签名的工作原理

邮件签名是利用 PKI 的私钥签名技术，以电子邮件证书作为私钥的载体，邮件发送者使用自己数字证书的私钥对电子邮件进行数字签名，邮件接收者通过验证邮件的数字签名以及签名者的证书来验证邮件是否被篡改，并判断发送者的真实身份，以确保电子邮件的真实性和完整性。邮件签名的工作原理如图 9-2 所示。

启用了邮件加密和数字签名功能后，发送信件时的状态如图 9-3 所示。

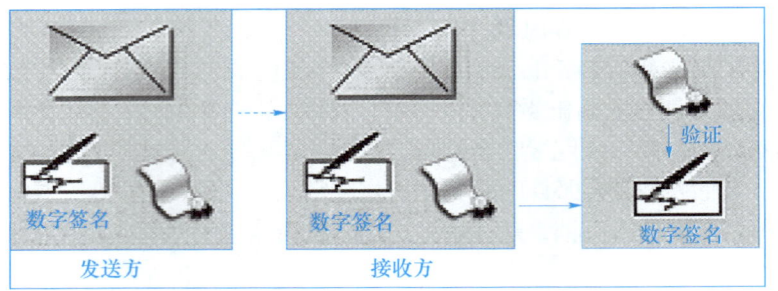

图 9-2　邮件签名的工作原理图

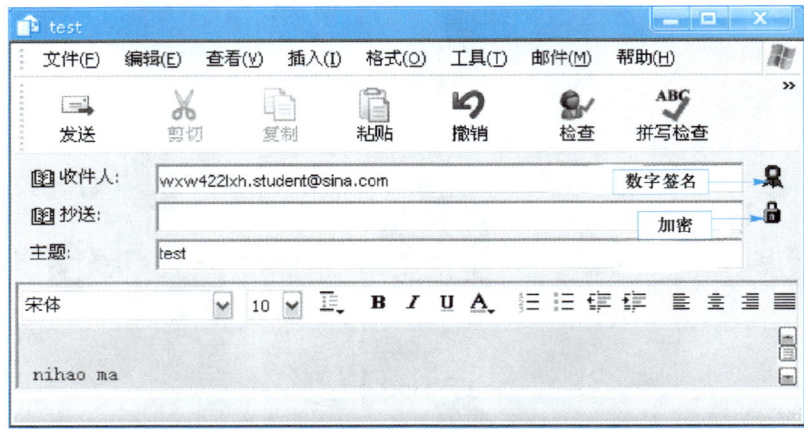

图 9-3　启用了邮件加密和数字签名后的邮件发送状态图

任务实施

任务实施流程如表 9-3 所示。

表 9-3　任务实施流程

工 具 准 备		
工具/材料/设备名称	数量与单位	说　　明
PGP 软件	1 个/组	加解密邮件
Outlook Express	1 个/组	邮件管理
电子邮件账号	1 个/人	
参　考　资　料		
① PGP 软件的下载网址 ② 邮件加密、数字签名、垃圾邮件等的概念和工作原理，学习其工作方式和工作过程 ③ Outlook Express 教程 ④ PGP 教程 ⑤ http://www.foxmail.com/win/		

续表

实 施 流 程

① 阅读【知识准备】中的知识介绍，如果不够，可利用网络查找参考资料，学习相关知识
② 认真阅读任务卡，明确任务
③ 准备实施任务的工具、软件
④ 填写使用工具清单，确认已经准备好工具和软件
⑤ 根据【任务实施】中的任务先后顺序与步骤，完成具体的安装或配置任务，在完成每个小任务后测试任务的完成情况，保证任务 100% 完成
⑥ 检测邮件加解密情况和邮件安全设置情况，进行反思和总结，反思在实施过程中遇到的问题和解决方法，总结实施中好的经验，从而有利于以后优化和良好工作习惯的养成
⑦ 按照指导教师布置的任务要求提交实施情况总结或实施效果等，交给指导教师

任务 1　使用 PGP 加解密电子邮件

任务 1-1　安装 PGP 加密软件

某公司没有购买 PGP 加密软件，因此需要到网上下载。

步骤 1：搜索、下载 PGP 软件。

步骤 2：安装 PGP 软件。

① 在下载包中找到 PGPfreeware.exe 文件，通过双击执行安装，打开安装界面。

② 首先弹出欢迎信息界面，然后单击"NEXT"按钮。

③ 打开许可协议确认界面，无条件接受该许可协议，单击"YES"按钮，进入提示安装 PGP 所需要的系统及软件配置情况界面。

④ 单击"下一步"按钮，打开如图 9-4 所示的创建用户类型对话框。

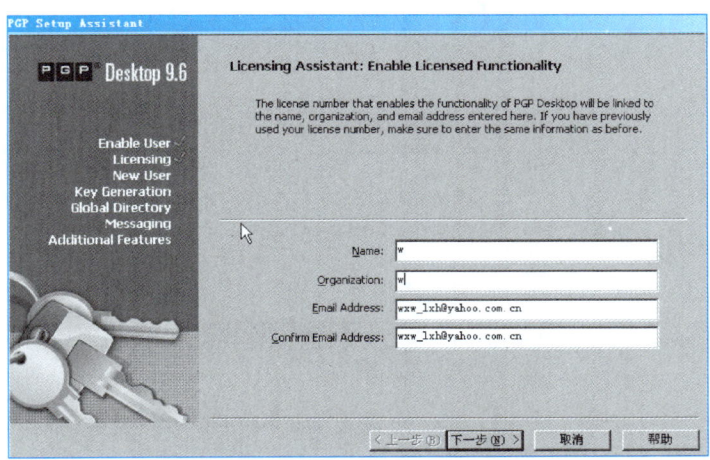

图 9-4　创建用户类型对话框

⑤ 单击"下一步"按钮，打开如图 9-5 所示的"Name and Email

Assignment(用户名和电子邮件分配)"界面,在"Full Name(全名)"文本框中输入想要创建的用户名,在"Email Address"文本框中输入用户所对应的电子邮件地址,单击"More"按钮,可同时添加多个邮箱,单击"Less"按钮,可减少邮箱个数。

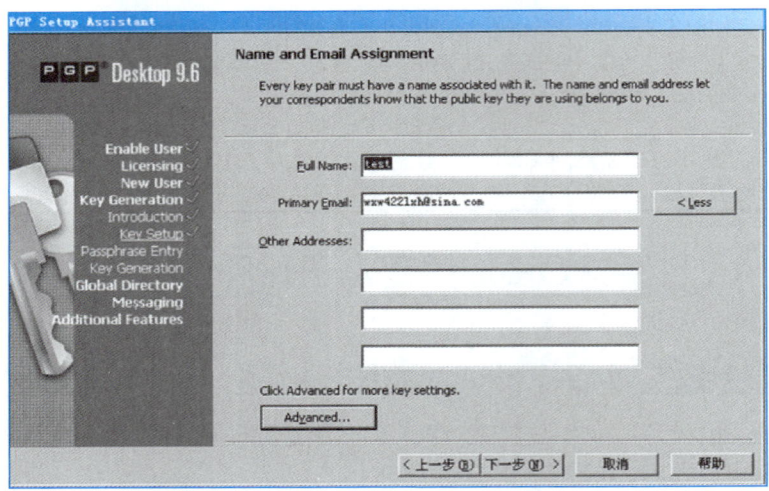

图 9-5 "Name and Email Assignment"界面

⑥ 单击"下一步"按钮,然后单击图 9-5 下方的"Advanced"按钮,打开如图 9-6 所示的对话框,设置各项内容,设置完后单击"OK"按钮。

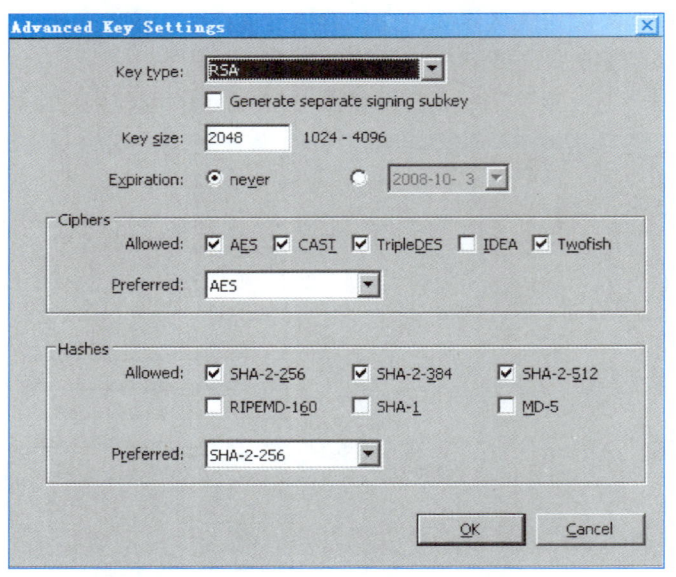

图 9-6 "Advanced Key Settings"对话框

⑦ 然后一直单击"Next"按钮,如果只用到邮件和文档的加密,可以取

消选择"PGPnet Personal Firewall/IDS/VPN"选项。设置后继续单击"Next"按钮,直到程序提示重新启动计算机。

重新启动后,选择"开始"→"所有程序"→"PGP"菜单命令,如图9-7所示,并在右下角出现PGP图标,说明PGP软件安装成功。

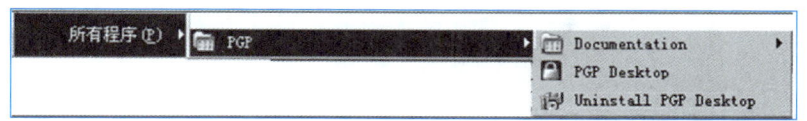

图 9-7　选择菜单命令

任务 1-2　创建和保存密钥对

步骤1:生成密钥。

在使用 PGP 之前,首先需要生成一对密钥,这一对密钥是同时生成的,可将其中的一个密钥分发给别人,让他们用这个密钥来加密文件,即"公钥"。另一个密钥由使用者自己保存,使用者用这个密钥来解开用公钥加密的文件,即"私钥"。

① 安装过程中,打开如图 9-8 所示的"Passphrase Assignment"界面,在该界面的"Passphrase"文本框中设置一个不少于 8 位的密码,在"Confirmation"文本框中重新输入一遍刚才设置的密码。如果选中"Show Keystrokes"复选框,刚才输入的密码就会在相应的对话框中显现出来,最好取消选择该复选框,以免别人能看到密码。

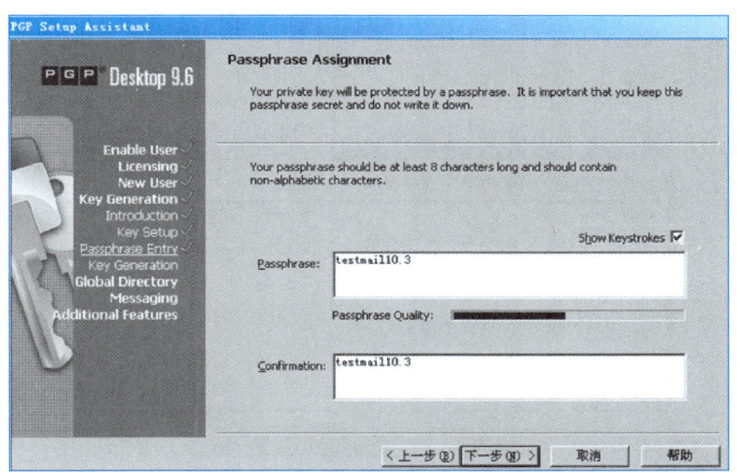

图 9-8　"Passphrase Assignment"界面

② 单击"下一步"按钮,打开如图 9-9 所示的"Key Generation Progress(密钥生成进程)"界面,等待主密钥(Key)和次密钥(Subkey)生成完毕。

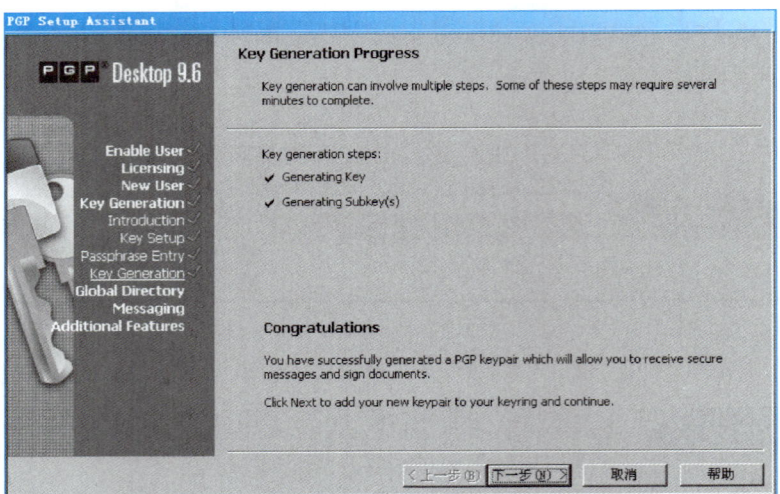

图 9-9 "Key Generation Progress"界面

③ 单击"下一步"按钮，直到"Congratulation"界面出现，单击"完成"按钮，整个设置向导完成。

步骤 2：导入密钥。

① 将来自好友的公钥下载到自己的计算机上，双击对方发来的扩展名为.asc 的公钥，打开图 9-10 所示的"选择密钥"对话框，可看到该公钥的基本属性。如 Validity（有效性，PGP 系统检查是否符合要求，如果符合，就显示为绿色）、Trust（信任度）、Size（大小）、Description（描述）、Key ID（密钥 ID）、Creation（创建时间）、Expiration（到期时间）等。如果没有那么多信息，可通过"View（查看）"菜单查看，并选中里面的全部选项。选择需导入的公钥，单击"Import（导入）"按钮即可。

图 9-10 "选择密钥"对话框

② 选中导入的公钥（也就是 PGP 中显示出的对方的 E-mail 地址），弹出如图 9-11 所示的菜单。

选择"Sign"命令，打开如图 9-12 所示的 PGP 密钥签名对话框。

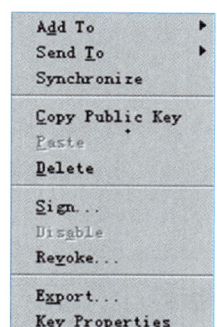
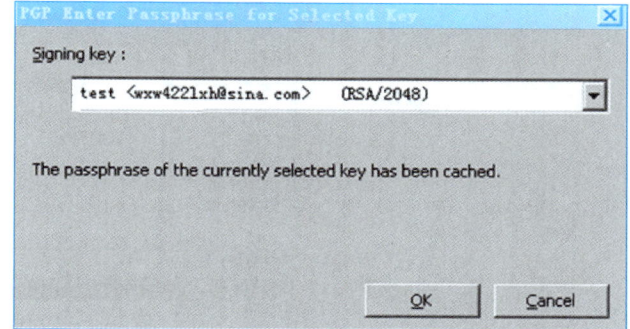

图 9-11 "Sign"菜单项　　　　图 9-12　PGP 密钥签名对话框

单击"OK"按钮,打开要求为该公钥输入 Passphrase 的对话框,输入设置用户时的密码,然后继续单击"OK"按钮,签名操作完成。查看密码列表里该公钥的属性,如果"Validity(有效性)"栏显示为绿色,则表示该密钥有效。

③ 选中导入的公钥,单击鼠标右键,在弹出的快捷菜单中选择如图 9-11 所示的"Key Properties"命令,打开如图 9-13 所示的窗口。此时,Trust(信任度)不再是灰色的了,说明这个公钥被 PGP 加密系统正式接受,可以投入使用了。

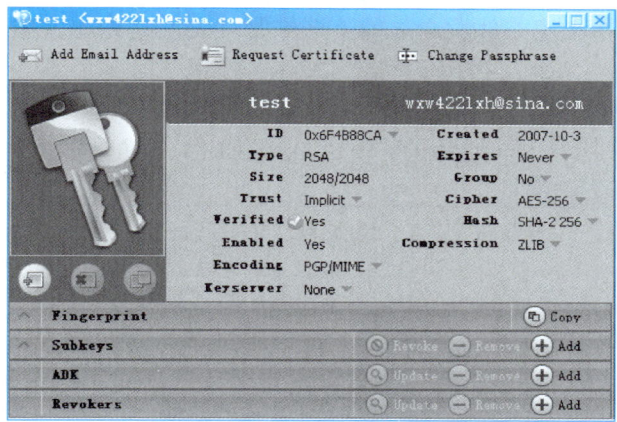

图 9-13　公钥属性设置窗口

步骤 3:导出密钥。

① 右键单击刚才创建的用户,在弹出的快捷菜单中选择如图 9-14 所示的"Export"命令,将"test.asc"文件导出。

打开如图 9-15 所示的保存对话框,在该对话框中,确认是只选中了"Include 6.0 Extensions"(包含 6.0 公钥)。

然后选择一个目录,再单击"保存"按钮,即可导出公钥,扩展名为.asc。导出后,就可以将此公钥放在网站中或发给朋友。这样做,一能防止被人窃取后而看到一些个人隐私或者商业机密的信息,二能防止病毒邮件,一旦看到没有用 PGP 加密过的文件,或者是无法用私钥解密的文件或邮件,就会采取删除或者杀毒等针对性的操作。

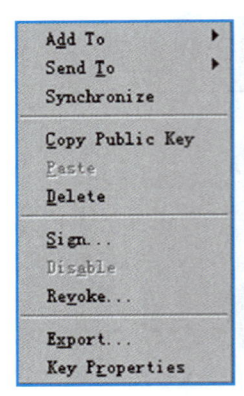

图 9-14 "Export"选项

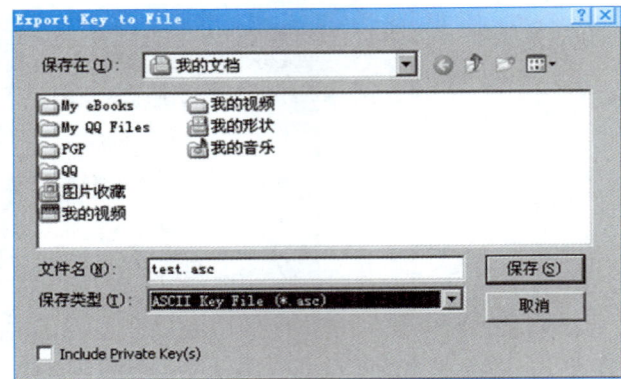

图 9-15 保存文件对话框

② 将"test.asc"文件发送给其他人。

任务 1-3 使用 PGP 加密和解密电子邮件

1. 加密电子邮件

步骤 1：书写邮件。使用 Microsoft Outlook 写一封电子邮件。

步骤 2：在电子邮件发送之前，选中邮件的所有内容，单击工具栏中的"Encrypt"和"Sign"按钮，单击"发送"按钮。

步骤 3：弹出输入密码的对话框，在对话框中输入密钥设置的正确密码，单击"OK"按钮，这样就发送了一封加密的邮件。

2. 解密电子邮件

接收到经过 PGP 加密的电子邮件时，直接打开会看到一堆乱码，应该按如下步骤操作。

步骤 1：收到邮件后，双击加密的信件。

步骤 2：在工具栏中单击"Decrypt（解密）"按钮，在 Passphrase of signing key 的对话框中输入设置的密码。

步骤 3：单击"OK"按钮，即可对加密的信件进行解密，正常看到信件原文。

任务 2 电子邮件安全设置

下面以 Outlook Express 工具为例来介绍电子邮件的安全保护方法。

任务 2-1 查看 Outlook Express 的默认设置

1. 默认设置

Windows XP Service Pack 2（SP2）提供的电子邮件程序 Outlook Express 的默认设置旨在帮助保护计算机免受病毒和蠕虫的攻击，并减少收到的垃圾邮件的数量。这些设置具有以下功能：避免查看电子邮件中令人厌恶的内容；减少收到的垃圾邮件的数量；降低通过电子邮件收到危险内容的风险。

2. 查看 Outlook Express 的安全设置

步骤 1：打开 Outlook Express，打开"工具"下拉菜单，如图 9-16 所示。

步骤 2：选择"选项"命令，打开如图 9-17 所示的"选项"对话框。

步骤 3：选择"安全"选项卡，该选项卡包括病毒防护、下载图像、安全邮件等功能设置项。下面以"病毒防护"为例具体说明。

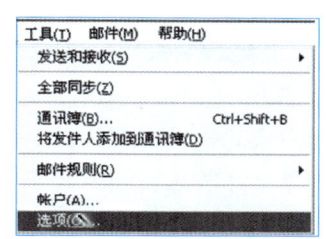

图 9-16 "工具"下拉菜单

视频
查看安全设置

在网上冲浪、下载文件或打开电子邮件附件时可能会感染病毒。任何电子邮件（甚至是那些看起来很安全的电子邮件）都可能会携带病毒，这些病毒可能会破坏数据或计算机。Outlook Express 具有如下几种防范病毒的方式。

- 选择要使用的 Internet Explorer 安全区域：这项设置的默认选项是"受限站点区域"，建议选择该选项。
- 当别的应用程序试图用我的名义发送电子邮件时警告我：建议选中此复选框，以防止病毒或其他 Internet 入侵者控制计算机程序并发送电子邮件。
- 不允许保存或打开可能有病毒的附件：默认情况下选中此复选框，以防范可能通过电子邮件传播的病毒。在以前版本的 Windows XP 中，可能会关闭这项设置，因为此设置会阻止查看安全的 Office 文档。

如果 Outlook Express 无法确定附件的安全性，就会看到如图 9-18 所示的底部的信息。

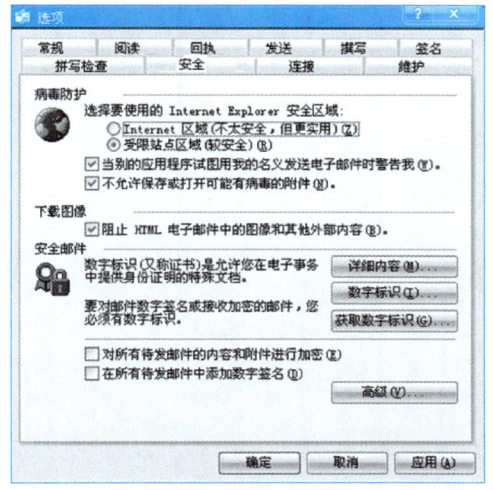

图 9-17 "选项"对话框

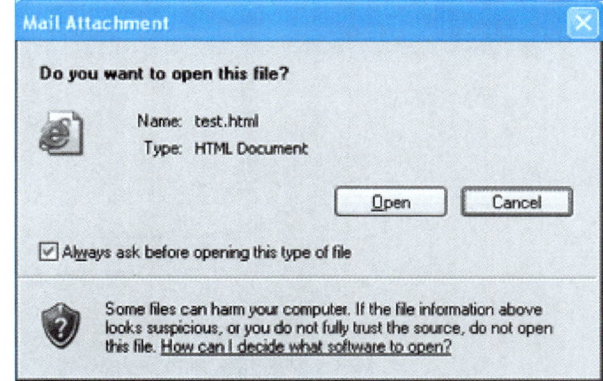

图 9-18 邮件附件对话框

底部信息的含义是"要打开的文件可能会影响到计算机,如果这些文件信息看起来可疑,或者不能完全相信这些资源,不要打开这个文件"。

> 注意:虽然 Outlook Express 有助于防范病毒,但这些防范措施并不能替代最新的病毒防护程序。

任务 2-2　阻止垃圾邮件

Outlook Express 的增强功能是通过限制恶意用户获取电子邮件地址的方式来防范垃圾邮件。垃圾邮件经常包含图片,并且在图片显示时会转发一封邮件,让发送者知道电子邮件地址有效,从而发送更多的垃圾邮件。功能增强后的 Outlook Express 在未被授权的情况下默认阻止加载外部图片。如果知道并信任来源,可选择加载外部图片,否则最好阻止接收到的任何图片。

具体操作步骤如下。

步骤 1:打开 Outlook Express,然后打开该电子邮件。

步骤 2:如果邮件中有被阻止的图片,就会看到如图 9-19 所示的"Some pictures have been blocked to help prevent the sender from identifying your computer、Click here to download pictures"信息。

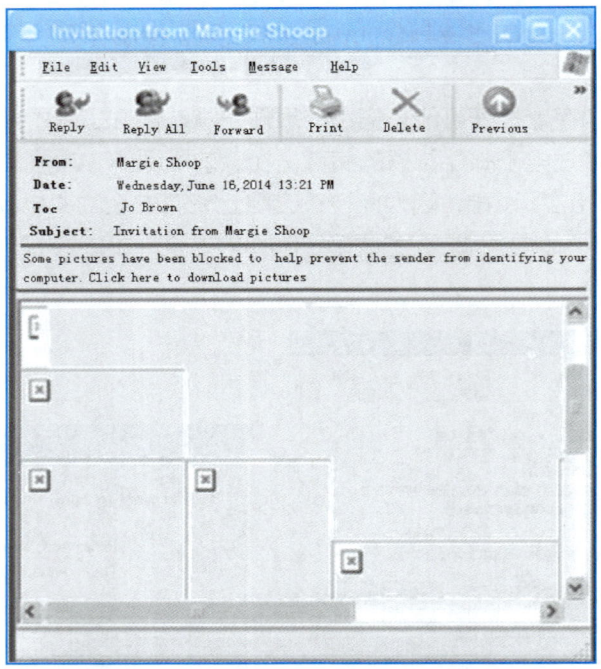

图 9-19　阻止图片显示的邮件

任务 2-3　邮件加密

在 Outlook Express 中,可使用数字签名来加密邮件以保护个人隐私。

要发送加密邮件，通信簿必须包含收件人的数字签名，这样就可以使用对方的公用密钥来加密邮件。当收件人收到加密邮件后，只有用其所拥有的私钥来对邮件进行解密才能阅读，而且阅读时同样需获得数字签名。

1. 获得数字签名

获得数字签名的具体操作如下。

选择"工具"→"选项"菜单命令，打开"选项"对话框，选择"安全"选项卡，在"安全邮件"区域内单击"获取数字签名"按钮来获得数字标识。

视频
获取数字签名

2. 查看数字签名信息

单击"数字签名"按钮，打开如图 9-20 所示的"证书"对话框。

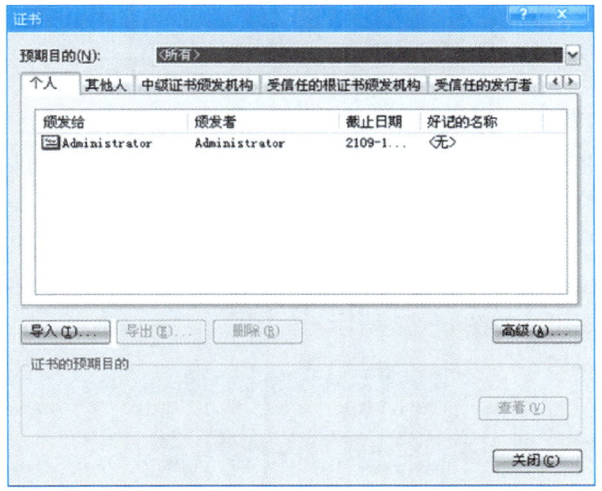

图 9-20 "证书"对话框

单击"导入"按钮，打开如图 9-21 所示的"证书导入向导"对话框，将前面获得的数字签名加入到 Outlook Express 中，就能看到数字签名的信息。

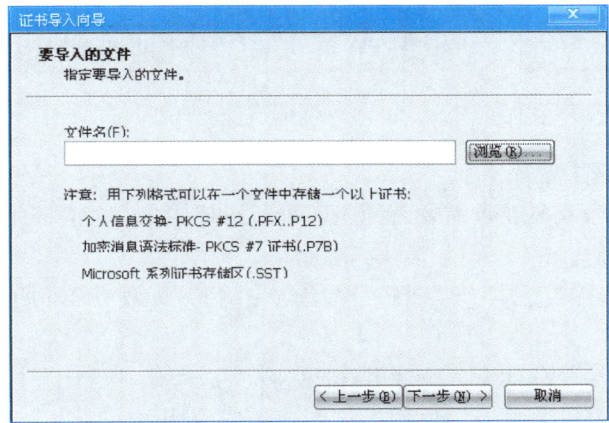

图 9-21 "证书导入向导"对话框

也可以单击如图 9-17 所示的"选项"对话框中下方的"高级"按钮，打开"高级安全设置"对话框，在其中可设置"加密邮件"、"数字签名的邮件"、"撤销检查"等选项。

然后单击"确定"按钮，返回"选项"对话框中的"安全"选项卡，选中下方的"对所有待发邮件的内容和附件进行加密"和"在所有待发邮件中添加数字签名"复选框项，最后单击"确定"按钮，设置生效。

任务 2-4　备份邮件和邮件账号

在操作中可能会遇到各种不可预测的情况，因此要随时做好邮件和账号的备份。

1. 备份邮件

步骤 1：打开 Outlook Express，进入要备份的信箱，如进入收件箱。

步骤 2：选择要备份的邮件。按住 Shift 键单击第一封和最后一封邮件，可选中所有的邮件；按住 Ctrl 键单击所需邮件，可选择多个邮件。

步骤 3：用鼠标右键单击选中的邮件，在弹出的快捷菜单中选择如图 9-22 所示的"转发"命令，则刚才所选的邮件被作为附件添加在新邮件中。

步骤 4：在"新邮件"窗口中选择"文件"→"另存为"菜单命令，然后为此邮件命名即可，如图 9-23 所示。

图 9-22　"转发"菜单项

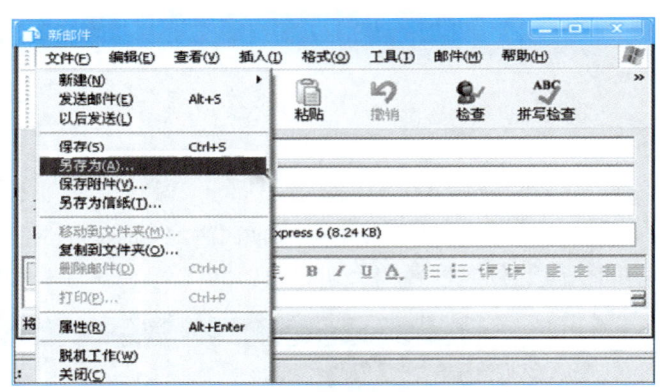

图 9-23　在"新邮件"窗口中选择菜单命令

2. 备份邮件账号

当邮件账号太多或者需要避免遗忘可备份邮件账户。有以下两种方法可以对邮件进行备份。

方法 1：选择"工具"→"账户"菜单命令，打开如图 9-24 所示的"Internet 账户"对话框。

选择"邮件"选项卡，选择要导出的账户。单击"导出"按钮，在打开的对话框中选择账户名称，最后单击"保存"按钮即可。

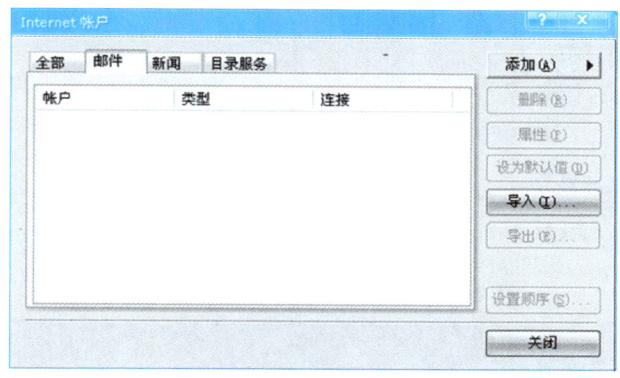

图 9-24 "Internet 账户"对话框

方法 2：在"运行"对话框中输入"regedit"命令，单击"确定"按钮，打开注册表，在注册表中依次展开各级目录：HKEY_CURRENT_USER\SOFTWARE\Microsoft\InternetAccount Manager\Accounts。这里保存了所有的账号设置。选择账户，在菜单中选择"导出注册表文件"命令，在"导出范围"中选择"选择的分支"，按 Enter 键即可。以后恢复时只需单击备份文件，将其加入注册表即可。

实施评价

本项目的主要训练目标是让学习者学会邮件加解密、数字签名和垃圾邮件的处理等方面的技能。任务实施情况小结如表 9-4 所示。

表 9-4　任务实施情况小结

序号	知　识	技　能	态　度	重要程度	自我评价	老师评价
1	● PGP ● 密钥 ● 加密 ● 数字签名	○ 正确下载、安装 PGP 软件 ○ 正确创建和保存密钥对 ○ 利用 PGP 加解密电子邮件	◎ 条理清楚 ◎ 细致有序 ◎ 准备工作充分 ◎ 积极思考并努力解决问题	★★ ★★		
2	● Outlook Express ● 垃圾邮件 ● 邮件账号	○ 能正确安装、配置 Outlook Express ○ 能使用 Outlook Express 正确进行邮件管理 ○ 能快速备份邮件				

任务实施过程中已经解决的问题及其解决方法与过程	
问题描述	解决方法与过程
1.	
2.	
任务实施过程中未解决的主要问题	

任务拓展

拓展任务　使用 Foxmail 管理邮件

1. 任务拓展卡

任务拓展卡如表 9-5 所示。

表 9-5　任务拓展卡

任务编号	009-3	任务名称	使用 Foxmail 管理邮件	计划工时	90 min
任 务 描 述					
蝴蝶软件公司两个办公室的计算机 IP 地址设置在不同的网段上,一个为 192.168.1.0,另一个为 192.168.2.0。在没有路由器的情况下,同一个 IP 子网内的主机才能通信;主机不在同一网段内,即使通过同一个交换机或集线器连接(如在交换机划分不同的 VLAN)也无法相互通信					
任 务 分 析					
① 配置服务器 ② 配置客户端					

2. 任务拓展完成过程提示

(1) 下载 Foxmail 软件

在浏览器地址栏中输入"http://www.foxmail.com.cn",单击"立即下载"按钮,出现软件下载对话框,将软件保存到个人计算机上。

(2) 安装 Foxmail 软件

步骤 1:双击 Foxmail 安装文件 , 在弹出的如图 9-25 所示的"打开文件-安全警告"对话框中单击"运行"按钮。

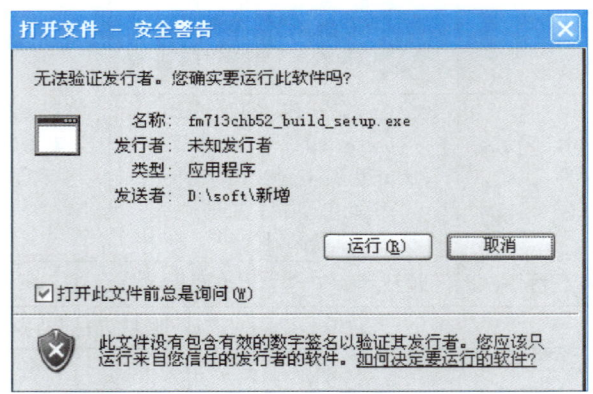

图 9-25　"打开文件-安全警告"对话框

步骤 2:安装时可以选择自定义安装或自动安装。自定义安装可以把软件安装到指定盘。安装完成之后,在提示框中可以选择是否开机启动及是否加入体验计划（依据个人使用习惯选择），安装成功界面如图 9-26 所示。

图 9-26　安装成功界面

步骤 3：添加邮箱。

打开 Foxmail，主界面和以前的版本有点不同，菜单栏在右边。下拉菜单中有很多命令，其中有"账号管理"和"工具"等命令，"工具"命令下有"过滤器"、"标签管理"、"附件管理"、"签名管理"、"模板管理"、"远程管理"等项目，各项目可以详细设置，"新建过滤器规则"对话框如图 9-27 所示。

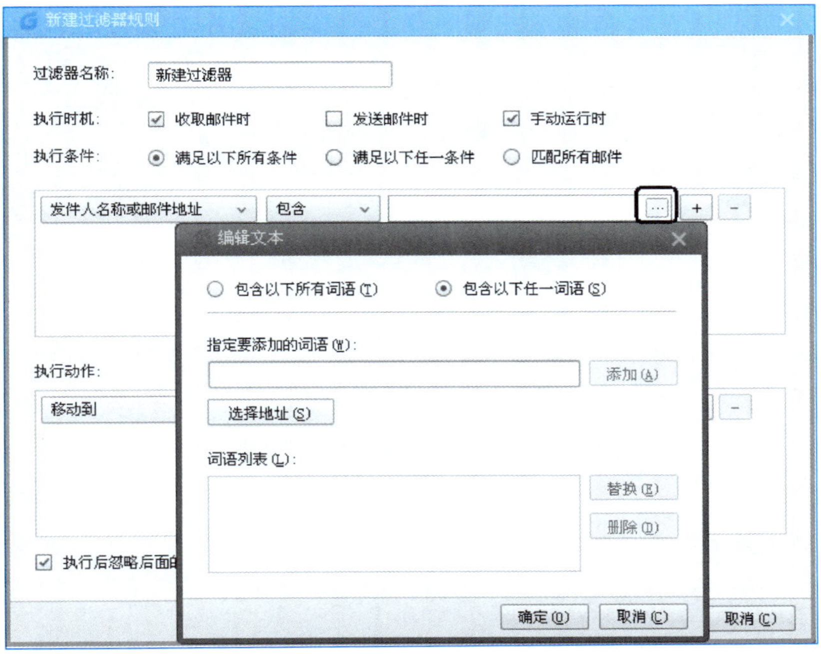

图 9-27　"新建过滤器规则"对话框

思考与练习

一、选择题

1. PGP 采用了非对称的公钥和私钥加密体系，_____对外公开，_____个人保留，不为外人所知。

 A. 公钥 私钥　　　　　　　　　B. 私钥 公钥
 C. 公钥 秘钥　　　　　　　　　D. 私钥 秘钥

2. 邮件签名是利用 PKI 的_____签名技术，以电子邮件证书作为私钥的载体，邮件发送者使用自己数字证书的私钥对电子邮件进行数字签名，邮件接收者通过验证邮件的数字签名以及签名者的证书来验证邮件是否被篡改，并判断发送者的真实身份，以确保电子邮件的真实性和_____。

 A. 私钥 完整性　　　　　　　　B. 公钥 完整性
 C. 私钥 可靠性　　　　　　　　D. 公钥 可靠性

二、操作题

1. 申请电子邮箱账号，下载并安装 Foxmail，添加电子邮箱，使用 Foxmail 管理个人或公司邮件。

2. 利用 Outlook Express 收发邮件，查看其默认设置，并截图说明。

第 4 篇 维 护 篇

随着计算机技术、网络技术的迅猛发展，以及信息化建设的普及，数据主要记载在计算机或相关的设备上，以方便保存，同时也方便查询，还方便传输，但需要保证系统安全、数据安全、远程访问数据的安全、防止病毒传播等。因此，需要在保障网络基本安全的基础上，加强内网与外网通信的安全。

维护篇的主要任务及在本书组织中的位置如下图所示。

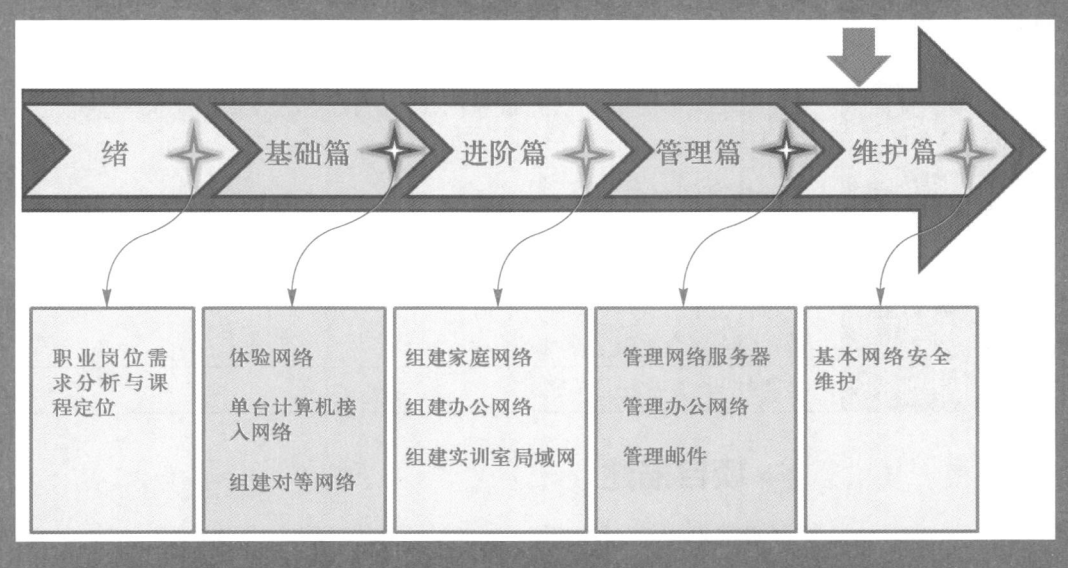

项目 10　基本网络安全维护

全球信息化的结果不仅推动了企业对信息的严重依赖，同时也推动了政府电子政务的信息化建设。由于病毒感染或遭受黑客攻击等而造成的数据丢失、系统被破坏、文件被非法访问等会造成不可估量的损失，因此数据备份和安全性已经成为社会各领域共同关注的热点。

 教学导航

知识目标	● 了解备份与还原的作用和功能 ● 熟悉共享文件或文件夹的权限 ● 熟悉数据备份与恢复的概念和工作原理
技能目标	● 能熟练完成系统备份与恢复 ● 能熟练完成简单数据备份与恢复 ● 能熟练设置共享文件或文件夹的访问权限
教学方法	讲练结合、问题式教学、项目式教学法
考核 A 等标准	● 在规定时间内有效完成系统备份与恢复 ● 在规定时间内有效完成共享文件或文件夹的访问权限设置 ● 在规定时间内有效完成合理设置和应用防病毒软件 ● 工作时不大声喧哗，遵守纪律，与同组成员协作愉快，共同完成整个工作任务 ● 保持工作环境清洁，任务完成后自动整理、归还工具，恢复原始工作状态，关闭电源
评价方式	教师评价+个人评价
操作流程	准备环境——系统备份——数据备份——共享文件夹权限设置——配置防病毒软件——恢复数据——恢复系统
准备工作	● 单机版杀毒软件和网络版杀毒软件 ● 系统备份与还原工具
课时建议	4 课时（含课堂任务拓展）

 项目描述

随着信息化建设的不断深入和因特网的广泛应用，某公司的信息存储安全问题尤为突出，如病毒感染、误操作、人为故意破坏等，轻则引起系统失常、文件损坏，重则造成系统崩溃，甚至所有系统信息和用户文件丢失等恶劣后果。系统重装、维护，浪费了巨大的人力、物力、财力，更为严重的是，有些用户的重要数据丢失会造成不可挽回和难以估量的损失。为了保障业务的持续运行，不给公司造成损失，必须首先对网络进行基本的安全维护。

项目分解

任务的任务卡如表 10-1 所示。

表 10-1 任 务 卡

任务编号	010-1	任务名称	基本网络安全维护	计划工时	90 min
工作情境描述					
某公司财务部门、业务部门的资料非常重要,但需要与外界和部门之间进行信息交流,为了避免造成不必要和不可恢复的损失,公司决定立体化设置网络安全					
操作任务描述					
信息是企业和政府部门的命脉,个人、部门应全力维护,以保证网络安全。首先是预防出现问题,这需要设置文件和文件夹的安全性能,给系统设置安全防线,堵截病毒和黑客入侵;如果万一出现了问题,则需要尽全力恢复系统和数据,因此需要从系统和数据本身进行考虑					
操作任务分析					
网络基本安全维护是保证网络安全运行和部门信息机密的重要保障,最基本的包括以下内容。 ① 备份和还原系统 ② 数据备份与恢复 ③ 设置共享文件夹权限 ④ 配置和应用防病毒软件					

知识准备

【知识】 数据备份与恢复

(1) 数据备份

数据备份是指为防止出现操作失误或系统故障导致数据丢失,而将全部或部分数据集合从应用主机的硬盘复制到其他存储介质的过程。

(2) 数据备份类型

数据备份类型如表 10-2 所示。

表 10-2 数据备份类型

分 类 依 据	分 类
备份的数据量	完全备份、增量备份、按需备份、差异备份
备份状态	物理备份、逻辑备份
备份层次	硬件冗余、软件备份
备份地域	本地备份、异地备份

(3) 数据恢复

数据恢复是指通过技术手段,由于系统失效、数据丢失或遭到破坏而对保存在硬盘、存储磁带库、U 盘、数码存储卡、MP3 等设备上的电子数据进行抢救和恢复的技术。

任务实施

任务实施流程如表 10-3 所示。

表 10-3　任务实施流程

工 具 准 备		
工具/材料/设备名称	数量与单位	说　　明
杀毒软件	1 个/组	网络版和单机版
备份软件	1 个/组	系统备份与恢复
参 考 资 料		
① 杀毒软件版本信息、功能、升级方式、安装说明书 ② NTFS 文件系统 ③ CMOS 的作用与功能 ④ 数据备份的必要性和重要性 ⑤ 工具清单 ⑥ 数据备份说明书或操作步骤		
实 施 流 程		
① 阅读【知识准备】中的知识介绍,如果不够,可利用网络查找参考资料,学习相关知识 ② 认真阅读任务卡,明确任务 ③ 了解目前的网络状况及网络中计算机的配置情况 ④ 设计网络基本安全维护方案,准备维护 ⑤ 根据【任务实施】中的任务先后顺序与步骤,完成具体的安装或配置任务,在完成每个小任务后测试任务的完成情况,保证任务 100% 完成 ⑥ 根据系统备份情况还原系统 ⑦ 将丢失的数据恢复		

任务　基本网络安全防护

不管是什么类型的网络、什么用途的网络,其基本的组成都离不开计算机,因此首先要保证系统的安全使用,在需要的时候能快速恢复。

任务 1-1　备份与还原系统

通常情况下,系统管理员要恢复系统至少需要如下几个步骤。
① 恢复硬件。
② 重新装入操作系统。
③ 设置操作系统(驱动程序、系统及用户设置)。
④ 重新装入应用程序,进行系统设置。
⑤ 用最新的备份恢复系统数据。

完成这些步骤至少需要半天至 1 天的时间,但这对于企业和应用来说是无法容忍的,如果采用系统备份措施则比较简单和快捷。

1. 备份系统

计算机操作系统在使用一段时间后,可能会因为操作不当而使得系统无法开机或无法使用。如果要重装系统,费时费力。为了在意外情况出现后能迅速恢复系统,而不用重新安装,建议在安装好操作系统和需要的工具软件后做好系统备份。

视频
备份系统

这里以 Ghost 为例介绍整个备份过程,具体操作步骤如下。

步骤 1:启动软件。双击软件 "Ghost32.exe" 文件,打开如图 10-1 所示的界面。

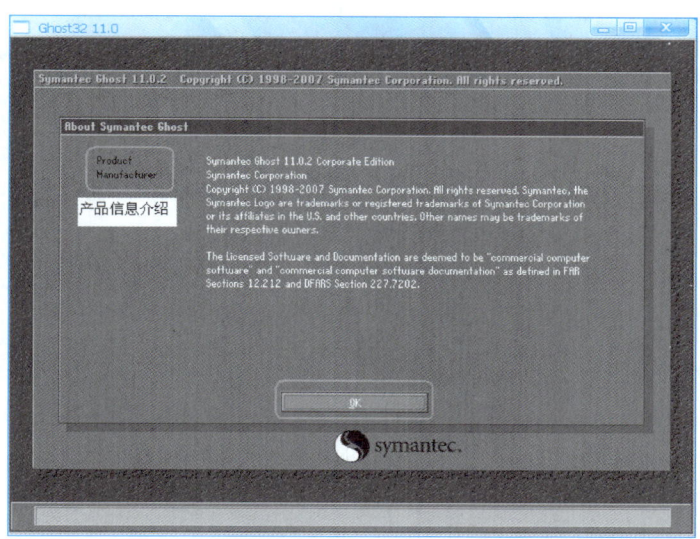

图 10-1　系统备份界面 1

步骤 2:单击 "OK" 按钮,打开如图 10-2 所示的界面。

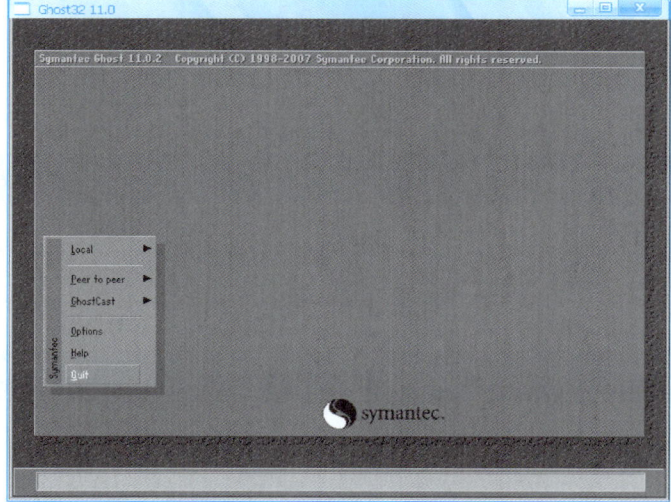

图 10-2　系统备份界面 2

步骤3：选择"local"→"Partition"→"To Image"菜单命令，将硬盘分区备份为一个扩展名为".gho"的镜像文件，界面如图10-3所示。

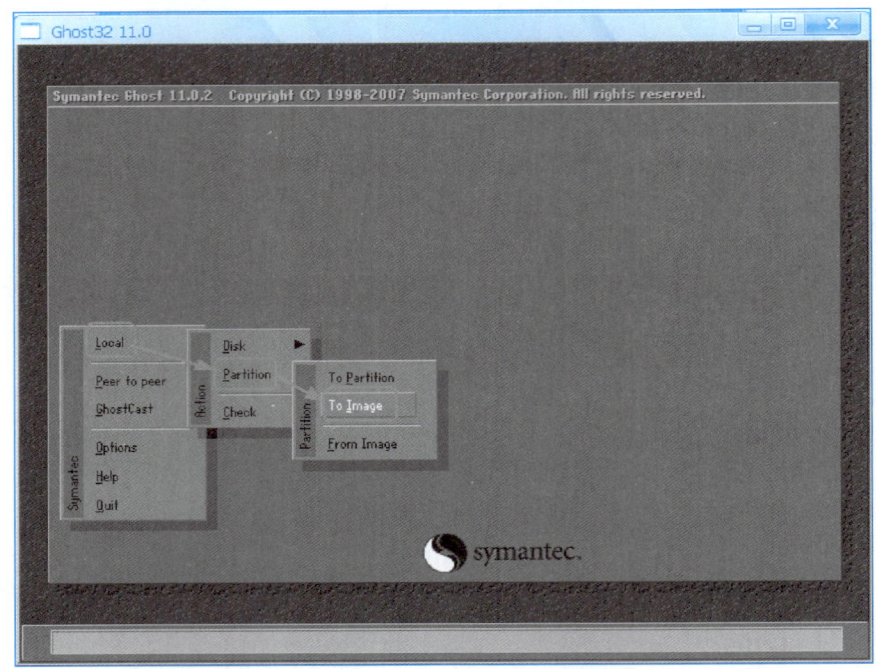

图10-3 系统备份界面3

各参数说明如表10-4所示。

表10-4 系统备份参数表

	硬盘操作选项	含义
Disk	To Disk	硬盘对硬盘完全复制
	To Image	硬盘内容备份成镜像文件
	From Image	从镜像文件恢复到原来硬盘
	硬盘分区操作选项	含义
Partition	To Disk	分区对分区完全复制
	To Image	分区内容备份成镜像文件
	From Image	从镜像文件复原到分区
Check	检查功能选项	

步骤4：选择"To Image"命令，在弹出的界面中选择需要进行系统备份的磁盘，单击"OK"按钮。本例中只有一个磁盘，所以不需要选择，直接单击"OK"按钮即可，如图10-4所示。

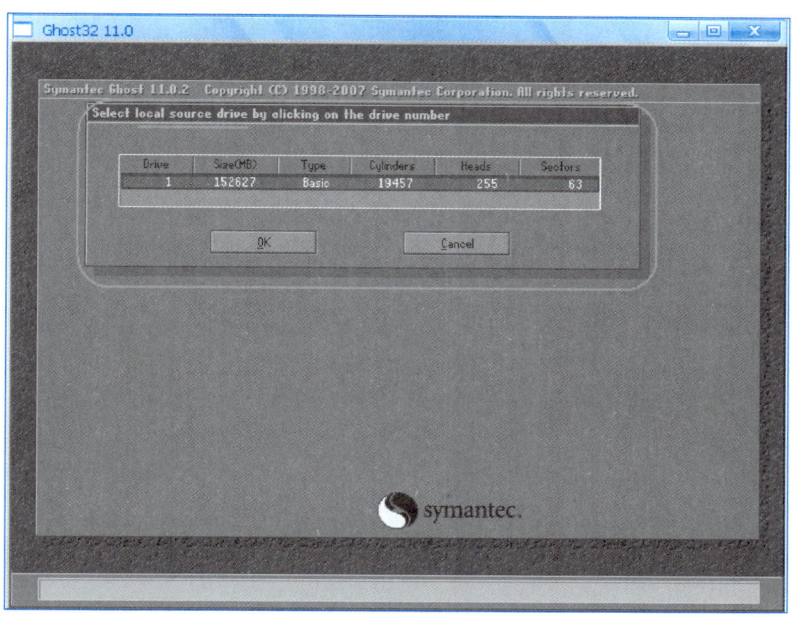

图 10-4　选择需进行系统备份的磁盘

步骤 5：选择需要进行系统备份的磁盘分区（源磁盘分区），单击"OK"按钮，如图 10-5 所示。

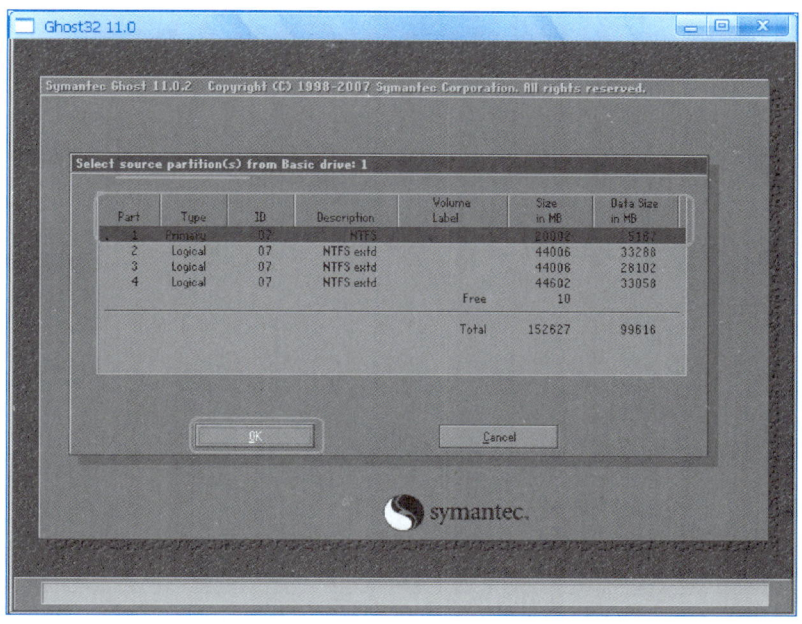

图 10-5　选择需要进行系统备份的磁盘分区

步骤 6：选择镜像文件存放的磁盘分区（目标磁盘分区），给系统备份的镜像文件命名，如图 10-6 所示。

图 10-6　命名镜像文件

注意：系统备份的镜像文件不能存放在正在备份的分区上。例如，要备份系统磁盘 **C:/**，则备份的镜像文件不能存放在 **C:/**上。

步骤 7：单击"Save"按钮，选择系统备份的压缩方式，如图 10-7 所示。

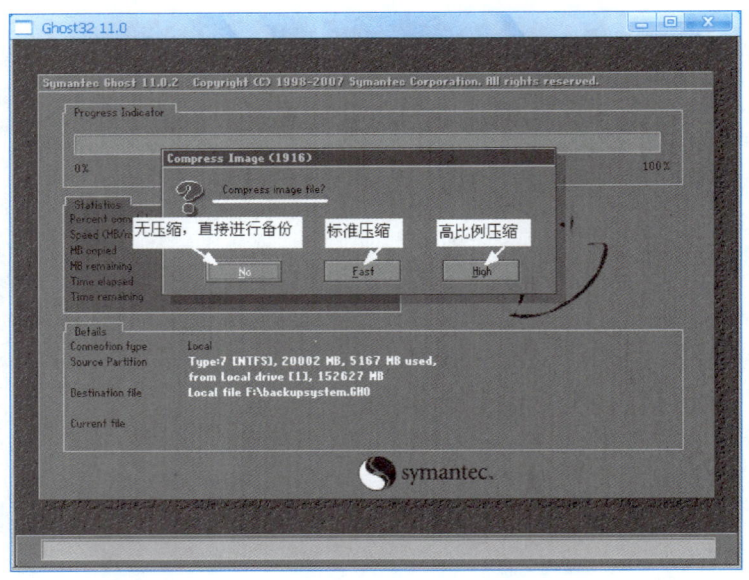

图 10-7　选择压缩方式

注意：一般情况下选择"**Fast**"标准比例压缩方式来进行系统备份。"**High**"方式的速度稍慢些，但可以压缩 **50%**。备份速度的快慢与内存有很大关系。

步骤 8：单击"Fast"按钮，开始进行系统备份。系统备份完成后，系统提示备份完成。此时退出 Ghost 软件即可。

2. 恢复系统

恢复工作是备份工作的逆过程，比较简单，具体操作步骤如下。

步骤 1：修改 CMOS 参数，将系统设置为光驱引导或者使用软盘启动计算机。

步骤 2：选择"Local"→"Partition"→"From Image"菜单命令，从镜像文件恢复系统。

步骤 3：选择镜像文件所在的路径和文件名，如 backupsystem.GHO，单击"Open"按钮，如图 10-8 所示。

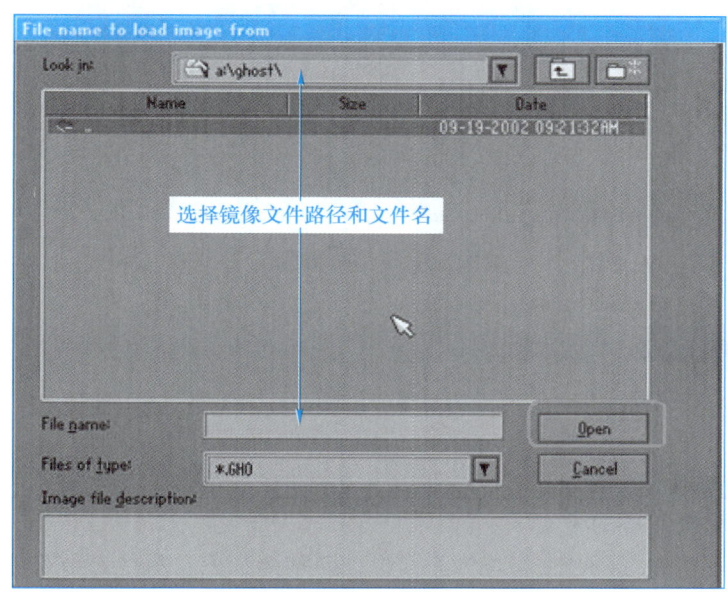

图 10-8　选择需要恢复的文件

步骤 4：选择还原到哪个分区，单击"OK"按钮，如图 10-9 所示。

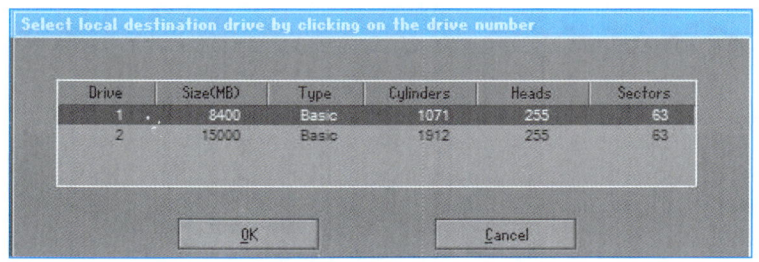

图 10-9　选择还原分区

步骤 5：确认是否进行还原操作。如果要还原，单击"Yes"按钮，则开始释放镜像文件修复系统分区，如图 10-10 所示。

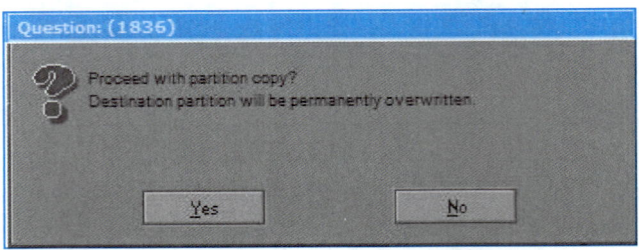

图 10-10　确认是否进行还原操作

步骤 6：系统提示还原成功，如图 10-11 所示。单击"Reset Computer"按钮，重新启动计算机。整个系统恢复工作完成，回到正常的工作状态。

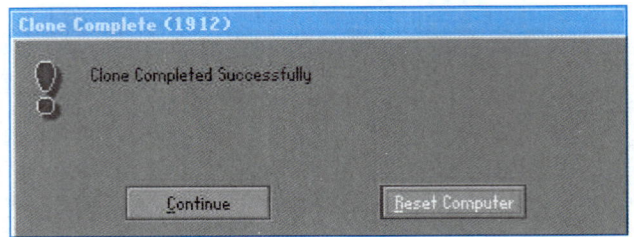

图 10-11　成功还原

任务 1-2　数据备份与恢复

备份技术有很多种，下面以双机互备和双机热备为例说明，其余不一一列举。

1. 双机互备

（1）双机互备的含义

双机互备是指两台主机均为工作机，正常情况下，两台工作机均为信息系统提供支持，并互相监视对方的运行情况。当一台主机出现异常，不能支持信息系统正常运营时，另一台主机则主动接管异常机的工作，从而保证系统正常运行，但正常运行主机的负载会有所增加。其工作原理如图 10-12 所示。

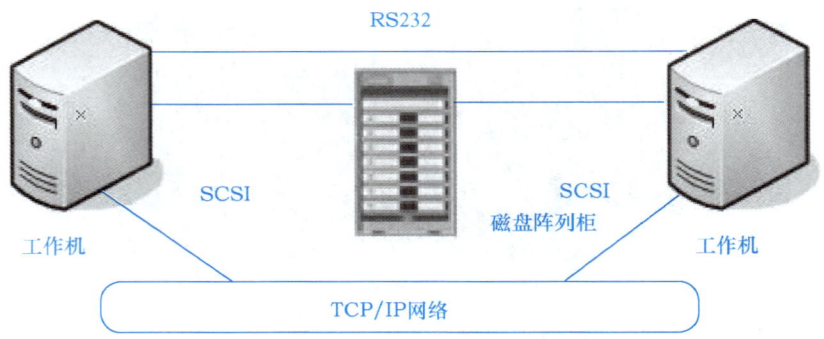

图 10-12　双机互备工作原理

(2) 切换启用另一台工作机的情况

当出现如下情况之一时,就需要切换启用另一台工作机。
① 系统软件或应用软件造成服务器死机。
② 服务器没有死机,但系统软件或应用软件工作不正常。
③ SCSI 卡损坏,造成服务器与磁盘阵列无法存取数据。
④ 服务器内硬件损坏,造成服务器死机。
⑤ 服务器不正常关机。

2. 双机热备

(1) 双机热备的含义

双机热备是指一台主机为工作机,另一台主机为备份机,在系统正常运行情况下,工作机为系统提供支持,备份机监视工作机的运行情况。当工作机出现异常时,备份机主动接管工作机工作。工作机修复后,系统管理员通过管理命令或以人工或自动的方式将备份机的工作切换回工作机。也可以激活监视程序,将两者的角色互换,即原来的备份机作为工作机,原来的工作机转换为备份机。其工作原理如图 10-13 所示。

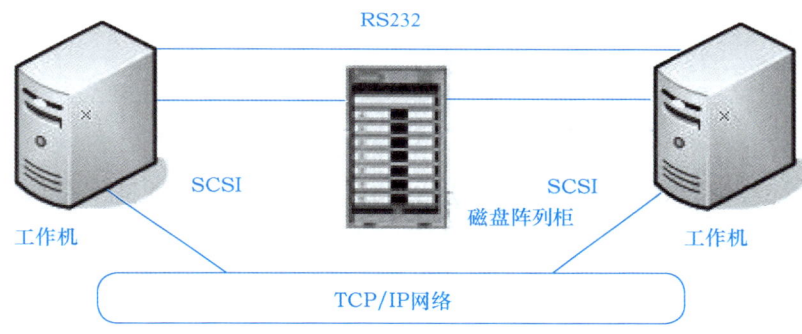

图 10-13 双机热备工作原理

(2) 切换启用备份机的情况

双机热备启用备份机的情况与双机互备的情况相同。

任务 1-3 共享文件夹访问权限设置

在公司的公用服务器上存放着一些可共享的资源,针对不同的员工设置了不同的权限,即不同的用户可使用不同的资源,同一种资源也可设置为不同的访问权限。如将需要共享的文件都存放在"share"文件夹下,"Everyone"组的用户对该文件夹下的文件只能读取,不能修改;"student"用户对"share"文件夹下的文件可以完全控制。

可以发现,不同用户对于同一种资源拥有不同的访问权限,有的只能读取,不能修改,有的则可以完全控制资源。因此,在设置资源共享时,需要设置访问权限。

微课
设置"读取"权限

下面设置"读取"权限。

如果要给用户设定权限，则单击"权限"按钮，打开"**文件夹的权限"对话框，如图 10-14 所示。

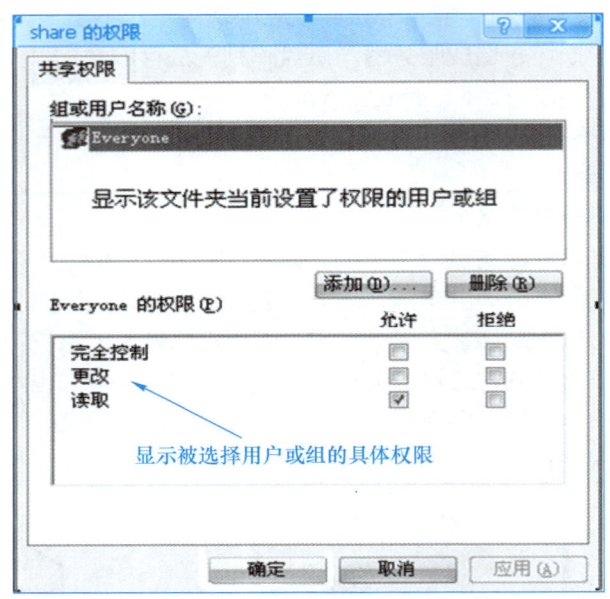

图 10-14 "**文件夹的权限"对话框

从上图可以看出，现在"Everyone"组只拥有"读取"权限，如果要拥有"完全控制"权限，则选中"允许"列中"完全控制"行的复选框，那么该组的成员便可以对 share 文件夹下的文件进行各种操作，就像操作自己计算机上的文件夹那样。

如果不让"Everyone"组访问"share"文件夹，则可在"组或用户名称"列表框中选择"Everyone"组，单击"删除"按钮，将该组删除，这样就实现了不让"Everyone"组访问"share"文件夹。

步骤 1：设置共享文件夹的共享访问权限后，为了增强共享文件夹的安全性，通常将共享文件夹存放在 NTFS 文件系统的分区上，通过 ACL（访问控制列表）来制约访问权限。

步骤 2：添加用户并设置"完全控制"权限。

① 创建需设置权限的用户，如"student"。

选择"我的电脑"，单击鼠标右键，在弹出的快捷菜单中选择"管理"命令，打开"计算机管理"窗口，展开"本地用户和组"，使用鼠标右键单击"用户"，在弹出的快捷菜单中选择"新用户"选项，打开"新用户"对话框，输入需要设置权限用户的用户名，如"student"，选中左下方的某个或某几个复选框，如图 10-15 所示。

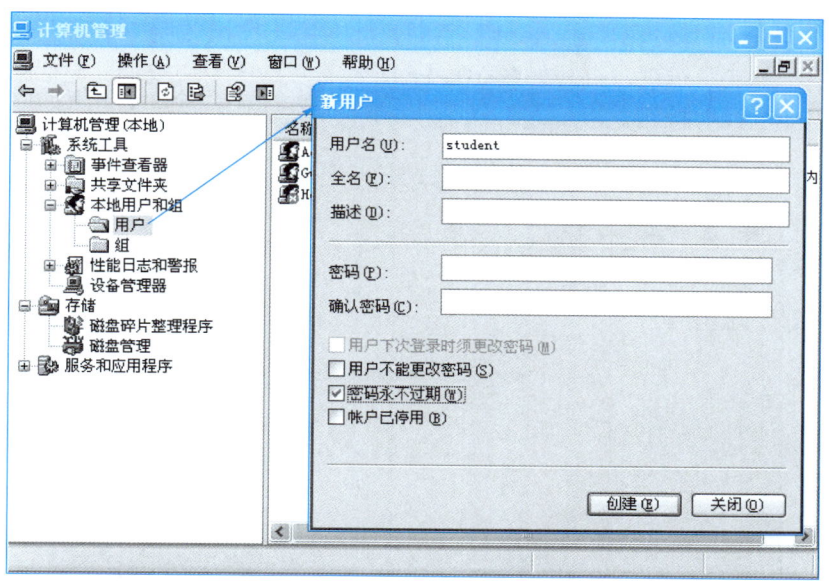

图 10-15　设置用户权限

② 使用鼠标右键单击共享文件夹 "share"，在弹出的快捷菜单中选择 "共享与安全"命令，打开如图 10-16 所示的 "share 属性"对话框，选中 "安全"选项卡，在 "组或用户名称"列表框中查看 "student"用户。

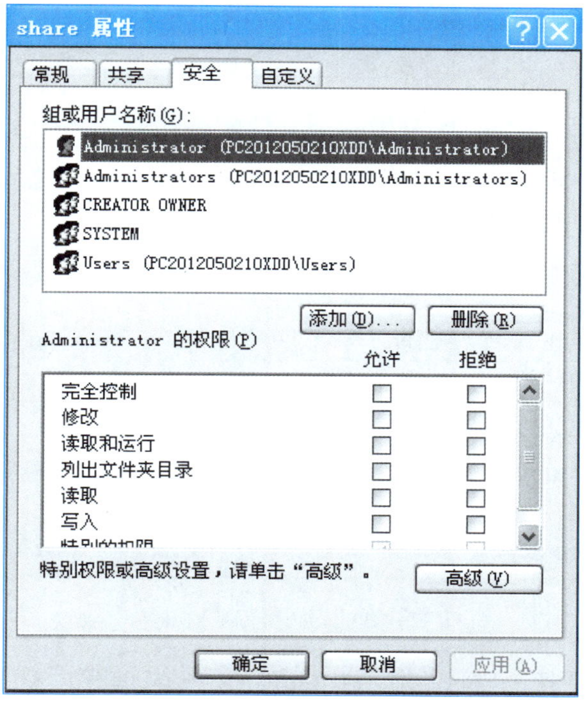

图 10-16　"share 属性"对话框

③ 由于没有发现"student"用户,此时单击"组或用户名称"列表框下方的"添加"按钮,打开如图 10-17 所示的"选择用户或组"对话框,单击"立即查找"按钮。

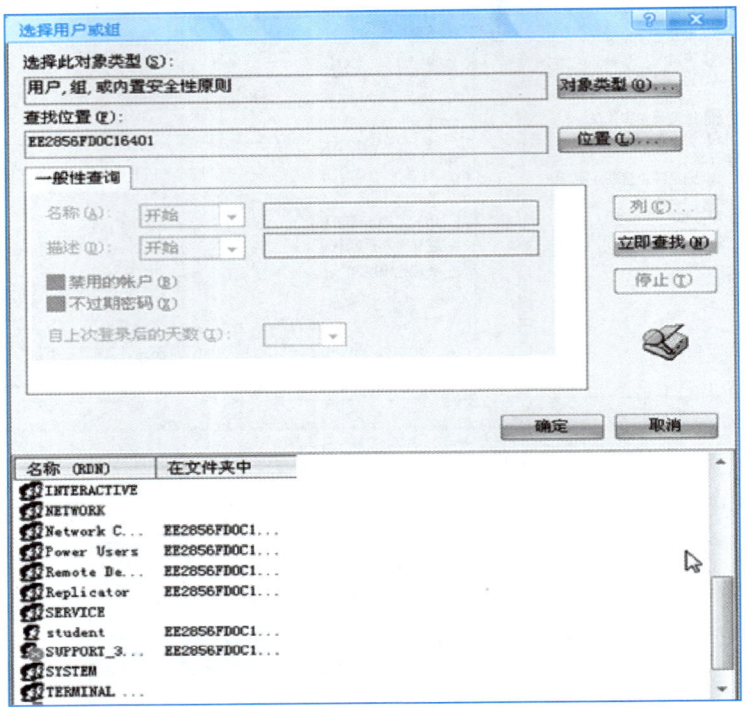

图 10-17 "选择用户或组"对话框

④ 在列出的用户"名称"列表框中,选择"student"选项,单击"确定"按钮,则该用户就可添加到列表框中,如图 10-18 所示。

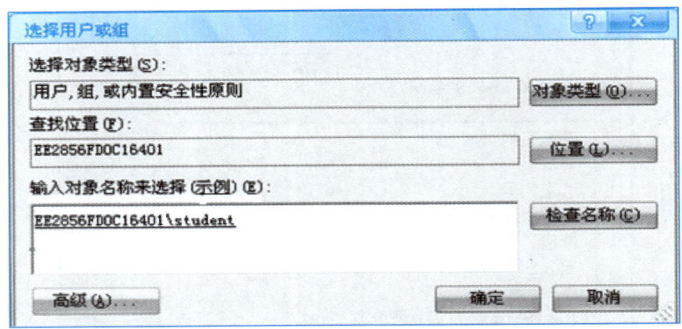

图 10-18 添加用户到列表框中

⑤ 单击"确定"按钮,则"student"用户添加成功,如图 10-19 所示。
⑥ 在用户的权限中选中需要设置的权限"完全控制",单击"确定"按钮,则"student"用户对"share"文件夹的"完全控制"权限设置成功。

> 注意：若要更改网络上的文件夹名称，可在"共享名"文本框中输入文件夹的新名称，该操作不会更改用户计算机上的该文件夹名。
>
> 　　若要允许其他用户更改共享文件夹中的文件，可选中"允许其他用户更改我的文件"复选框。
>
> 　　如果以"来宾"身份登录，则不能创建共享文件夹。
>
> 　　"共享"选项不可用于"Documents and Settings"、"Program Files"和 Windows 系统文件夹。此外，不能共享其他用户配置文件中的文件夹。

　　通过如上设置，"student"用户就对"share"文件夹具有了完全控制权限，而其他用户在没有设置的情况下就不能对该资源进行完全控制。

　　另外，为了进一步保证共享文件夹的访问权限，对特别的文件可以设置比较少的连接数，或者是与访问数相等的连接数，如图 10-20 所示。

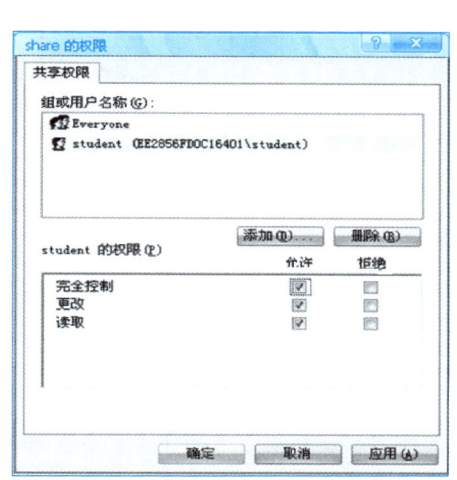
图 10-19　用户添加成功

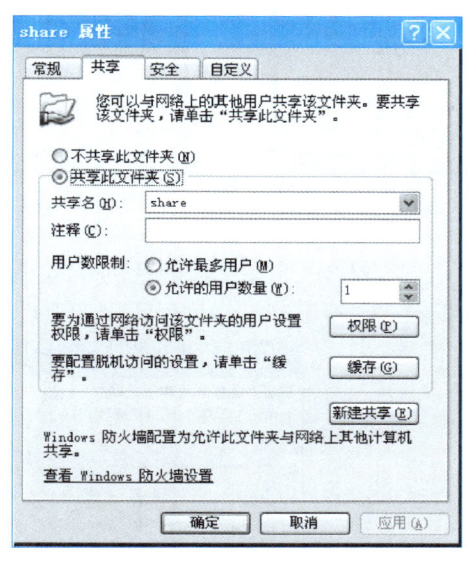
图 10-20　设置"允许的用户数量"选项

任务 1-4　配置和应用防毒软件

　　杀毒软件有瑞星杀毒软件、金山毒霸、卡巴斯基等。根据保护对象的不同，可以将杀毒软件分为单机版和网络版的杀毒软件。

1. 杀毒软件的安装与配置

　　下面以瑞星 2007 单机版杀毒软件为例介绍杀毒软件的应用。

　　（1）安装瑞星 2007

　　步骤 1：启动安装程序。

　　双击安装盘根目录下的 setup.exe 文件，运行安装程序，打开"选择语言"对话框，如图 10-21 所示。

步骤2：选择"中文简体"选项，单击"确定"按钮，打开如图10-22所示的窗口。

图10-21 "选择语言"对话框

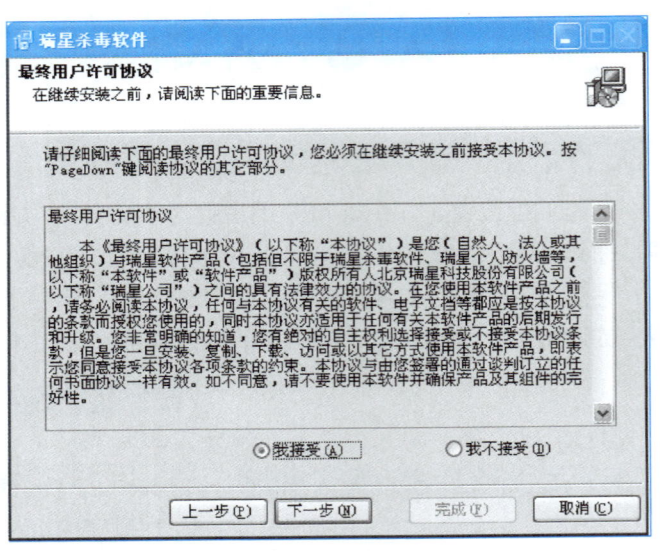

图10-22 "最终用户许可协议"窗口

步骤3：选择"我接受"单选按钮，单击"下一步"按钮打开如图10-23所示的"验证产品序列号和用户ID"窗口。

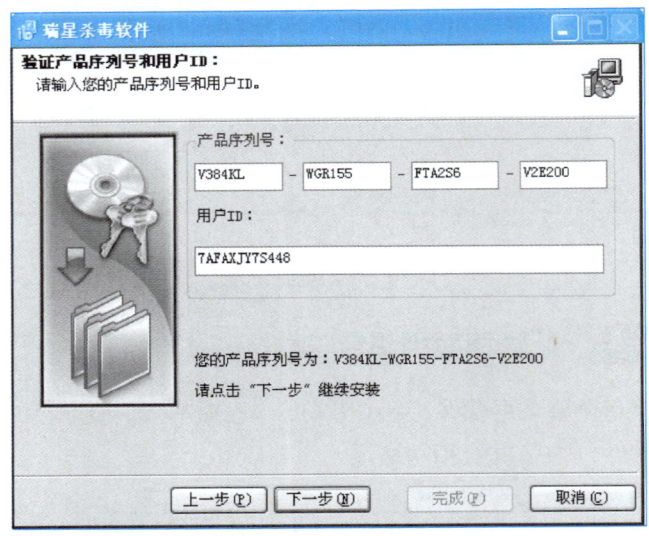

图10-23 "验证产品序列号和用户ID"窗口

在"验证产品序列号和用户ID"窗口中需要输入瑞星"产品序列号"，在"用户ID"文本框中需要输入瑞星用户ID。如果输入不正确，"下一步"按钮呈灰色，表示不能操作。

步骤4：单击"下一步"按钮，打开如图10-24所示的"选择目标文件夹"的窗口。按照默认提示，单击"下一步"按钮继续安装，直到瑞星 2007 安装完成。

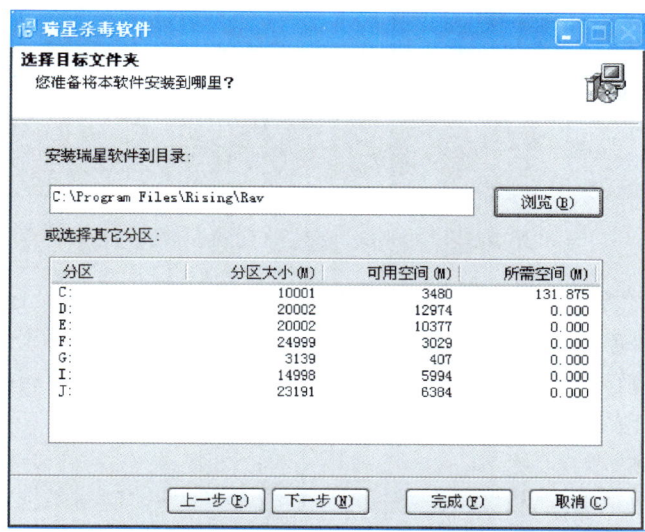

图 10-24　安装路径选择

（2）杀毒软件的智能升级

智能升级功能可以智能判别本机版本，自动连接到瑞星网站上下载升级程序，自动完成升级，具体操作如下。

步骤 1：打开如图 10-25 所示的瑞星 2007 主界面。

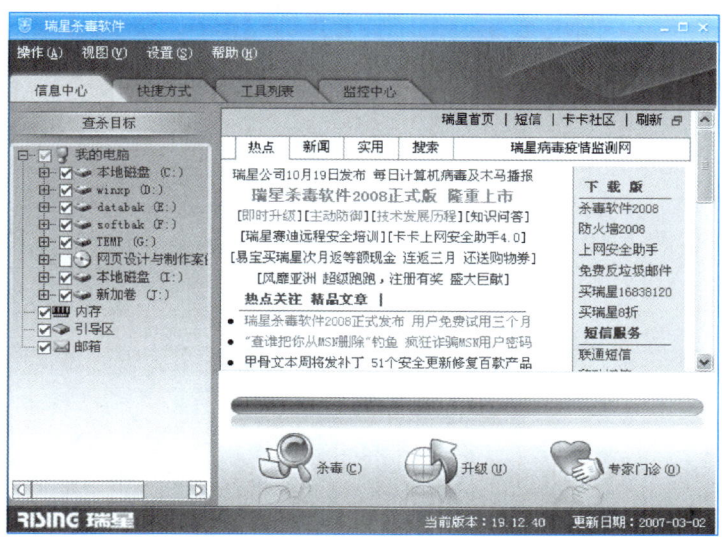

图 10-25　瑞星 2007 主界面

步骤 2：单击"升级"按钮进行在线升级，打开如图 10-26 所示的"智能升级正在进行"对话框。

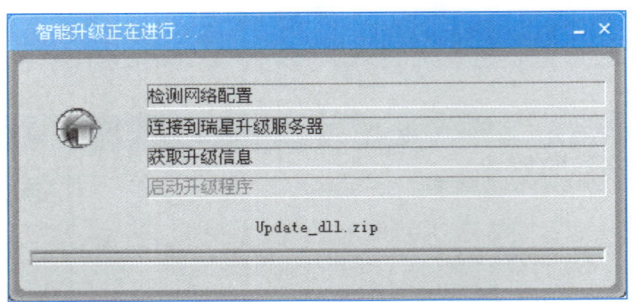

图 10-26 "智能升级正在进行"对话框

步骤 3：然后按照默认提示单击"下一步"按钮继续升级，直到升级完成。

（3）杀毒软件的设置与使用

瑞星杀毒软件的功能很多，在此主要介绍查杀病毒、监控病毒、扫描漏洞等重要的功能及设置。

① 查杀病毒。

启动瑞星杀毒工具，选择"开始"→"程序"→"瑞星杀毒软件"→"瑞星杀毒软件"菜单命令，打开瑞星杀毒软件对话框，选择"杀毒"选项卡，如图 10-27 所示。

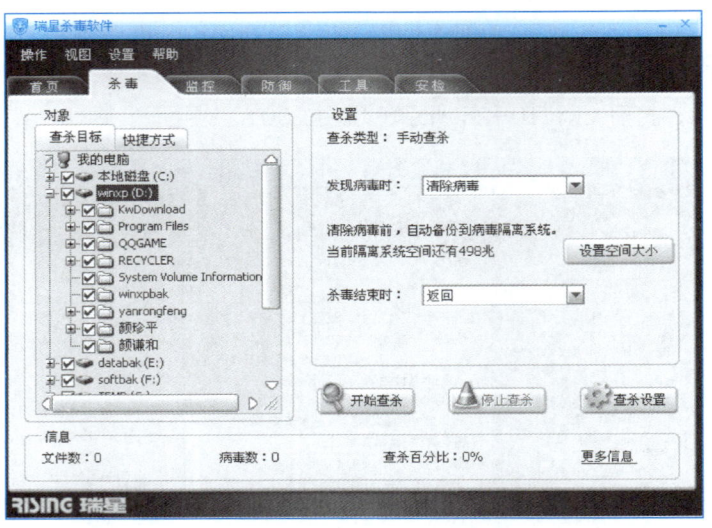

图 10-27 "杀毒"选项卡

在"对象"窗格中选择杀毒的对象，在"设置"窗格中设置发现病毒时、杀毒结束时的信息提示和具体操作，单击"开始查杀"按钮即可查杀病毒。

② 监控病毒。

启动瑞星杀毒工具，选择"开始"→"程序"→"瑞星杀毒软件"→"瑞星监控中心"菜单命令，在任务栏中出现绿色小伞形状的监控图标。要启动病毒监控设置操作，可在图 10-27 中选择"监控"选项卡，打开如图 10-28 所示的监控设置界面。

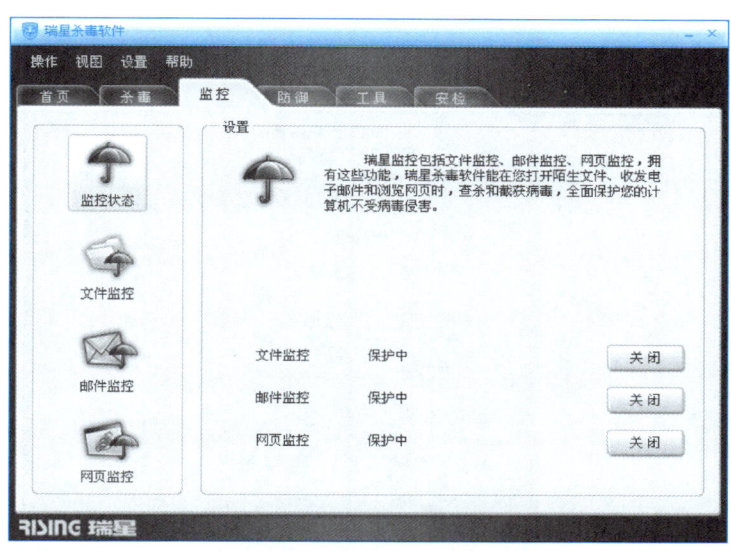

图 10-28　监控设置界面

瑞星监控包括文件监控、邮件监控、网页监控。拥有这些功能，瑞星杀毒软件能在打开陌生文件、收发电子邮件和浏览网页时，查杀和截获病毒，全面保护计算机不受病毒侵害。

文件监控：可以监控计算机中的文件是否被病毒感染，阻止病毒通过文件进行传播。具体设置如图 10-29 所示。

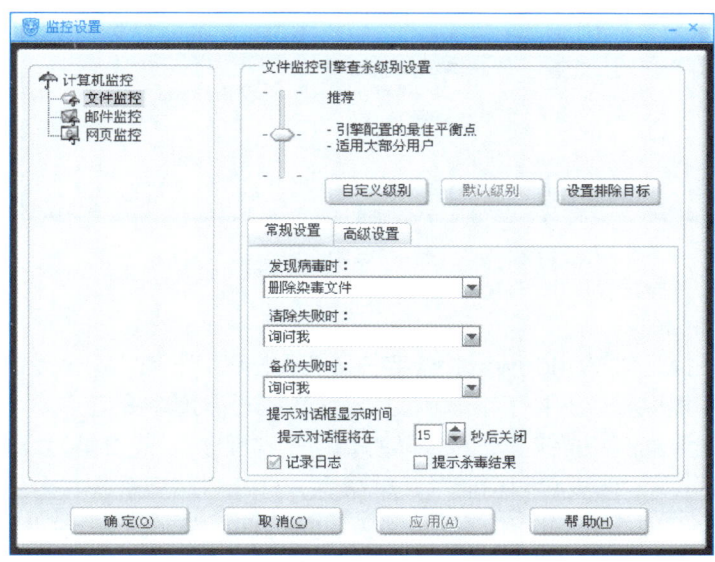

图 10-29　文件监控设置

邮件监控：对发送和接收的邮件进行监控，自动清除邮件中发现的病毒。

具体设置如图 10-30 所示。

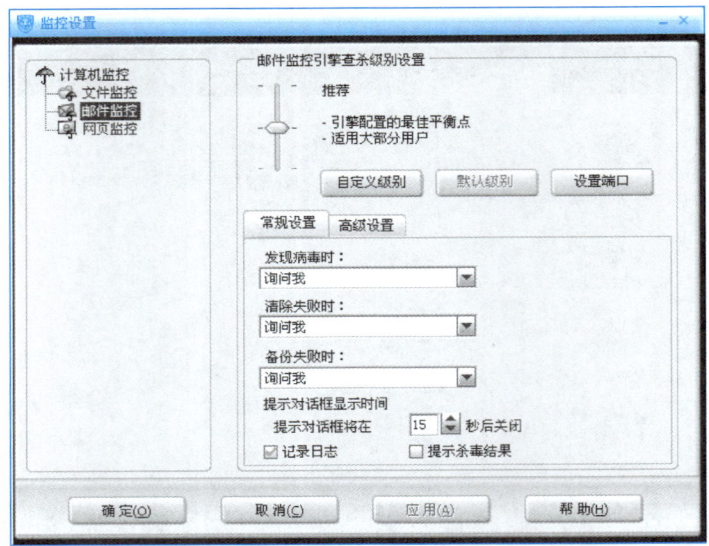

图 10-30　邮件监控设置

网页监控：可以拦截网页恶意脚本和病毒，阻止病毒通过网页进行传播。具体设置如图 10-31 所示。

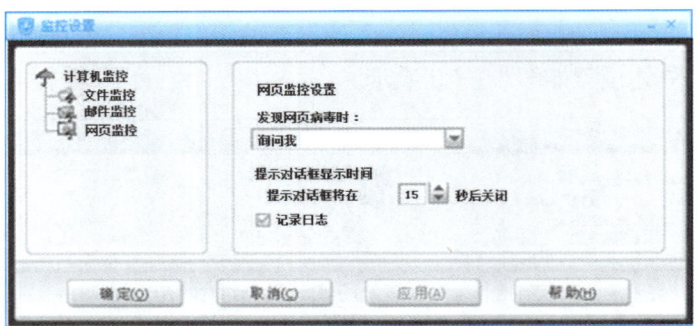

图 10-31　网页监控设置

③ 扫描漏洞。

漏洞扫描是对 Windows 系统存在的"系统漏洞"和"安全设置缺陷"进行检查，并提供相应的补丁下载和安全设置缺陷自动修补的工具。

启动瑞星漏洞扫描工具，选择"开始"→"程序"→"瑞星杀毒软件"→"瑞星工具"→"瑞星漏洞扫描"菜单命令，打开"瑞星系统安全漏洞扫描"窗口，选择"安全漏洞"和"安全设置"复选框，单击"开始扫描"按钮进行系统漏洞扫描。扫描完后，查看扫描报告，选择"详细信息"选项，在信息窗口中选择修复选择的漏洞，在窗口中单击"开始修复"按钮，从网站中获取漏洞补丁程序，然后安装补丁程序。"瑞星系统安全漏洞扫描"窗口如

图 10-32 所示。

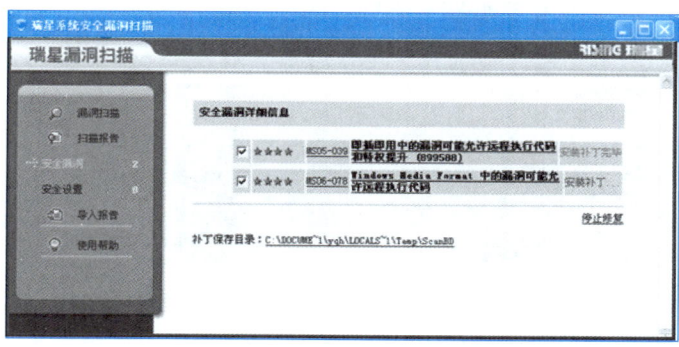

图 10-32 "瑞星系统安全漏洞扫描"窗口

（4）网络版杀毒软件使用

下面以瑞星网络版杀毒软件为例详细介绍。

下面介绍网络版杀毒软件服务器端的安装。

在安装网络版杀毒软件前，首先确认系统中是否安装了 MSDE（Microsoft SQL Server Desktop Engine）环境，如果之前曾经安装过 SQL 2000，则只要在安装过程中定义一下数据库名称即可。如果没有安装 MSDE，也没有安装 SQL，也没关系，瑞星网络版的安装文件中已经集成了 MSDE，在安装杀毒软件的过程中安装即可。

> 注意：安装系统中心组件只能安装在服务器操作系统中，比如 Windows Server 2003 等；在 Windows XP 系统下是无法启动此项安装的。服务器端适用的操作系统环境如下：Windows NT Server、Windows 2000 Server/Advanced Server、Windows 2003 Server。

下面介绍具体操作步骤。

步骤 1：双击下载后的文件，将出现如图 10-33 所示的安装界面。

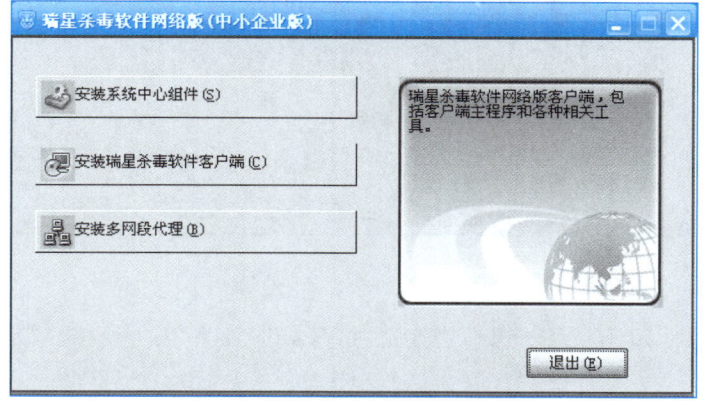

图 10-33 瑞星杀毒软件网络版（中小企业版）主界面

步骤 2：单击图 10-33 所示界面上的"安装系统中心组件"按钮，打开如图 10-34 所示的"瑞星欢迎您"界面。

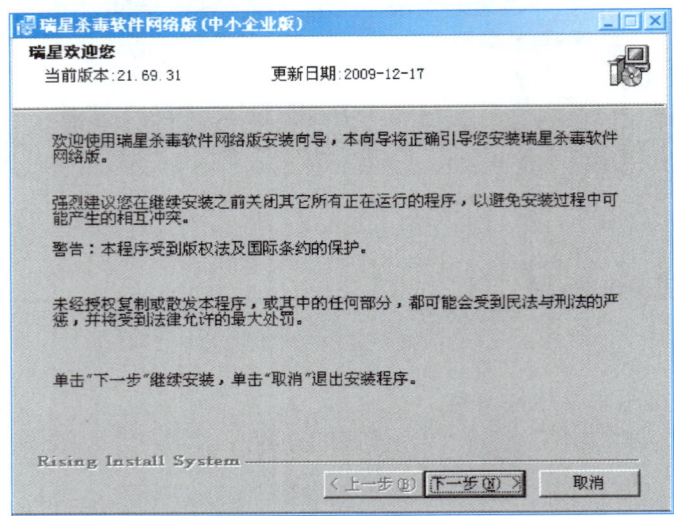

图 10-34　"瑞星欢迎您"界面

步骤 3：单击"下一步"按钮，打开如图 10-35 所示的"最终用户许可协议"界面，选择"我接受"单选按钮。

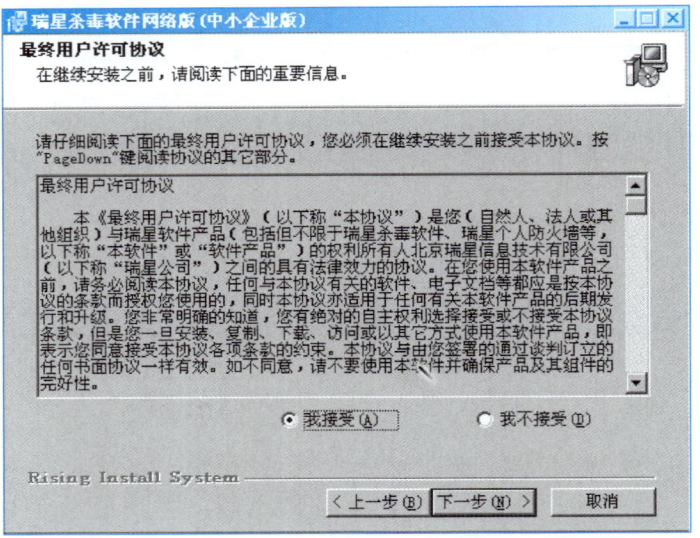

图 10-35　"最终用户许可协议"界面

步骤 4：单击"下一步"按钮，打开如图 10-36 所示的"定制安装"界面。

在接下来的步骤中，可以选择相应的安装组件。默认情况下，安装的服务器端将包含系统中心核心组件和一个服务器版的网络版杀毒软件,如图 10-37 所示。

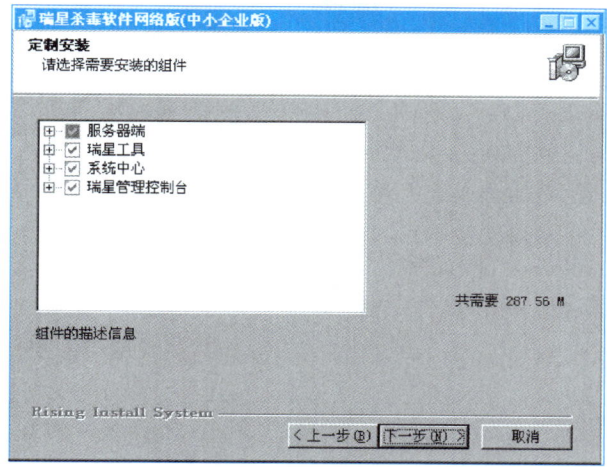

图 10-36 "定制安装"界面

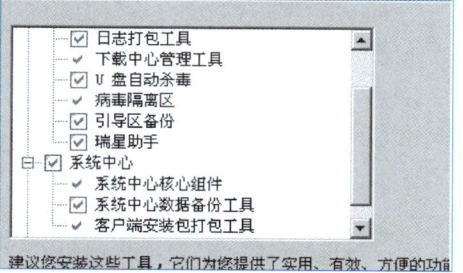

图 10-37 安装组件详细界面

步骤 5：单击"下一步"按钮,打开如图 10-38 所示的"数据库选项"界面,选择数据库的类型及相关参数。有 3 种数据库类型可选择,分别为"在本机上安装 MSDE"、"正在运行的 MS SQL Server"和"已经存在的 MSDE 数据库"。默认设置为"在本机上安装 MSDE"。若网络中没有 SQL Server,在磁盘空间许可的情况下建议选择此项。如果已经安装了 SQL Server,只需要选择数据库的名称就可以了。

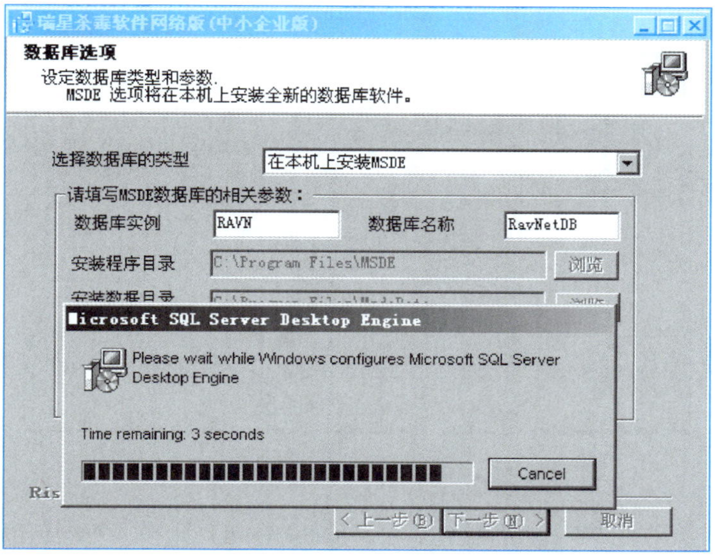

图 10-38 "数据库选项"界面

步骤 6：待数据库安装完后，单击"下一步"按钮，打开如图 10-39 所示的"验证产品序列号"界面。

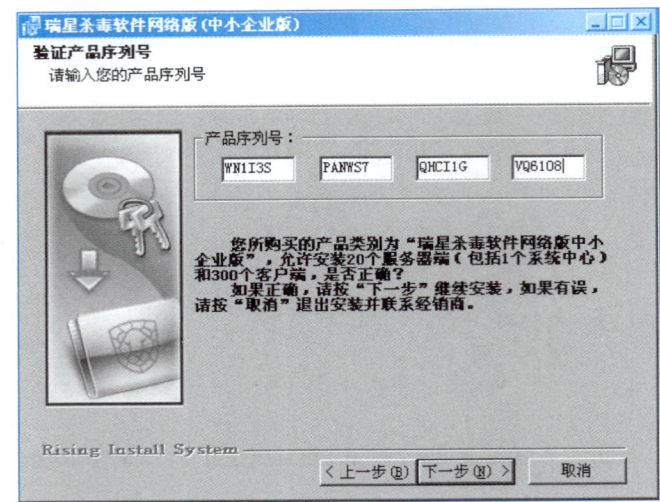

图 10-39　"验证产品序列号"界面

步骤 7：确认序列号无误后单击"下一步"按钮，打开如图 10-40 所示的"网络参数设置"界面，设置好系统中心的各参数。其中，"系统中心"选项组中的"IP 地址"选项非常重要，会影响到后面的客户端能否正常升级。

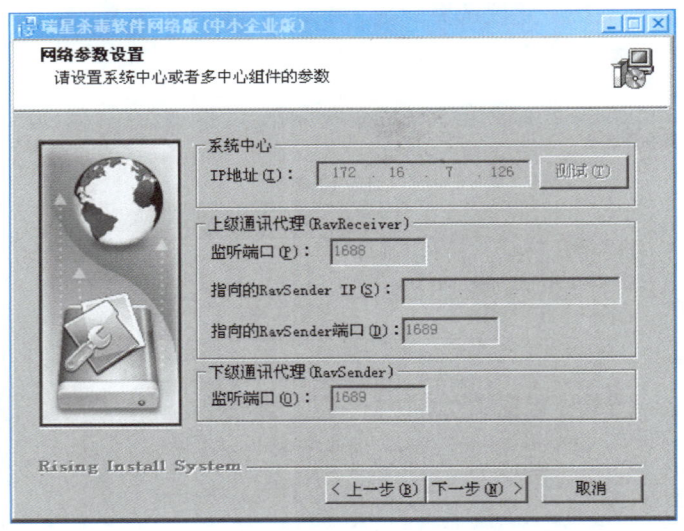

图 10-40　"网络参数设置"界面

步骤 8：单击"下一步"按钮，打开如图 10-41 所示的"选择目标文件夹"界面。可以直接将瑞星软件安装在"安装瑞星软件到目录"文本框显示的地址中，或通过单击"浏览"按钮选择需要安装软件的目录。

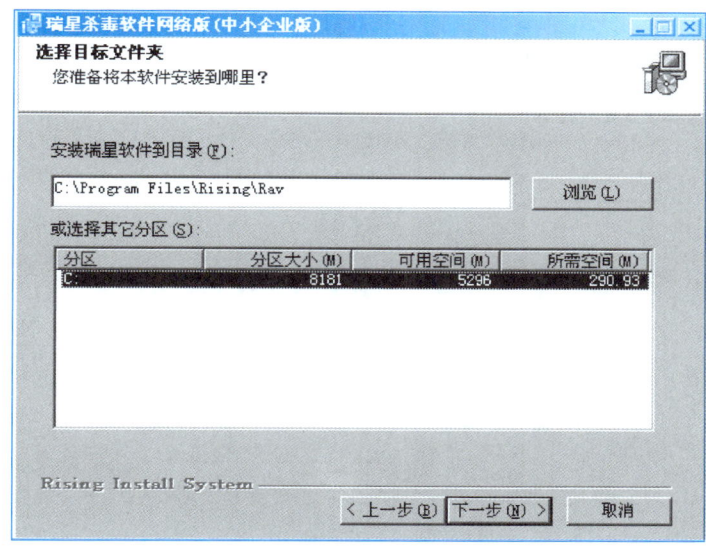

图 10-41 "选择目标文件夹"界面

步骤 9：单击"下一步"按钮，打开如图 10-42 所示的"设置补丁包共享目录"界面，从中可设置提供客户端下载补丁包的共享文件夹和共享名称。为了安装方便，用户可使用默认名称，文件夹的设置与上一步的设置相同。设置好后，可以实现瑞星补丁自动安装功能。

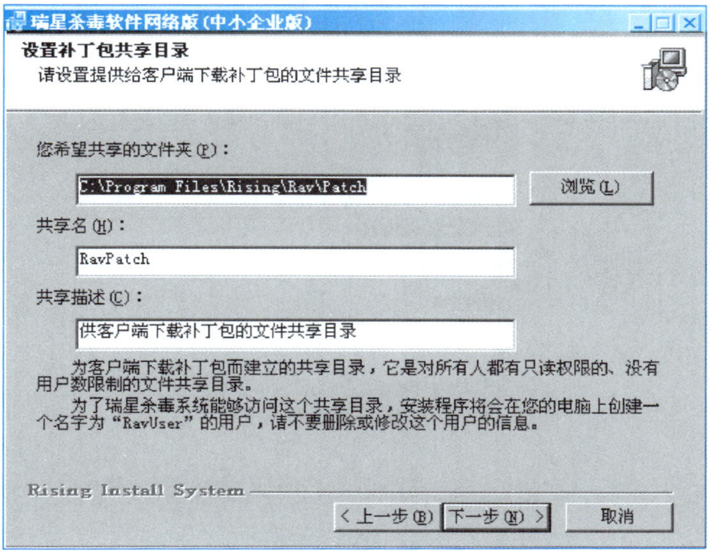

图 10-42 "设置补丁包共享目录"界面

步骤 10：单击"下一步"按钮，打开如图 10-43 所示的"瑞星杀毒系统密码"界面，从中可设置系统管理员密码和客户端保护密码。需要保证客户端保护密码的复杂性和安全性，如果该密码被破解，则会造成管理上的很多不便，甚至服务器端会形同虚设。

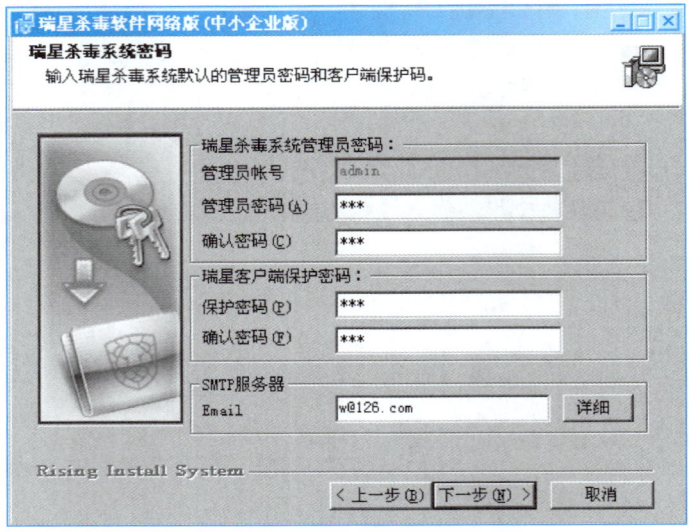

图 10-43 "瑞星杀毒系统密码"界面

步骤 11：单击"下一步"按钮，打开如图 10-44 所示的"选择开始菜单文件夹"界面。

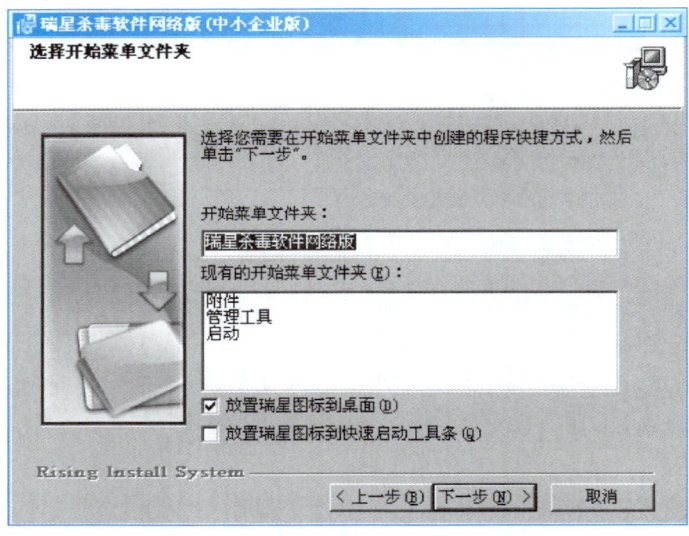

图 10-44 "选择开始菜单文件夹"界面

步骤 12：单击"下一步"按钮，打开如图 10-45 所示的"安装准备完成"界面。如果不能确保当前系统处于无毒状态，则建议选择下面的"安装之前执行内存病毒扫描"复选框，以查看并清除内存病毒，给软件一个无毒的安装环境。

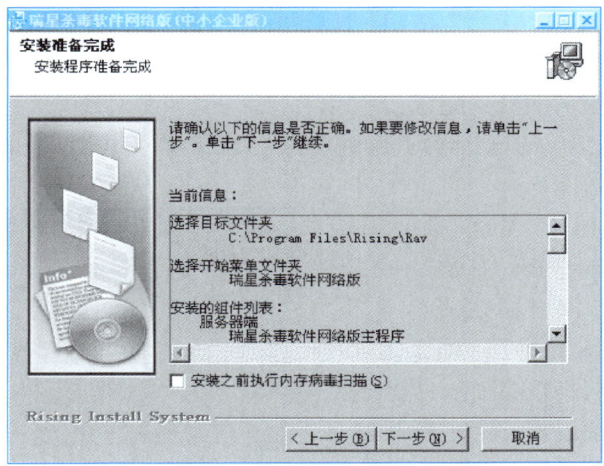

图 10-45 "安装准备完成"界面

步骤 13：单击"下一步"按钮，打开如图 10-46 所示的"安装过程中"界面，安装瑞星杀毒软件网络版的所有组件。

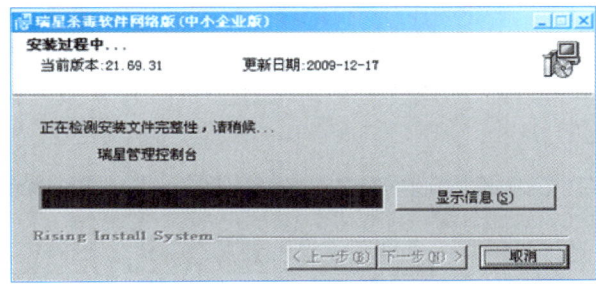

图 10-46 "安装过程中"界面

步骤 14：等待各个组件完成后，单击"下一步"按钮，打开如图 10-47 所示的"结束"界面。重新启动计算机来保证瑞星杀毒软件网络版的完全安装。

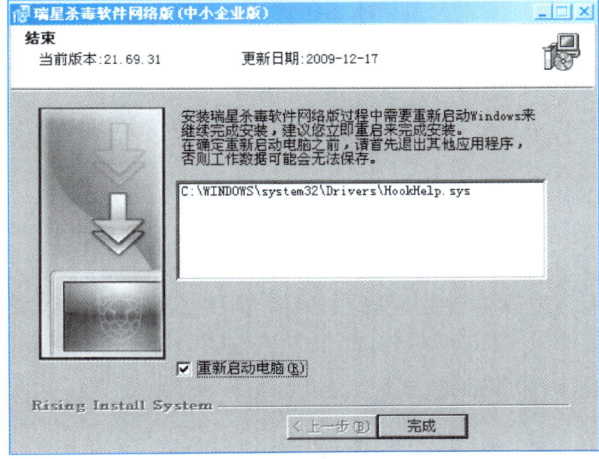

图 10-47 "结束"界面

步骤 15：单击"完成"按钮，计算机会重新启动，整个服务器端的安装就完成了。

下面介绍服务器端的配置、使用。

安装完毕，重新启动计算机系统后，在桌面的右下角有 MSDE、瑞星杀毒、瑞星杀毒监控端图标。

双击桌面上的"管理控制台"快捷图标 ，或者选择"开始"→"程序"→"瑞星杀毒软件网络版"→"管理控制台"菜单命令，打开如图 10-48 所示的"瑞星网络版控制台-[登录]"窗口。输入之前设置的用户密码进行登录，以配置服务端的信息。

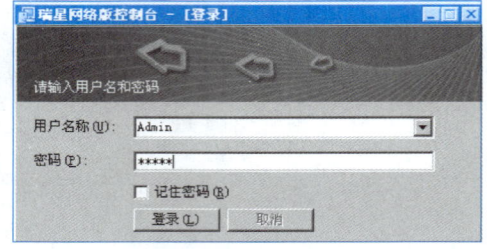

图 10-48　"瑞星网络版控制台-[登录]"窗口

使用控制台登录后，首先设置用户信息，如果仅仅是使用序列号注册，却不注册用户信息，那么，服务器端将不可自动升级。选择"管理"→"设置本中心用户信息"→"设置用户 ID"→"申请用户 ID"选项，在弹出的网页中输入序列号及公司的一些联系信息，就弹出了用户 ID。将该 ID 输入刚才的"设置用户 ID"中即可。

在"系统中心设置"的升级设置中，设置用户 ID，就可实现自动升级，如图 10-49 所示。

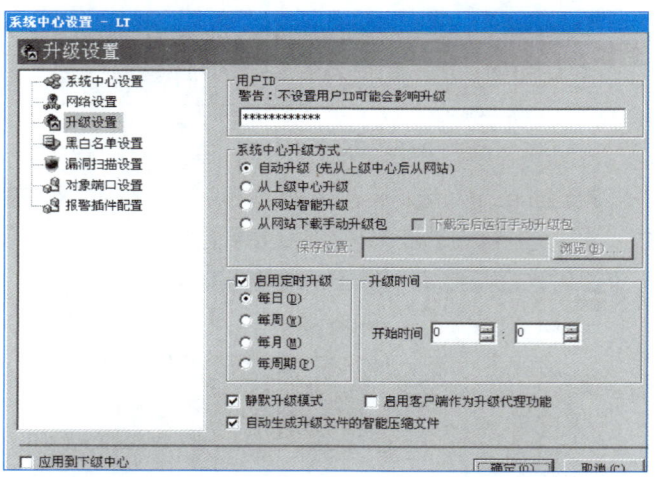

图 10-49　"系统中心设置-LT"对话框

瑞星网络版杀毒软件安装完毕后，可利用瑞星工具对服务器端和客户端进行相应配置。

下面介绍客户端的安装

操作步骤如下。

步骤 1：双击下载后的文件，出现如图 10-33 所示的安装界面，单击"安装瑞星杀毒软件客户端"按钮,此时将出现最终用户许可协议界面,选择"我接受"单选按钮,然后将出现如图 10-50 所示的"选择 IP 地址"界面(在有些安装过程中可能不出现这一步,无须理会,继续单击"下一步"按钮即可),从中选择服务器端系统中心的 IP 地址。

步骤 2:单击"下一步"按钮,打开如图 10-51 所示的选择需要安装的组件界面。

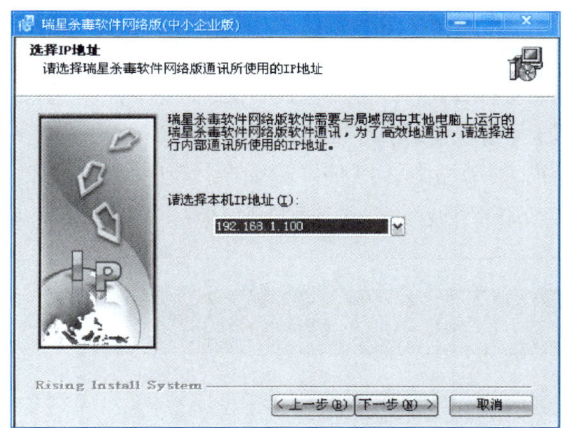 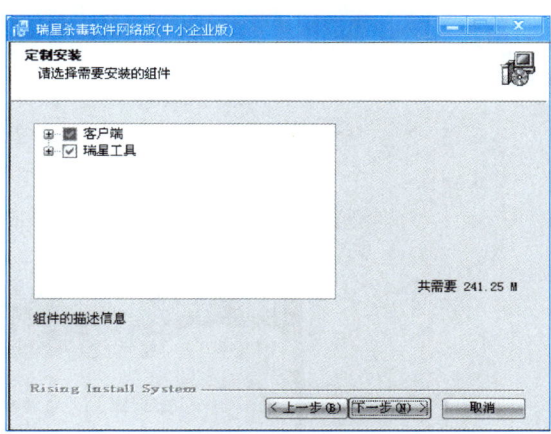

图 10-50 "选择 IP 地址"界面　　　　图 10-51 "定制安装"界面

步骤 3:单击"下一步"按钮,打开如图 10-52 所示的"网络参数设置"界面,从中输入系统中心 IP 地址。此步骤非常重要,系统中心 IP 地址从中输入错误将不能升级杀毒软件。

步骤 4:单击"下一步"按钮,打开如图 10-53 所示的"选择目标文件夹"界面,在此可以选择安装路径,一般用默认目录即可。单击"下一步"按钮进行程序的安装。后面的安装过程与单机版的安装相同。

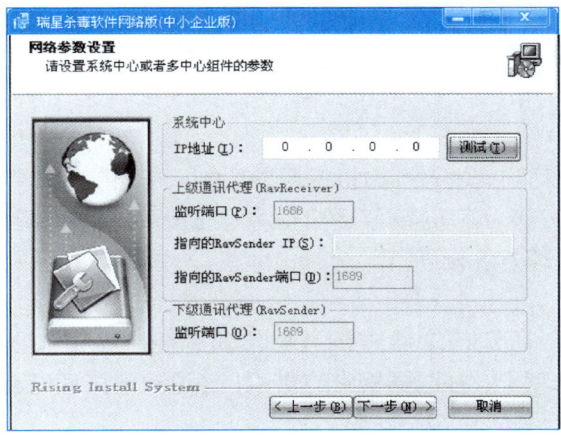 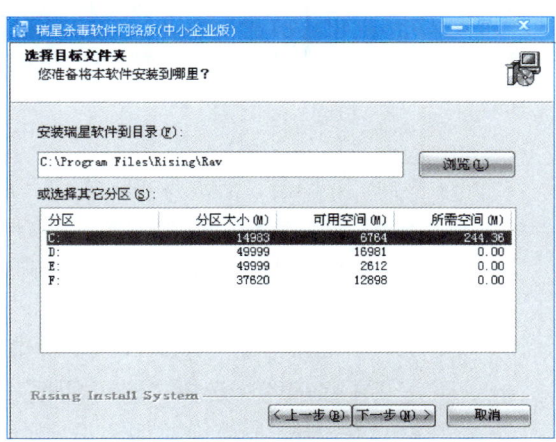

图 10-52 "网络参数设置"界面　　　　图 10-53 "选择目标文件夹"界面

下面介绍升级管理。

对新病毒的快速反应能力和快速升级能力是衡量一个杀毒软件优劣的重要指标,网络管理员可根据方便程度和网络环境选择是直接从瑞星网站升级还是手动下载升级包定时升级。

2. 防火墙的安装与配置

防火墙是内部网和外部网之间、专用网与公共网之间的界面上构造的保护屏障,包括软件防火墙和硬件防火墙。

(1) 启动防火墙保护

防火墙的安装、升级操作与瑞星杀毒软件的操作方法一致,这里就不重复介绍了。安装好后,要启动瑞星防火墙,可选择"开始"→"程序"→"瑞星个人防火墙"→"瑞星个人防火墙"菜单命令,打开"瑞星个人防火墙"窗口,选择"工作状态"选项卡,如图 10-54 所示。

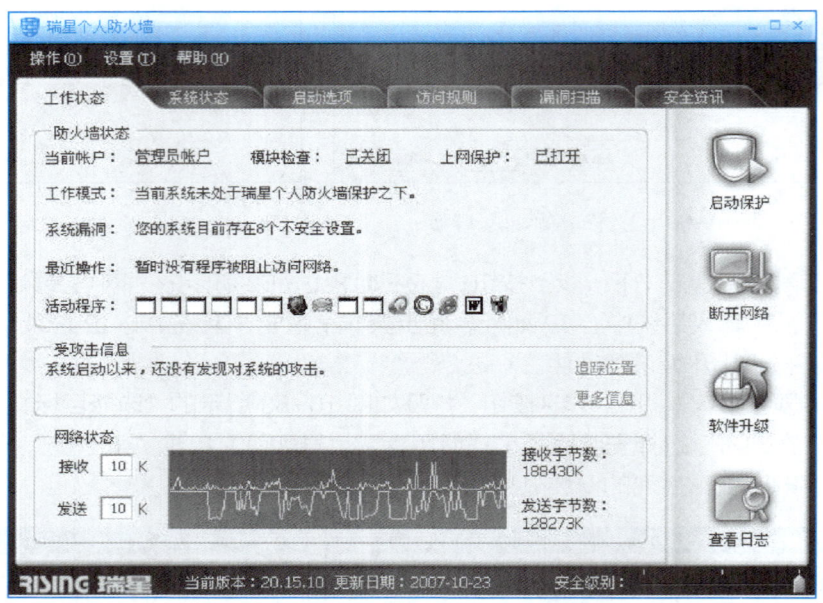

图 10-54 "工作状态"选项卡

单击"启动保护"按钮,启动防火墙对计算机的保护功能。在当前窗口中可以进行网络的连接管理、软件升级,还可查看系统的漏洞及最近的工作情况。漏洞的处理和瑞星杀毒软件的处理方法相同。

(2) 访问规则设置

访问规则是防火墙对计算机所运行软件进行数据传输的控制设置。在图 10-54 中选择"访问规则"选项卡,并选择相应的软件,通过双击打开设置对话框,具体设置如图 10-55 所示。

在"编辑访问规则"对话框中,可以进行"常规"和"高级"选项的详细设置。

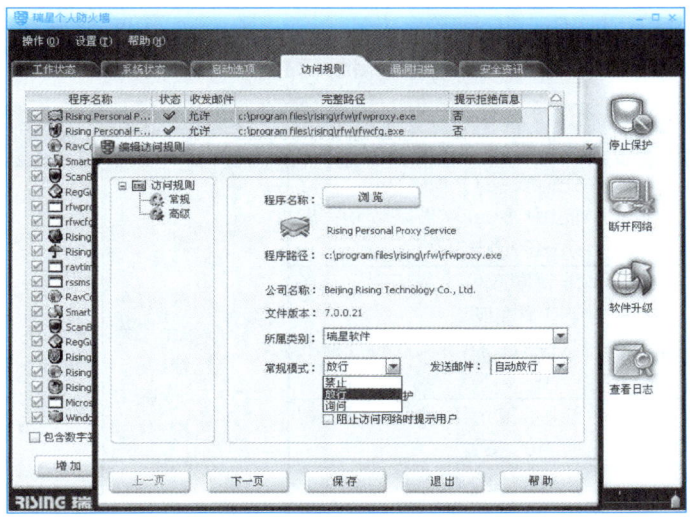

图 10-55　访问规则设置

（3）详细设置

在图 10-55 中单击"设置"菜单，在左侧窗格中选中相应的选项，在右侧窗格中会显示设置规则，详细设置如图 10-56 所示。

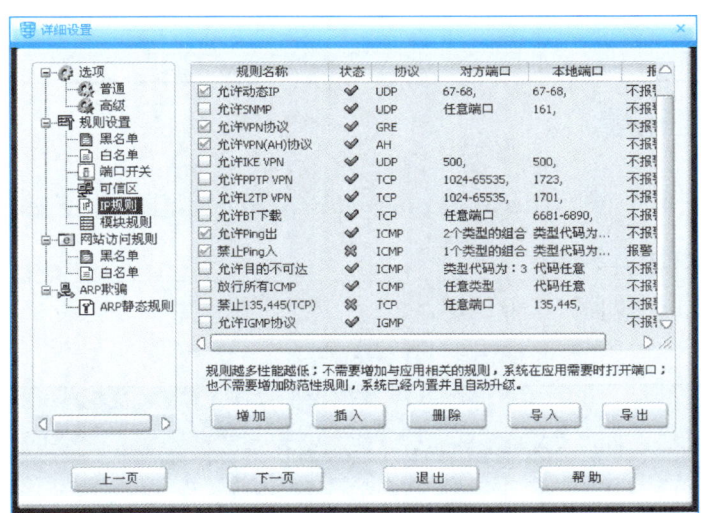

图 10-56　详细设置

在这些详细设置中，规则越多，性能越低。不需要增加与应用相关的规则，系统在需要时会打开端口；不需要增加防范性规则，系统已经内置了防范性规则，并且会自动升级。

 实施评价

本项目的主要训练目标是让学习者学会网络安全基本维护性权限等。任务

实施情况小结如表 10-5 所示。

表 10-5　任务实施情况小结

序号	知　　识	技　　能	态　　度	重要程度	自我评价	老师评价
1	● 备份 ● 还原 ● Ghost	○ 正确安装 Ghost 软件 ○ 使用 Ghost 软件能顺利完成系统备份与还原	◎ 安全意识强 ◎ 细致有序 ◎ 准备工作充分 ◎ 积极思考并努力解决问题	★★★ ★★		
2	● 双机热备 ● 双机互备 ● 数据备份的定义、类型 ● 数据恢复定义	○ 能看懂双机热备和双机互备的工作原理 ○ 认识双机热备和双机互备的作用				
3	● 文件夹权限	○ 给不同的用户访问资源设置适当的权限				
4	● 杀毒软件选用原则 ● 网络版杀毒软件	○ 正确安装、配置杀毒软件 ○ 应用杀毒软件有效查杀病毒				

任务实施过程中已经解决的问题及其解决方法与过程	
问题描述	解决方法与过程
1.	
2.	

任务实施过程中未解决的主要问题

任务拓展

拓展任务　修复 Microsoft Internet Explorer 浏览器，拦截恶意网页

1. 任务拓展卡

任务拓展卡如表 10-6 所示。

表 10-6　任务拓展卡

任务编号	010-2	任务名称	修复 Microsoft Internet Explorer 浏览器，拦截恶意网页	计划工时	45 min
任务描述						
IE 起始主页就是每次打开 IE 时最先进入的页面。随时单击 IE 工具栏中的"主页"按钮也能进入起始主页，它是人们需要频繁查看的页面，而有些恶意网页会将起始主页改为某些网址，以达到其不可告人的目的					
任务分析					
修复恶意造成的网页浏览问题，可从两方面来解决： ① 更改主页 ② 修改注册表					

2. 任务拓展完成过程提示

（1）更改主页

在 IE 浏览器中选择"工具"→"Internet 选项"菜单命令，打开"Internet

选项"对话框,选择"常规"选项卡,如图10-57所示,在"地址"文本框中输入起始页网址。

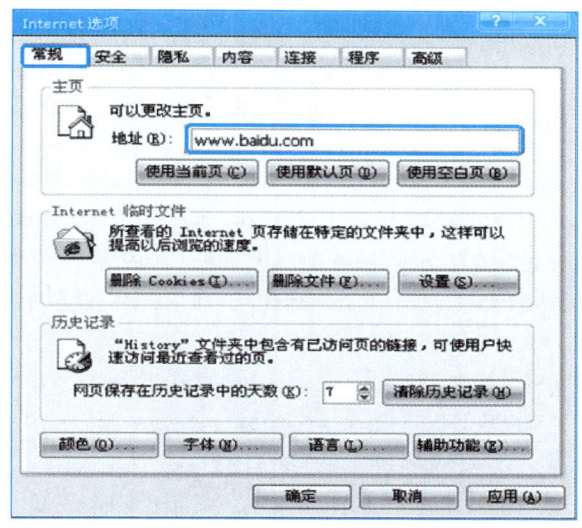

图10-57 "Internet 选项"对话框的"常规"选项卡

(2)修改注册表

如果进行上述设置后不起作用,那么肯定是在 Windows 的"启动"组中加载了恶意程序,使每次启动计算机时自动运行程序来对 IE 进行非法设置。此时可通过注册表编辑器将此类程序从"启动"组清除。

选择"开始"→"运行"菜单命令,在打开的"运行"对话框中输入"regedit"后按 Enter 键,在注册表编辑器中依次展开"HKEY_LOCAL_MACHINE\Software\Microsoft\Windows\Current Version\Run"主键,右侧窗格中显示的是所有启动时加载的程序项,如图10-58所示。查看这些启动项,如果发现有可疑程序,则选中该可疑程序的名称,单击鼠标右键,在快捷菜单中选择"删除"命令,删除该键值名。

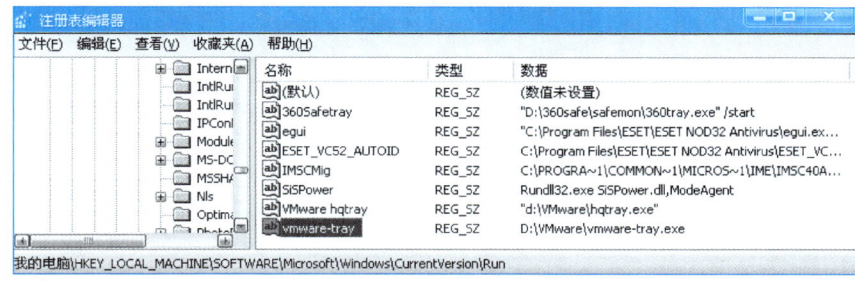

图10-58 注册表启动项

注意:如果碰到默认主页被修改的情况,也可通过注册表编辑器来修复。展开"**HKEY_LOCAL_MACHINE\Software\Wicrosoft\Internet Explorer\Main**"主键,右侧窗格中的键值名"**Default-Page-URL**"决定 IE 的默认主页。双击该键值名,在"键值"文本框中输入网址,则该网址将成为新的 IE 默认主页。

思考与练习

一、选择题

1. 网络版杀毒软件的_____是面向网络中所有客户机而设计的病毒防护执行段，所安装的操作系统统称为_____。

   A. 客户端　网络操作系统　　　　B. 服务端　网络操作系统
   C. 服务端　个人操作系统　　　　D. 客户端　个人操作系统

2. 一家名为求胜的游戏公司，下有 15 台计算机，组成了一个局域网，为了能保证每台计算机都能正常进行游戏操作，该公司的负责人希望选择一款合适的杀毒软件，你认为_____。

   A. 应使用网络版杀毒软件　　　　B. 应使用单机版杀毒软件
   C. 不用杀毒软件　　　　　　　　D. 应安装一款防火墙就行

3. 下列选项中，防范网络监听最有效的方法是_____。

   A. 安装防火墙　　　　　　　　　B. 采用无线网络传输
   C. 数据加密　　　　　　　　　　D. 漏洞扫描

4. 某单位没有足够的 IP 地址供每台计算机分配，比较合理的分配方法是_____。

   A. 给所有需要 IP 地址的设备动态分配 IP 地址
   B. 给一些重要设备静态分配 IP 地址，其余的一般设备动态分配
   C. 通过限制上网设备数量，保证全部静态分配
   D. 申请足够多的 IP 地址，保证静态分配

5. 下列不属于防火墙能够实现的功能是_____。

   A. 网络地址转换　　　　　　　　B. 差错控制
   C. 数据包过滤　　　　　　　　　D. 数据转发

二、思考题

1. 简述数据备份与服务器容错的区别。
2. 简述系统备份与普通数据备份的区别。

参 考 文 献

[1] 王相林. 组网技术与配置[M]. 北京：清华大学出版社，2007.
[2] 刘山，丁轶群，徐慧，等. 网络服务器架设与配置实例精解[M]. 北京：人民邮电出版社，2006.
[3] 田丰，王自强. 网络工程与实训[M]. 北京：冶金工业出版社，2007.
[4] 徐方勤，秦川，蔡麒麟，等. 局域网组网实训教程[M]. 北京：中国铁道出版社，2007.
[5] 谢希仁. 计算机网络[M]. 4版. 北京：电子工业出版社，2003.
[6] 吴卫祖，陈谋文，孙永林. 计算机网络技术基础[M]. 北京：清华大学出版社，2006.
[7] 赵家俊. 局域网组建与管理教程[M]. 北京：清华大学出版社，2005.
[8] 张杰. 实用组网技术[M]. 北京：科学出版社，2005.
[9] 鞠光明，刘勇. Windows服务器维护与管理教程与实训[M]. 北京：北京大学出版社，2005.
[10] 沈大林. 计算机局域网组建与维护案例教程[M]. 北京：高等教育出版社，2005.
[11] 王达. 局域网组建与配置技能实训[M]. 北京：人民邮电出版社，2006.
[12] 姜力东. 邮件加密两把锁：PGP和S/MIME[N]. 中国计算机报——赛迪网.
[13] 赵松涛. 局域网组建与管理[M]. 北京：人民邮电出版社，2006.
[14] 卜锡滨，李云松，张家贵. 计算机维护与无线网组建实训[M]. 北京：电子工业出版社，2008.
[15] 吴献文，梁洁婷，陈承欢，等. 局域网组建与维护案例教程[M]. 北京：高等教育出版社，2008.
[16] 吴献文，肖耿毅，薛志良，等. 计算机网络安全应用教程（项目式）[M]. 北京：人民邮电出版社，2010.
[17] 余明辉，汪双顶. 中小型网络组建技术[M]. 北京：人民邮电出版社，2009.
[18] 王群，王春海. 非常网管（网络管理）[M]. 北京：人民邮电出版社，2006.
[19] Othmar Kays. 网络故障诊断与测试[M]. 北京：人民邮电出版社，2002.
[20] Greg Tomsho. 网络维护和故障诊断指南[M]. 北京：清华大学出版社，2003.
[21] 赵江，等. 局域网组建应用维护实战精通[M]. 北京：人民邮电出版社，2004.

郑重声明

高等教育出版社依法对本书享有专有出版权。任何未经许可的复制、销售行为均违反《中华人民共和国著作权法》，其行为人将承担相应的民事责任和行政责任；构成犯罪的，将被依法追究刑事责任。为了维护市场秩序，保护读者的合法权益，避免读者误用盗版书造成不良后果，我社将配合行政执法部门和司法机关对违法犯罪的单位和个人进行严厉打击。社会各界人士如发现上述侵权行为，希望及时举报，本社将奖励举报有功人员。

反盗版举报电话　　（010）58581999　58582371　58582488
反盗版举报传真　　（010）82086060
反盗版举报邮箱　　dd@hep.com.cn
通信地址　北京市西城区德外大街4号
　　　　　高等教育出版社法律事务与版权管理部
邮政编码　100120
本书编辑邮箱：1548103292@qq.com